동물공중보건학

김옥진, 황인수, 김병수, 조기래, 하윤철,
이형석, 정태호, 김현주, 최윤동, 홍선화 공저

동일출판사

머리말

'동물공중보건학'은 사람의 '공중보건학'과 동물의 '수의공중보건학', '가축위생학'과 같은 과목과 밀접한 관련이 있으며, 동물의 위생적 관리와 동물의 질병 예방 및 전염병 전파의 방제, 나아가 식품의 위생에 대한 기초적 지식을 제공하는 학문으로 그 중요성이 매우 크다고 할 수 있다.

동물 전공학생들은 동물간호사, 그루머, 애완동물관리사, 축산기능사, 가축인공수정사 등의 자격증 관련 시험과 연계된 과목이라 필히 공부를 하여야 하고 비동물전공 학생들 중 식품 또는 위생관련 업종을 희망하는 학생들 또한 공중보건 및 위생학이 각종 자격증 대비를 위하여 필히 공부하여야 할 과목이라 할 수 있다. 현재 각종 국가 자격증으로 축산기능사, 가축인공수정사, 축산물검사원, 미용사, 조리사, 식품관리사 뿐 아니라 동물간호사 등의 민간자격증 시험에 공중보건학 또는 위생학이 시험으로 평가되어지고 있는 상황이다.

학부 시절을 되돌아보면 저자들도 공중보건학 강의를 따라가느라 매우 힘들었던 기억이 난다. 위해 물질들의 명칭과 식중독 관련 세균들의 특징들을 외우고 또한 어려운 중간, 기말 시험을 통과하기 위하여 자정이 넘도록 시험 공부를 하였던 기억이 선하다. 그 때는 그토록 고생스러웠던 기억이지만, 그 과정을 거치면서 자연스럽게 사람과 동물의 공존에 가장 중요한 전염병, 위생, 공중보건에 대한 이해의 폭을 넓힐 수 있었고 전문 용어를 습득하여 전공 분야에서 훌쩍 성장한 것을 학년이 올라가서야 알게 되었다. 필자가 반대의 입장으로 교단에 서서 생각해 보니 어려운 공부에 힘들어 하던 학생 시절의 기억을 잊은 것인지, 아니면 가르치는 입장의 정당성을 내세우는 것인지 모르겠지만, 전공지식의 함양을 위하여는 이 험한 배움의 과정을 꼭 거쳐야 한다는 생각이 든다. 현제 공중보건학은 동물관련 학과 뿐 아니라 의학, 치의학, 한의학, 약학 및 생물학 전공의 생명과학도들에게 가장 기본적인 학문으로 받아들여지고 있다.

동물질병은 전염성질병과 비병원성 질병으로 나누어 볼 수 있으며, 직접적으로 동물의 생명을 위협하거나, 인수공통감염병으로 사람에 전염병을 전파할 수 있다. 동물의 생명과 건강을 위협하는 여러 가지 요인을 제거하여 동물의 질병 및 장애를 미연에 예방하여 동물의 건강을 유지할 뿐만 아니라 인수공통감염병을 숙지하고 예방할 수 있는 위생학, 공중보건학에 대한 지식을 배양하도록 하는데 본 학문의 주목적이 있다. 본 과목을 통하여 동물질병 전반에 관한 원인, 증상, 진단, 경과 예후 및 예방법의 개요를 파악하여 동물의 건강유지 등의 제반사항에 관해 기술적 체계를 습득토록 한다. 본 학문의 수학을 통하여 동물의 각종 질병과 예방법 및 인수공통감염병의 예방법 등을 파악하게 하여 과학적인 동물의 사육관리를 가능하게 하며, 동물원 사육사 및 동물병원의 동물간호사로의 자질을 갖추도록 하는 데 그 목적을 두고 있다.

현재, 동물공중보건학과 관련된 교과목의 개설이 늘고 있으나 학생들이 학습재료로 사용할 수 있는 교재가 극히 제한되어있는 것이 사실이다. 더욱이 기존 학습교재가 인체의학 및 수의학에 치우치는 경향이 많아 동물관련 학과의 학생들에게 필요치 않은 내용이 많이 포함되어 있는 상황이다. 저자들은 이러한 문제점을 개선하고자 부족한 자료이지만 동물들의 질병과 위생에 대한 내용을 담아 학습 교재를 만들고자 하였다.

현재, 동물공중보건학을 개설하여 교습하는 상황에서 이에 맞는 학습교재의 개발이 절실한 상황이었다. 내용이 방대하고 시간에 쫓기어 만족할 만한 내용을 담지 못하였음을 아쉽게 생각하지만 시간이 지나서 보다 많은 자료들을 수집하고 내용의 오류를 수정하여 보다 완성된 교재를 다시 내리라 다짐하며 현재 부족한 교재에 대한 아쉬움을 뒤로 미루어 본다.

본 교재의 완성을 위하여 여러분들이 수고를 해주셨다. 원광대학교 김옥진 교수님, 공주대학교 김병수 교수님, 서울호서전문학교 황인수 교수님, 서정대학 조기래 교수님, 천안연암대학 하윤철 교수님, 우송정보대학 이형석 교수님, 중부대학교 정태호 교수님, 서울호서전문학교 최윤동 교수님과 원광대학교 홍선화 교수님이 각 장을 나누어 원고를 집필하여 2009년 '동물공중보건학 개론'이 출간되었고, 이후 2012년 개정된 '동물공중보건학'이 출간된 바 있다. 그동안 강의를 하면서 부족한 내용과 오류를 수정보완하여 이번에 보다 완성도 높은 본 교재를 출간하게 되었다.

본 교재의 완성을 위하여 인용 및 발췌를 허락하여 주신 여러 선배님들에게 또한 감사드린다.

본 교재가 동물관련 전공 학생들에게 방향을 제시하여 줄 수 있으면 하는 바람으로 이 글을 맺을까 한다.

지은이 일동

차례

제1장 동물공중보건학 총론

제2장 환경보건

제3장 식품위생학

제4장 축산 식품 위생관리와 도축 위생

제5장 사료 위생

제6장 역학 및 전염병 관리

제7장 인수공통감염병(Zoonosis)

제8장 반려동물의 위생

Chapter 1 동물공중보건학 총론

1. 건강과 질병

1.1 건강의 개념

우리는 흔히 건강이란 개념은 단지 질병이 없는 상태라고 생각하고 있다. 그러나 건강과 질병은 상대적인 개념으로 매우 정의하기가 어려운 부분이 존재한다. 건강의 개념은 인간의 지혜가 발달함에 따라 신체와 정신만을 소중히 여기던 2차원의 입장에서 근래에는 현대생활에 필수불가결한 사회성을 포함하고 있다.

모든 사람들에게 널리 알려진 유명한 말인 "A sound mind in a sound body"(건강한 정신은 건강한 육체에서)는 로마의 Juvenalis가 남긴 말로써 건강의 개념을 규정하는 기본개념으로 육체와 정신은 상호 연관성이 있음을 뜻하고 있다.

WHO(세계보건기구)에서는 세계보건기구 헌장의 전문에 건강의 정의를 다음과 같이 규정하고 있다. "건강이란 단순히 질병이 없다거나 허약하지 않다는 것을 의미하는 것이 아니라 신체적, 정신적, 사회적으로 완전히 안녕한 상태"라고 정의하고 있다.

최근에는 "환경에 적응하여 그 사람의 능력을 충분히 발휘할 수 있는 상태"로 정의하여 환경에 적응하고 있다는 조건과 인간의 능력을 최대로 발휘할 수 있다는 조건을 동시에 만족하는 상태를 뜻하는 개념이 널리 인정되고 있다.

따라서 건강이란 신체적 측면, 정신적 측면, 정서적 측면, 사회적 측면, 윤리적 측면까지 포함한 개인의 전인적인 능력을 주위환경에 잘 적응하면서 최대로 발휘할 수 있는 상태로 이해하는 것이 건강의 개념을 규정하는데 올바를 것으로 생각된다.

1.2 질병의 발생과 예방

(1) 질병의 발생

건강하다는 것은 동물체가 스스로 균형을 유지하고 환경에 적극적으로 대처하고 적응할 수 있는 상태를 말한다. 반면에 질병이란 이와 같은 균형이 깨어지고 몸의 조정능력이 상실된 상태 즉, 항상성(homeostasis)이 깨어진 상태를 뜻한다.

질병의 발생은 숙주, 병인, 환경의 세 가지 요인간의 부조화로 인해 발생한다. 숙주인 동물 및 사람에게 영향을 주는 요인으로는 나이, 병에 대한 저항력, 영양상태, 유전적 요인 등이 있다. 병인은 병원체의 독성, 병원체의 수에 따라 숙주에게 미치는 영향은 차이가 있다. 환경은 숙주와 병인간의 관계에서 지렛대 역할을 하며, 환경이란 물리적, 생물학적, 사회적·경제적인 것들을 모두 포함하고 있다.

(2) 질병의 예방

질병에 걸리지 않고 건강을 유지하기 위해서는 여러 가지 예방적 활동이 필요하며, Leavell과 Clark은 예방의 수준을 다음과 같은 3단계로 나누어 설명하였다.

1) 1차적 예방단계

병인, 숙주, 환경 등에 의해서 질병발생의 자극이 있는 시기로서, 생활환경 개선, 건강증진 활동, 안전관리 및 예방접종 등의 질병발생의 억제 또는 사전 예방활동이 필요한 단계이다.

2) 2차적 예방단계

숙주의 병적 변화가 있는 시기로서, 질병의 조기발견 및 치료 등의 치료의학적 예방활동이 필요한 시기로서 질병의 악화를 예방하는 단계이다.

3) 3차적 예방단계

질병의 재발 방지, 잔여기능의 최대화, 재활활동 등의 재활의학적 예방활동 및 사회복귀 활동이 필요한 단계이다.

2. 공중보건학의 개념

공중보건학의 정의는 학자에 따라 차이는 있지만 Winslow의 정의가 가장 널리 통용되고 있다.

Winslow는 공중보건학이란 환경위생의 향상, 전염병의 관리, 개인위생의 개별교육, 질병의 조기진단과 예방을 위한 의료서비스의 조직, 건강을 적절하게 유지하는데 필요한 삶의 표준을 보장하기 위한 사회적 목표로, "조직화된 지역사회의 공동노력을 통하여 질병 예방과 생명 연장, 그리고 신체적 및 정신적 효율을 증진시키는 기술이며 과학이다."라고 정의하고 있다. 여기서 말하는 지역사회는 주민들이 일상생활을 영위하는 사회적 단위로서 행정단위를 의미하는 것이 아니라 주민들의 공통관심사에 협조하고 참여할 수 있는 범위를 말하는 것이다. 이러한 Winslow의 정의는 공중보건을 개인위생이나 건강의 장애가 되는 것에 대한 예방을 위주로 한 초기 학자들의 정의에서 보다 종합적이고 미래지향적인 뜻을 포함하고 있다.

- 공중보건은 지역사회 또는 국가전체의 공동협력으로 이루어지는 질병의 예방, 건강의 증진, 더 나아가서 생명의 연장을 목표로 하는 사업이다.
  (건강의 정의 : 건강이란 육체적 · 정신적 · 사회적으로 완전한 상태를 의미한다.)

- E.A.Winslow(미국, 예일대학), 1940.
  조직적인 지역사회가 주체가 되어 질병을 예방하고 생명을 연장시키며 신체적 정신적 효율을 증진시키는 기술과 과학
  "The art and science of preventing disease, prolonging life and promoting physical and mental efficiency through organized community effort."

- Disraeli(영국수상, 1804~1881)
  공중보건은 국민의 행복과 국력을 꾀함에 있어서 기반이 된다. 공중보건에 대한 염려가 정치가의 첫번째 의무이다.
  "Public health is the foundation which purposes the happiness of the people and the power of the country. The care of the public health is the

first duty of a states man"

- Hygiene(위생학) : 독일, 일본에서 즐겨 표현
  협의 : environmental hygiene
  광의 : Public health

- Preventive medicine(예방의학) 혹은 Public health(공중보건학) : 영, 미의 표현

- 기초분야 : 식품위생학, 환경위생학, 영양학, 역학, 정신보건, 인구학, 보건통계학, 보건행정학, 사회복지, 보건교육

- 임상분야 : 모자보건학, 학교보건, 성인 및 노인병학, 가족계획, 보건간호학

- 응용분야 : 공해관리, 산업보건, 도시 및 농촌보건

- 가축위생(animal hygiene)이란 명칭은 가축을 중심으로 한 가축위생학으로서, 유육위생관리에 국한된 개념

- 수의공중보건학 : "공중보건에 기여하는 수의학의 한 과목이며, 인류의 생명 및 건강을 위협하는 위생관련 과학적 요인을 제거하여 인류의 생명을 연장케하고 건강을 증진 시키는 기술 및 학문"

(1) 공중보건학의 범위

공중보건학의 범위는 환경보건 분야, 질병관리 분야, 보건관리 분야 등으로 나뉘며, 지역사회를 단위로 한 인간집단을 중심으로 연구되어야 한다.

① 환경보건 분야 : 환경위생, 식품위생, 환경오염, 산업보건
② 질병관리 분야 : 전염병관리, 역학, 기생충관리, 비전염성 질환관리
③ 보건관리 분야 : 보건행정, 보건교육, 보건영양, 보건통계 등

(2) 공중보건학의 관련 학문

공중보건학과 유사한 학문으로서 예방의학(Preventive medicine), 위생학(Hygiene, Sanitation), 사회의학(Social medicine), 지역사회의학 또는 지역사회보건학(Community health), 건설의학(Constructive medicine) 등이 있다.

① **위생학**

환경을 중심으로 한 질병의 예방과 건강의 유지 증진에 관한 학문

② **예방의학**

각 개인을 질병으로부터 예방하고 유해 환경 요소를 제거하여 건강 유지 증진 및 재활을 도모하는 학문

③ **지역사회학**

병인을 가정·지역 사회와 관련되어 예방·치료·건강증진을 포함하는 의학

④ **사회의학**

질병에 관하여는 사회 환경, 경제적·심리적·문화적·요인을 포함하는 보다 광범위한 접근 방법

⑤ **건설의학**

질병의 치료나 예방보다는 현재의 건강상태를 최고도로 증진하는데 역점을 둔 적극적인 건강관리 방법을 연구하는 학문

3. 동물공중보건학의 개념

3.1 동물공중보건학의 정의

일반적으로 위생학은 환경위생학을 뜻하며, 사람 및 동물을 둘러싸고 있는 환경이 어떻게 질병발생과 관계가 있는가를 규명하여 이들의 환경적 요인에 대하여 과학적 조치를 취함으로써 질병발생을 예방하기 위한 학문이다.

고대 희랍 신화에 나오는 Apollo의 아들인 Aesculapius는 의학의 신으로 불리워지고, 딸 Hygiea는 건강의 여신으로 불리워지던데서 Hygiene이 유래되었다. 즉 Italy의 의학자 Galenus (A.D. 130~200)가 처음으로 Hygiene이라는 말을 사용하였으며, 중국의 장자(莊子)라는 책에서도 위생(衛生)이라는 말이 사용되었는데, 이것은 서로 같은 뜻으로 사용되어 왔다.

과거 동물에서의 위생학의 개념은 축산과 관련된 가축위생학이 중심이 되어 왔다. 가축위생학의 개념은 "가축의 생명을 위협하는 여러 가지 원인을 연구하여 이를 제거해서 가축의 생명을 도모하고 건강을 유지하는 것을 목적으로 하는 기술과 행정

이다"라고 정의할 수 있다. 협의의 가축위생 내용으로는 질병예방, 사양위생, 관리위생, 환경위생 및 관련행정법규 등이 포함된다.

최근에는 인간과 더불어 살아가며 동반자적 가치를 인정하는 반려동물에 대한 문화가 형성되어 가축위생학의 범주에 반려동물을 포함하는 새로운 개념의 도입이 필요하게 되었다. 사람과 함께 밀접하게 생활하는 반려동물의 경우 동물 고유의 병원체를 사람에게 전파하여 건강상의 위해를 줄 수 있다.

국제동물위생협회(International society for animal hygiene; ISAH)는 동물공중보건학의 범주에 기존의 질병예방, 사양위생, 관리위생, 환경위생 뿐만아니라 동물복지와 환경보존을 포함하였으며, 사람에게 질병을 전파할 수 있는 인수공통감염병과 축산식품도 동물공중보건학의 범주에 포함하고 있다.

이를 종합하여보면 "동물공중보건학이란 동물의 건강증진을 위한 질병예방, 사양위생, 관리위생, 환경위생, 동물복지를 포함하여 사람에게 질병을 전파할 수 있는 인수공통감염병을 사전에 차단하기 위한 학문이다."라고 정의할 수 있다.

동물공중보건학에서 다루는 내용은 다음과 같다.

① 위생 및 보건학 개론(의의와 정의, 내용, 동향)
② 환경위생(공기, 물, 토양, 일광)
③ 환경위생(기후와 동물질병, 축사, 오수)
④ 사양위생(사료, 사양, 사료의 감정, 사양표준)
⑤ 사양위생(영양장애, 사료의 변질, 가공사료의 유독성)
⑥ 식품관리위생(중독 : 식중독, 농약중독, HACCP 개념)
⑦ 관리위생(방목위생, 운동, 축사관리, 일광욕, 신생 동물관리)
⑧ 역학(감염기전, 유행의 기전, 감염 및 유행의 3대요약)
⑨ 방역(방역의 원칙, 소독, 예방접종)
⑩ 기생충병예방(원생동물, 흡충류, 조충, 선충류)
⑪ 급·만성전염병 관리
⑫ 해외악성전염병 관리
⑬ 인수공공통전염병관리

(2) 동물위생의 행정 및 연구기관

동물위생 관련 국가 기관은 아래와 같은 기관들이 있다.

1) 농림수산식품부 축산정책단 동물방역팀(http://www.mifaff.go.kr/)

동물과 관련된 정부정책수립의 가장 핵심역할을 수행하며 동물위생관리에 있어 가장 상위의 국가기관이다.

① 산업동물 및 반려동물 방역업무
② 수출입동물 및 축산물검역
③ 축산물 이력 관리
④ 동물보호법 운용

2) 국립수의과학검역원(http://www.nvrqs.go.kr/)

농림수산식품부 산하 기관으로 위생검역부, 질병방역부, 동물위생연구부로 구성되어 있고 다음과 같은 6가지의 정부내 업무를 수행한다.

① 동물과 축산물의 검역 및 검사업무(주요 항만 및 공항)
② 축산식품의 안전관리 업무(식품위해중점관리제도, HACCP)
③ 반려동물 및 주요 가축의 질병 진단 및 방역 업무(법정전염병, 악성 외래성 질병, 인수공통감염병
④ 동물약품의 품질관리
⑤ 동물보호법에 따른 동물보호 및 복지

3) 시•도 축산물위생검사기관(가축위생시험소)

시•도 소속으로 축산농가와 최일선에서 가축위생 및 축산물 검사 업무를 수행한다.

① 가축의 병성감정
② 가축전염병의 검진
③ 축산물의 검사
④ 지역에 따른 특별 가축질병의 연구

4) 농촌진흥청 국립축산과학원(http://www.nlri.go.kr/)

가축능력을 개량하고 좋은 목초와 사료 및 안전 축산물을 생산하는 기술 개발과 환경친화적 지속축산기술을 개발 보급

① 가축・가금의 육종, 번식, 능력검정과 유전자원 보존연구

② 가축의 유전체 · 복제 · 형질전환에 관한 연구
③ 가축의 영양생리 · 사양 및 사료자원 연구
④ 축산물의 품질 · 가공 · 유통 및 안전성 연구
⑤ 축산환경 개선 및 축산시설 생력화 연구
⑥ 초지조성, 사료작물 생산 및 이용 연구
⑦ 축산기술의 지원 · 보급 및 홍보

4) 가축위생방역지원본부(http://www.lhca.or.kr/)

정부산하 특수법인으로 정부의 방역 · 위생 그리고 검역업무를 직접 보조하고 축산농가에게 신속한 질병정보제공 및 검진사업을 실시하고 있다.

① 가축질병방역
② 축산물 위생관리
③ 검역검사업무 보조

5) 축산물 HACCP 기준원(http://www.ihaccp.or.kr/)

축산물에 대한 위해요소중점관리기준(HACCP)이 사육단계부터 판매단계까지 확대 적용됨으로서 이에 대한 지정 및 사후관리 등을 통한 축산물 안전성 확보와 국민보건 증진에 기여

Chapter 2 환경보건

1. 환경위생

1.1 환경위생학의 정의

환경위생학은 우리 주위를 둘러싸고 있는 모든 환경조건을 과학적으로 측정하고 연구하여 합리적으로 쾌적한 생활을 영위할 수 있도록 하기 위하여 부적합한 환경을 개선하도록 연구하는 학문이다.

세계보건기구(WHO)는 "환경위생은 인간의 신체발육, 건강 및 생존에 유해한 영향을 미치거나 미칠 가능성이 있는 인간의 물리적 생활환경에 있어서의 모든 요소를 통제하는 것이다."고 정의하고 있다.

동물의 사육환경 측면에서 볼 때 산업동물의 사육은 집약화 형태로 가축의 욕구를 고려하지 않고 인간의 노동력이 덜 소요되고 편리위주의 방향으로 사육형태가 개발되어 오고 있다. 돼지의 경우 지방이 적으면서 빨리 자라게 사육하기 때문에 동물건강에 지장을 초래하게 되고, 항생제의 과다 투여로 병원균의 저항성이 증대되고 있다. 동물도 인간과 같이 아픔을 느끼는 살아있는 생명체라는 인식이 결여되고 경제적인 이익에 관심이 집중되어 있다. 질병의 발생은 기계적인 상처, 생리대사 기능의 불균형으로 인한 장애 그리고 심리적인 관점에서의 스트레스 등이 가장 중요한 원인이 된다. 환경친화적인 관점에서 동물사육은 물질 순환이라는 원칙에 충실해야 된다. 즉, 토양 – 식물 – 동물 – 인간의 순환이 되어야 하며, 그러하기 위해서는 분뇨 및 식육처리에 따른 부산물을 어떻게 처리해야 될 것인지가 관건이다.

오늘날 축산은 혐오시설로 분류되어 이웃 주민들의 동의 없이는 축산업 자체가 불가능하고 엄격한 환경 규제를 받고 있다.

(1) 공기

1) 공기의 정상 성분

공기는 동물의 생활에 필요불가결한 요소로 산소(20.94%)와 질소(78.08%)가 전체의 99%를 차지하고 있으며, 나머지 성분은 아르곤(0.94%)과 이산화탄소(0.03%)로 이 네가지 성분이 99.9%를 차지하고 있다. 또한 공기 중에는 세균, 기생충란, 먼지 등도 포함되어 있다.

① **공기의 정상 성분**

온도 0℃, 기압 760 mmHg의 건조 상태에서 공기의 화학적 성분으로 표 2-1과 같다.

표 2-1. 공기의 화학적 성분

성 분	화학 기호	용 량[%]	성 분	화학 기호	용 량[%]
질 소	N_2	78.08	헬 륨	He	미 량
산 소	O_2	20.94	키세논	Xe	미 량
이산화탄소	CO_2	0.03	오 존	O_3	미 량
아르곤	A	0.94	과산화수소	H_2O_2	미 량
수 소	H_2	미량	키 타		
네 온	Ne	미량			

㉠ 산소 : 생체의 호흡이나 연소에 소비된다. 식물은 이산화탄소를 소비하고 동화작용으로 산소를 내보낸다. 고지에서는 산소가 감소하여 호흡작용에 지장을 받는다. 인체에서는 폐에서 소모하는데 하루에 필요한 량은 약 500~600 ℓ의 산소를 필요로 한다.

㉡ 질소 : 인체에 직접 영양을 주지 않지만, 이상기압일 때 잠함병(Caisson Disease)과 관계가 있다.

㉢ 이산화탄소 : 무색, 무취의 비독성 가스로서 소화제, 청량음료 등에 사용되기도 하며 생체 내에서는 연소에 의하여 생산되고, 호기와 함께 배출되며, 물체의 연소, 발효, 부패할 때에도 발생한다. 실내 공기 오탁정도의 지표가

되며, 밀집공간에서의 군집독(Crowd Posion)의 대표적 원인중 하나이다. 군집독으로 인한 사건(black hole 참극)은 미국의 한 형무소에서 146명의 죄수 중 123명이 하루 밤 사이에 사망한 예로 고온, 고습, 유해 가스의 축적이 사망의 원인이었다.

표 2-2. 이산화탄소 중독증

함 량	증 세
3 % 이상	불쾌감
5 % 이상	호흡중추 자극, 호흡수 증가
10 % 전·후	호흡곤란, 사망

㉣ 오존 : 해상이나 삼림에 많으며(1/700,000 이하), 도시나 주택의 공기에는 발견되지 않는다. 건강에 유효하다고 믿고 있으나, 산화작용과 자극작용이 극히 심하여 1/100만에도 기침과 권태를 일으킨다.

② **공기 이온**

공기에는 양 또는 음 이온(ion)의 3가지의 미립자(경이온, 중이온, 중간이온)가 존재한다.

표 2-3. 공기 이온의 성상

이 온	성 상
음이온	1 m^2 중 300~2000개 인간의 호흡, 또는 진애에 의하여 감소됨 의복에 부착 생물에 진정작용을 함
양이온	음이온보다 급속히 감소됨 자극적임 사람의 치료 목적으로 주로 사용됨

③ **일산화탄소 중독**

일산화탄소(CO)는 무색, 무취, 자극성이 없는 기체로서 이산화탄소와는 달리 맹독성이 있고, 비중이 공기와 거의 비슷하여 혼합되기 쉽고 주로 물체가 불완전 연소할 때 많이 발생한다.

헤모글로빈(Hb)과의 친화성이 산소에 비해 250~300배나 강하므로 혈액 중에서 HbO_2 형성을 방해하여, 산소운반 장애와 산소해리 장애작용의 2중 작용으로 생체조직의 산소결핍증(Anoxia)을 유발한다. 혈중의 COHb포화도가 10% 미만이어야 하는데 50%에서는 구토증이 있고, 60%에서는 혼수상태에 빠지며, 70% 이상에서는 사망하게 된다.

④ **공기와 동물 건강**

동물의 사육장 내의 공기의 오염은 동물의 성장과 번식에 영향을 미치며, 또한 전염병 및 기타 질병을 유발시키는 원인이 되고, 내부 기생충의 번식장소로 되기 쉽다. 사육장 내의 공기는 암모니아(ammonia), 메탄(methane), 탄산가스(CO_2), 일산화탄소(CO) 등 유해가스로 오염되는 경우가 많으며, 암모니아의 함유량이 0.05~0.10%에 달하면 안결막, 인후두 등의 결막을 자극하여 카타르성 염증을 일으킬 수 있다. 많은 두수를 사육하는 축사의 경우 이러한 점을 고려하여 환기에 유의하여야 한다.

(2) 기 후

기후의 3요소에는 기온, 기습, 기류(풍속)이며, 여기에 복사열을 포함하면 온열요소가 된다. 기후요소에 영향을 미치는 기후인자는 위도, 해발, 수륙분포, 해류 및 지형, 토질 등이다. 일교차는 보통 기온·기압·습도 등의 기상요소, 또는 바닷물이나 호수의 수위 변화 등에 사용된다. 1일의 극대 값과 극소 값의 차를 구한 차이며, 연교차는 1년간의 극대 값과 극소 값의 차를 구한 차이다.

1) 기온

대부분의 동물은 20 ℃ 전후가 생육에 가장 적당하고 5 ℃ 이하, 27 ℃ 이상이 되면 유량감소, 발육지연 그리고 체중감소 등이 나타나기 시작하며, 특히 30 ℃ 이상이 되면 현저하게 된다. 신생동물의 경우는 저온에 매우 약하여 28-32 ℃ 정도의 보온이 필요하다. 내열성은 양, 말, 소, 개, 돼지, 고양이 순이다.

① **온도계**

기온은 ℃ 또는 °F로 나타내는데 $℃ = \frac{5}{9}(°F - 32)$의 관계로 표시할 수 있으며, 기온의 측정은 수은 온도계, 최고최저온도계, 아스만 통풍 온·습도계, 자기온도계 등을 이용한다.

기온과 주위의 복사온도를 합친 것으로 Assmann의 통풍 온도계는 복사의 영향을 제거하고 공기량을 크게 하기 위한 온도계이다. 한편 흑구온도계는 열 복사량을 측정하는 온도계로서 열복사를 잘 흡수하는 흑구공을 사용 복사흡수에 의한 온도 상승을 온도계로 측정한다.

표 2-4. 동물별 온도의 영향

동물	특징
닭	고온시 산란율 저하 난중은 가볍고 난각은 얇으며 수정율과 발육이 저하
소	쾌적 환경온도 : 10~15 ℃ 비유량 감소 : 21 ℃ 이상(고온 때문에 채식량이 감소)
돼지	쾌적 환경온도 : 15~21 ℃ 32℃를 넘으면 번식 증체량에 나쁜 영향 어린 새끼돼지는 저온에 매우 약하다 (보온상자 적외선을 이용 28~32 ℃정도로 보온)
개, 고양이	쾌적 환경온도 : 10~15 ℃ 고온에 약하다.

② **온열 조건**

온열동물은 37 ℃ 범위의 체온을 사계를 통하여 일정하게 유지한다. 체온의 조절은 체내에서 열을 생산하고 조절하는 화학적 조절(근육)과 체내의 열을 외부에 방열하여 이화학적 조절(피부나 호흡기)에 의한다. 한편, 이화학적 조절인자로는 기온, 습도, 기류 및 열복사 등이 있다.

③ **감각온도(실효온도, 실감온도)**

Yaglou와 Houghton은 감각온도를 창안, 감각온도 20 ℃라 함은 한랭의 느낌이 기온 20 ℃(건구온도), 기습 100 %, 무풍의 방에 있는 것과 같다는 의미이다. 쾌적온도는 18~20 ℃ 범위로서 피복 상태, 개성, 습관 등에 따라서 달라진다. Kata 온도계는 보통 카타온도계와 고온 카타온도계로 알코올 강하 시간을 측정하여 실내 기류를 파악하여 온열환경영양평가(온열지수)를 하는 온도계이다. 0.2 m/sec 이상의 실내기류를 측정하는 가장 이상적인 풍속계로 인정받고 있다.

2) 기습

기습(air humidity)은 대기중에 포함된 수분량의 의해 결정되며, 기온에 따라 변화한다. 특히, 습도는 동물의 체열방산에 영향을 미쳐 습도가 높을 때는 불쾌감을 느끼고 습도가 낮을 때는 상쾌감을 느끼게 된다. 동물의 생활에 적당한 기습은 그 종류에 따라 다소 다르지만, 40~70 % 범위가 가장 적합하다.

습도에는 포화습도와 비교습도 등이 있으나 보통 기후요소로서는 비교습도를 사용한다.

① **절대 습도**

공기 m^3 중의 수은주를 올리는 수분의 중량을 g 단위로 나타내는 것으로 이러한 장력 또는 중력을 뜻한다.

② **상대 습도**

어떤 온도에서의 t_o에서의 절대습도 f의 그 온도에서의 포화(극대) 습도 F에 대한 백분비로 표시한다. 즉, $RF = \frac{f}{F} \times 100$이다.

㉠ 상대 습도가 30 % 이하, 80 % 이상이면 좋지 않음
㉡ 포차 : 포화습도(F) - 절대 습도(f)

3) 기류(바람)

기류는 속도와 압력이 포함된다. 풍속은 Rosinson식 Anemometer로서 측정하는데, 다음과 같이 구분한다.

표 2-5. 풍속의 구분

구분	풍속
0	0~1 m/sec
2	2~4 m
4	6~8 m
8	14~17 m : strum(질풍)
12	30 m 이상 : orkan(태풍)

매초 0.5 m 이하의 기류는 인체에 대하여 바람을 느끼지 못한다(불감기류). 계절풍(Monsoon)은 대륙과 해양 사이에서 여름과 겨울에 대륙과 해양의 온도차로 인해서 반년주기로 풍향이 바뀌는 바람이다.

5) 기압

현저한 기압상승이나 감소는 건강에 주는 영향은 크다. 대체로 1 기압은 760 mmHg = 1013.2 hPa이다(고도를 높이면 낮아진다).

① 이상기압 : 고지주거, 고산등산, 고공비행 등일 때에 나타난다. 저기압에 의한 장애는 기계적인 것과 저 산소분압에 의한 것 두 가지가 있다.

㉠ 기계적인 장애 : 외기압과 체내 공간에 존재하는 기체의 기압 사이의 평행이 파괴됨으로써 생긴다. 유스타키오가 폐색되어 있으며, 고실내의 기압과 외기압 사이의 평행이 깨져서 평행을 잃는다(이명, 난청, 이통 등).

㉡ 저산소 분압에 의한 장애 : 대기압이 저하되면 산소 분압도 저하된다. 대기의 산소 분압 저하와 더불어 산소의 체내 섭취가 방해된다. 폐포의 산소 분압에 저하로 산소의 절대량이 감소되면, 혈중의 산소 분압 및 절대량이 저하됨으로서 ① 호흡의 횟수, 깊이, 양의 증가 ② Hb-O_2 해리도의 증가 ③ 혈중 Hb농도의 증가 ④ 맥박수 및 박출량이 증가하게 된다.

㉢ 잠수병(잠함병) : 일반적으로 수심 10 m에 대하여 1기압의 수압이 가해지는데 장애의 원인은 잠수부가 빠른 속도로 수면위로 올라가게 되면 혈액과 조직에 들어간 질소가 급감압 때문에 다시 기체로 유리되어 혈액 속에서 갑작스럽게 기포가 많이 만들어 지고 이로 인해 체내에서 통증을 유발하는 것을 말한다. 이를 예방하기 위해서는 물속에서 수면으로 올라올 때는 천천히 올라오도록 한다. 또한 고압에서는 산소 분압도 높아져서 고농도의 산소를 장시간 흡입하면, 폐렴 등의 소위 산소중독증을 일으킨다.

5) 복사열

복사열이란 주로 태양의 적외선에 의한 열과 온도 차이에 의해서 물체로부터의 발열에 의해서 일어나는 두 가지의 경우가 있다. 일반적으로 모든 물체는 온도의 높고 낮음에 상관없이 복사열을 방출한다. 동물의 열복사는 주위 온도와 피부온도가 같을 때는 일어나지 않고, 주위 온도가 낮으면 체열의 방산이 커진다. 복사열은 흑구온도계로 측정한다.

그림 2-1. 흑구온도계

표 2-6. 기후와 생리기관의 변화

구분	생리변화
기초대사	동물에 있어서 최적온도일 때 대사량은 최저치
번식	• 암컷의 생식선이 일정한 계절에만 활동성(번식계절) • 암말은 이른 봄부터 초여름, 면양과 산양은 이와 반대, 그러나 겨울에 들어서면 난소의 기능이 휴지
갑상선호르몬	저온에서 분비 증가
혈액수분	여름철에 많다.
혈액성분	적혈구수 및 농도, 혈색소, 임파구 등 여름철에 감소

표 2-7. 기후요소의 직접적 영향

일조 및 일사	반 응
자외선	피부에 홍반 및 멜라닌 색소의 침착 설안염 초래 동물세포의 원형질을 부활 신진대사를 왕성 적·백혈구의 증가를 촉진 불활성 프로비타민 D를 활성 비타민 D로 변화 병원성 미생물과 곰팡이를 죽이는 살균작용 세균성 독소를 파괴
가시광선	동물의 시각과 밀접한 관계
적외선(열선)	피부온도의 상승과 말초혈관을 확장 국소의 혈액순환 및 염증성 병적 산물의 흡수를 촉진

※ 일사병 또는 열사병 : 축사주위에 나무를 심어 그늘을 만들어 준다. 축사를 시설할 때 단열재를 사용하고 통풍이 잘 되도록 한다.

※ 우량 : 우량이 많으면 탈염기작용에 의하여 산성토양, 식물의 미량성분 결핍을 초래하고 장마기간이 길면 고온다습하여 미생물의 증식이 왕성하여 축사 내에서는 부패발효가 왕성하여 유독가스가 많이 발생된다. 젖소의 경우 유방염과 케톤증 및 체온조절장해 등 다발된다.

(3) 일광 및 유해광선

태양은 전자에너지의 원천으로 이중 13%는 눈에 보이는 가시광선이다. 전자파 중 80%가 infrared ray로서 열을 생산하고, 나머지 7%가 자외선(Ultraviolet ray)이다.

1) 자외선

Dorno는 자외선 중 2900~3100Å의 것이 인체에 대하여 유익하다는 것을 밝혔으며, 자외선의 특징은 직사광선에 함유되어 지표에 도달하는데 적도, 열대지방에 많고 위도가 올라 갈수록 적다. 일반적으로 정오에 많고 태양의 위치가 낮아질수록 낮다. 월별로는 7~8월에 가장 많고 고지일수록 또 시골이 도시보다 많다. 인공적으로 짧은 파장의 자외선을 발생시킬 수 있다.

① 자외선의 작용

㉠ 물리적 작용 : 식물의 성장에 자외선이 작용한다. 생물학적 특성으로는 ① 조사 후 효과가 나타날 때까지 잠복기가 있다. ② 조사된 부위의 특이 반응뿐만 아니라 전신에 파급 ③ 소량이고 적정하면 기능을 촉진하고 과량이면 장애를 일으킨다.

㉡ 동물에 작용

- 피부 : 홍반, 색소를 침착시키는데 원자외선(3100 Å 이하)은 표면으로부터 0.03 mm 각질층의 세포내 histidine양 물질로 인한 피하모세혈관의 혈관확장으로 국소 발적과 홍반을 일으킨다. 근자외선(3100 - 3900 Å)은 0.05 mm (malpighi) 피부의 색소 침착을 일으키고, 장파장은 2 mm의 깊이까지 가는 것도 있다.
- 눈 : 2950 Å 이하의 자외선은 전부 각막과 결막에서 흡수되며, 수정체에는 완전히 흡수된다. 안통, 이물감, 설안염, 전기성 안염,
- 비타민 D형성 작용 : 7-dehydro-chlolesterol 또는 유사물질에 자외선을 쪼이면 비타민 D가 형성된다.
- 전신작용 : 자외선이 많은 계절에 신장의 성장이 크다. 대사촉진, 적혈구의 신생이 촉진 및 혈압 강하 작용이 있다.

㉢ 살균작용 : 2500 - 2800 Å의 범위내의 자외선은 강력한 살균작용을 가진다. 즉, 결핵균의 경우 수은 등을 10분간 조사했을 때 살균이 된다. 특히 공기, 물, 주택, 의복 등의 오염에 대하여 자외선의 살균력은 주요한 위치를 차지한다.

- 치료 예방효과 : 피부병, 피부결핵, 결핵, 임파선, 뼈, 관절결핵, 창상 살균력 그리고 구루병에 대한 치료 작용과 예방효과가 있다.

2) 가시광선

망막을 자극하여 광각(光覺)을 일으킨다(3900~7700 Å). 일광 가시부의 최대 강도는 4800 Å(형광등)이다. 가시광선의 작용은 조명 불량 시 시력, 시속도의 저하,

안정피로, 근시 등을 유발하고 강하면 시력장애, 시야 협착 및 암순응 능력 저하를 일으킨다.

3) 적외선 작용

① 적외선의 작용

조사부위의 온도가 상승하면, 홍반, 혈관 확장, 혈관 확장은 액층의 증가, 혈액량의 증가를 가져와 대사를 완성하게 한다. 두부의 경우 약하게 장시간 조사되면 두통, 현기증 그리고 강도가 강하면 의식상실, 경련, 열사병 심한 경우 호흡중추 장애로 사망할 수도 있다. 피부는 충혈, 혈관확장, 괴사가 오며 눈은 수정체가 적외선에 민감하여 압연공, 야금공의 백내장을 일으킨다.

② 치료 작용

3000 Å 이하의 적외선은 진통작용이 있고, 염증성 병적 산물을 흡수 촉진한다(창상, 동상, 만성피부질환, 만성관절염 등의 치료). 그러나 급성염증이나 화농성 질환 및 내출혈의 위험이 있는 환자에 대하여 금기이다.

4) 고온이 동물에 미치는 영향

말(발한동물), 소(한선발달이 부족) 그리고 개(비발한동물) 등 동물에 따라 고온에 대한 생리적 기능에 차이가 있다. 즉, 기온이 상승되면 체온과 호흡수 및 맥박이 항진되게 되며, 초기에는 혈액치가 저하되다가 시간이 지나면 수분감소로 상승되게 된다. 한편 동일종의 품종 간에도 개체에 따라 내열성에는 차이가 있다.

1.2 상수

(1) 물의 생리적 의의

물(water)은 동물체의 구성성분에 없어서는 안되는 것으로 전체중의 50~70 %를 차지하고 있다. 물은 세포, 조직, 혈액내에 흡수되어 있어 염류나 기타 분비물을 용해하고 영양분의 흡수 및 운반, 노폐물의 배설, 체온조절 등의 중요한 기능을 담당하고 있다. 동물체는 총수분량의 10 %를 상실하면 불안, 경련, 허탈 등의 증상이 발생하고, 20~22 % 이상 손실되면 폐사에 이르게 된다.

(2) 음수량

물의 섭취량은 동물의 종류, 기후 그리고 사료의 수분함량에 따라 다르다. 일반적으로 건물사료 1 kg에 대하여 각 동물별 수분필요량은 표 2-8과 같다.

표 2-8. 동물별 수분 필요량(건물사료 1kg당)

동물	수분 필요량
말	2~4 L
양	2 L
소	3~5 L
젖소	4~6 L
돼지	6~8 L

물의 종류는 가정용수, 공업용수, 농업용수, 잡용수 및 소화용수 등으로 구분된다. 우리나라에 상수도가 설치된 것은 1905년이었으며, 구역급수와 선박급수를 하였다.

(3) 물의 성질

1) 물의 경도 (hardness)

물맛이 나쁘고 비누의 가품이 일어나기 힘들다. 보일러의 내측결석 생성의 원인이 되는데 주로 Ca과 Mg이 주요원인이다(CO_2, HCl, H_2S).

- 일시적 경수 : 끓이면 경도가 저하됨(중탄산염, 탄산염, 황산염)
- 영구성 경수 : Ca과 Mg이 부착한 황산염, 질산염, 염화물

우리나라에서는 1 m^3 중 산화칼슘 10 g를 함유하면 경도 1이라고 한다. 물의 연화법은 영구성 경수의 경우 소다회 또는 두 가지 모두에 Zeolite(불석)를 사용한다.

2) 물의 용존 물질

인체의 골 발육은 물과 관계가 깊다. 특히 Ca이 문제되지만, Mg도 골 성분으로서 필요하다(5 : 1의 비율이 좋음). 불소가 많으면 반상치가 발생하고, 전혀 없으면 우치(齲齒)의 원인이 된다.

3) 물의 pH

물의 pH는 6~8이며, $CaCP_3$, $MgCO_3$, KHCO, Na_2CO_3 등이 원인.

4) 물의 온도

음료수로서의 적온은 7~12℃이다. 수온은 10~20 m 정도에는 영향을 받는다.

5) 수중세균

지표수로서 세균을 함유하지 않는 것은 없으며, 인·축 분이나 유기물성 산업폐수 등이 문제

6) 물의 자정작용

지표수가 자연적으로 정화되는 것을 말하며, 정지 수에서 이 작용은 왕성하다.

① 물리학적 작용 : 희석, 분쇄, 침전 등
② 화학적 작용 : aeration에 의한 유기물의 산화 분해, 2가 철 화합물의 산화로 3가의 철 화합물이 되고 침전, 용해성 Ca, Mg 등의 중탄산염은 CO_2 유리에 따라서 불용성 탄산염이 되어서 침전된다.
③ 생물학적 작용 : 미생물에 의한 유기물의 분해, 수중 동물에 의한 미생물의 포식 등

(3) 급수원

급수원은 천수, 지하수, 지표수, 해수 등이 있다.

① 천수 : 비나 눈으로 내리는 물을 말하는데 대기가 오염되면 매연, 분진, 세균의 오염이 많다. 열대지방이나 섬에서 많이 사용되며 수조 혹은 일정한 집수지(catchment area)를 이용하여 저장한다.
② 지표수(surface water) : 지표면 위에 고여 있는 하천, 호수 등의 물을 말하는데 수질은 비교적 안정적이지만, 오염의 기회가 많다. 우리나라의 상수도는 대부분 지표수를 사용하고 있다.
③ 지하수(ground water) : 지하로 침투한 물은 지하수를 이루는데 지각의 윗부분인 토양층과 암석층에 보관된다. 주로 수도시설이 없는 곳에서 사용된다.
④ 해수(sea water) : 보통 3%의 식염이 함유되어 있다.

(4) 전염병 매개로서의 물

아포를 형성하는 균이나 콜레라와 같이 일부 병독성 균들의 경우는 상당기간 물에 생존이 가능하여 물에 의한 전염병 전파가 일어날 수 있다.

1) 물에 의한 전염병의 발생 특성

① 유행지역과 음료수 사용 구역의 일치
② 음료수 중에 동일 병원체의 존재
③ 수도 유행일 경우는 환자가 폭발적으로 발생함
④ 발병률과 치명률은 낮고 2차 감염 환자 발생은 거의 없음

2) 수인성 전염병 (Water-born infectious disease)

① 돼지콜레라, 돈단독
② 구제역, 탄저
③ 가금콜레라
④ 이질균, 장염균
⑤ 이질아메바, 지알디아, 크립토스포리디움

(5) 물의 정화

물의 정화작용은 자정작용(self purification) 즉 희석, 침전, 자외선에 의한 살균, 산화, 생물에 의한 식균 등의 작용에 의해 일어나며 인공적 정화법은 침전(sedimentation), 여과(filtration), 소독(disinfection)의 방법으로 실시한다. 침전법에는 보통침전법과 약물침전법이 있으며, 여과법에는 완속여과법과 급속여과법이 있다.

1) 침전

수중에 존재하는 탄산염 또는 중탄산염과 화합하여 수산화알루미늄이 생기게 한다. 이를 Floc이라고 한다.

① 보통침전 : 유속을 극히 느리게 하거나 완전히 정지시켜서 그 사이에 부유물을 침전.
② 약품침전 : 약품을 가하여 응집시키는 것(coagulant). $Al_2(SO_4)_3 \cdot 18H_2O$

2) 여과

완속여과와 급속여과가 있다.

① **완속여과법**(slow sand filtration)

완속여과법은 영국의 J.Simpson(1829)이 테임즈 강물을 완속여과법에 의하여 처음으로 처리하였기 때문에 English method라고도 한다.

이 여과법은 모래층과 모래층 표면에 증식한 미생물군에 의해 수중의 불순물을 포착하여 산화·분해하는 방법으로 처리한다. 완속여과법은 응집침전을 하지 않고 저탁도의 물을 처리하는 데는 좋으나 50도 이상의 탁도를 갖는 물을 완전히 깨끗하게 할 수는 없다.

② **급속여과법**(rapid sand filtration)

1880년에 미국에서 시작된 것으로 American method라고도 한다. 원수 중의 현탁물질을 약물에 의하여 응집시키고 분리하는 여과방식이다. 급성여과법의 특징은 전처치로서 약품침전법을 이용, 빠른 여과속도, 청소에는 역류세척방법 등이다.

표 2-9. 완속여과법과 급속여과법의 비교

구분	완속여과법	급속여과법
침전법	보통침전법	약품침전법
여과막관리	상부사면대치	역류세척
여과속도	3 m/1일	120~150 m/1일
1회 사용일수	1~2개월	1일
탁도·색도가 높을 때	불리	유리
이끼류가 발생하기 쉬운 장소	불리	유리
수면이 동결되기 쉬운 장소	불리	유리
소요면적	많은 면적이 필요	좁은 면적도 가능
비용	건설비 많음 /경상비 적음	건설비 적음 / 경상비 많음
세균제거율	98~99%	95~98%
기술의 필요성	고도의 기술 불필요	고도의 기술 필요

(6) 물의 소독

원수는 일반적으로 침전이나 여과과정을 거치는 동안 세균의 99% 정도가 제거되지만, 안전하다고 보기 어려우므로 반드시 소독을 실시한다.

물의 소독은 여러 가지 방법이 사용되지만, 소독제로서 염소와 오존, 이산화염소, 클로라민 등이 사용되며, 국내 정수장에서는 사용의 간편함으로 인해 주로 화학적 방법인 염소소독 방법을 이용하고 있다. 수돗물에서 냄새가 나는 것은 염소의 투입 때문이며, 수돗물이 세균에 대해서 안전하다는 것을 의미한다.

① **열**

75℃/15분에 병원균은 사멸, 소규모의 음료수에만 사용한다.

② **자외선**

250 nm 부근의 파장을 가진 것은 큰 살균력을 가지고 있어 1 cm^2당 100 μW의 강도를 가진 자외선을 1분간 쪼이면 대장균, 디프테리아균, 이질균 등은 99 %가 죽는다. 물은 비교적 자외선을 잘 투과시켜서 우물물의 살균, 소독에는 자외선 조사가 효과적이다. 물이 혼탁하거나 수량이 많으면 효과가 떨어지고 초기 설치비 부담이 큰 단점이 있다.

③ **화학적 방법**

㉠ Halogen류 : Cl_2, I_2 Br_2 등이 사용된다. 염소 소독법(chlorination)이 가장 일반적이며, 0.2~1.0 ppm 정도가 보통이다. 염소소독의 단점은 냄새가 강하고 트리할로메탄(trihalomethane : THM) 발생 등 독성이 있는 반면에, 소독력이 강하고 잔류효과가 우수하며 조작이 간편하고 가격이 저렴하다는 장점이 있다. 하지만 단점보다는 장점이 훨씬 강하다. 액체 염소대신 표백분(chlokalk)이 사용된다.

㉡ 과망간산 칼륨($KMnO_4$) : 잔류효력이 없음

㉢ Ozone : 1.5~5 g/m^3의 양을 15분간 접촉

④ **이온화를 일으켜서 소독하는 방법(비실용적)**

⑤ **pH 변화를 일으켜서 소독하는 방법(비실용적)**

⑥ **불연속점 염소 소독**

물을 염소로 소독하면, 넣는 양에 비례하여 잔류 염소가 생기는데 암모니아 성분이 있으면 chloramine으로 변하여 산화에 관여하므로 잔류염소가 없는 상태로 되어 버린다. 이러한 조건을 불연속점이라고 부르고, 이 점 이상으로 염소가 있는 것을 잔류염소라 하며, 이러한 조건을 갖게 하는 소독방법을 불연속점 처리하고 한다.

$$NH_3 + HOCl \rightleftarrows H_2O + NH_2Cl$$

$$NH_3 + 2HOCl \rightleftarrows 2H_2O + NHCl_2$$

- 살균에 필요한 염소량 : 결합태 잔류염소는 0.4 ppm
  유리잔류염소량은 0.2 ppm

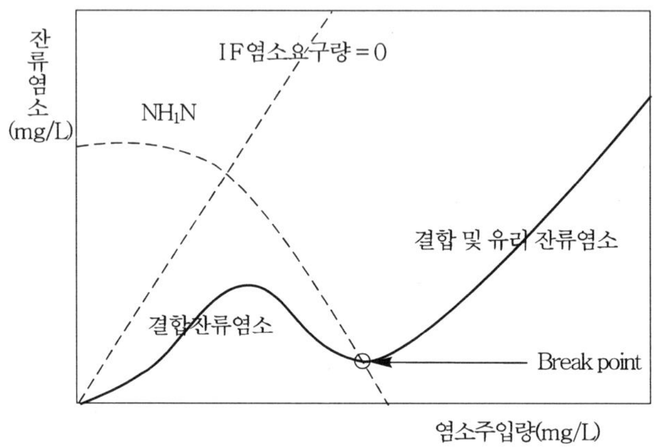

그림 2-2. 잔류염소 곡선

(7) 음료수의 수질 기준

음용수의 수질기준은 각국마다 약간씩 차이가 있으며, 우리나라는 1995년 환경부령으로 먹는 물에 관한 수질기준을 정하여 실시하고 있다.

1) 병원생물에 오염되었거나 병원생물에 오염된 생물 또는 물질에 관한 사항

① 암모니아성 질소는 0.5 mg/ℓ을 넘지 않는다.
② 질산성 질소는 10 mg/ℓ를 넘지 않는다.
③ 염소이온은 150 mg/ℓ를 넘지 않는다.
④ 과망간산칼륨 소비량은 10 mg/ℓ를 넘지 아니할 것
⑤ 일반세균은 1 cc당 100을 넘지 아니할 것
⑥ 대장균군 50 cc에서 검출되지 아니할 것

2) 시안 · 수은, 유기인 검출되지 않을 것

3) 수소이온농도는 pH 5.8 내지 8.5

4) 무색 투명하지 아니할 것에 관한 사항

색도 : 5도, 탁도 : 2도, 증발잔류물 500 mg/ℓ

5) 건강상 유해영향 무기질에 관한 기준

납, 불소, 비소, 세레늄, 수은, 시안, 6가 크롬, 암모니아성 질소, 질산성 질소, 카드뮴, 보론은 일정 기준치를 넘지 아니할 것

6) 건강상 유해영향 유기물질에 관한 기준

페놀, 다이아지논, 파라티온, 페니트로티온, 카바릴, 1.1.1-트리클로로에탄, 트리클로로에틸렌, 디클로로메탄, 벤젠, 톨루엔, 에틸벤젠, 크실렌, 사염화탄소 등은 일정 기준치를 넘지 아니할 것

7) 소독제 및 소독부산물질에 관한 기준

잔류염소, 총트리할로메탄 및 클로로포름, 클로랄하이드레이트 등 기준치를 초과하지 아니할 것

8) 심미적 영향물질에 관한 기준

경도, 냄새 및 맛, 색도 등

1.3 하수

하수의 종류는 가정하수, 공장 폐수의 산업폐수, 축산폐수, 지하수 및 우수 등으로 구분된다. 하수도의 종류는 분류식 Separate system(우수를 합류시키지 않음)과 합류식 Combined system이 있으며, 합류식의 특징은 건설비가 적고, 우수에 의한 관계내의 자연 청소, 시공과 수리가 용이한 장점이 있는 반면 침전물과 악취 발생 및 집수장의 용량이 막대하게 되는 단점이 있다.

(1) 하수 처리

회석법, 침전법, 관개법, 살수여상법과 활성오니법(가장 발달) 등이 있다.

1) 예비처리

예비처리는 하수 유입구에 제진망(screen)을 설치하여 부유물이나 골형물을 제거하는 screening과 침사법 및 침전법이 있다. 예비처리 중에서 침사법이 가장 비중이 높으며, 보통침전법과 약물침전법이 있다.

2) 본처리

① 혐기성 분해처리(anaerobic treatment)

무산소 상태에서 혐기성균이 증식함으로써 유기물질을 분해하는 방법이다. 이러한 혐기성 분해처리 방법은 호기성 처리에 비해 유기물질의 제거율이 다소 낮은 반면에 산소공급이 불필요하며 오니의 발생량이 적다. 혐기성 처리에는 부패조와 임호프조를 이용하는 방법이 있다.

㉠ 부패조(septic tank)

침전실과 소화실이 분리되어 있지 않으며, 단순한 탱크(tank)로서 하수의 부유물인 부사를 형성하여 무산소 형태를 만들어 혐기성균의 분해작용을 촉진시킴으로서 처리하는 방법이다.

㉡ 임호프조(Imhoff tank)

부패조의 결점을 보완하여 1조내에 2개의 층이 있어 상층(침전실)에서는 침전이 진행되고 하층(소화실)에서는 오니의 소화가 이루어진다.

② 호기성 분해처리

호기성 분해처리는 산소를 공급하여 호기성균에 의하여 처리하는 방식으로 활성오니법, 살수여상법, 접촉여상법, 관개법, 산화지법 등이 있으며, 이중 대표적인 방법은 활성오니법과 살수여상법이다.

㉠ 활성오니법(activated sludge process)

영국에서 1912년에 시작되어 현재 가장 진보된 호기성 하수처리방법으로 호기성균이 풍부한 오니를 하수량의 25%를 첨가하여 충분한 산소를 공급함으로서 호기성균의 활동을 촉진시켜 유기물을 산화시키는 방법이다.

㉡ 살수여상법(trickling filter process)

접촉여상법의 진보된 형태로 주로 도시하수의 2차처리를 위하여 사용되며, 1차 침전지 유출수를 미생물 점막으로 덮힌 쇄석이나 기타 매개층 등 필터 위에 뿌려서 미생물막과 폐수중의 유기물을 접촉시켜 처리하는 방법이다.

3) 오니처리

오니처리는 하수처리과정 중 오니의 종류에 따라서 처리방법에 차이가 있을 수 있으나, 일반적으로 육상투기, 소각처리, 사상건조법, 소화법 등이 있다.

표 2-10. 하수처리 방법

	1차처리 (물리적 처리)		2차처리 (생물학적 처리)		3차처리 (화학적 처리)	
하수 →	스크린 침사지(浸砂池) 침전지	→	활성오니법 살수여상법 산화지법 메탄발효법	→	응집침전법 활성탄흡착 이온교환 암모니아포집법 불연속점염소처리법	→ 처리수 방류
	(SS의 제거)		(BOD의 제거)		(N, P의 제거)	

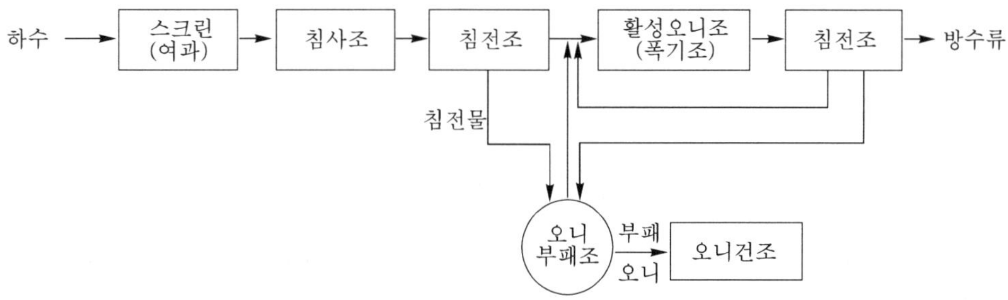

그림 2-3. 활성오니 처리과정

(2) 하천오염의 지표

① 생물학적 산소요구량(BOD, Biological oxygen demand)

② 용존산소(DO, Dissolved oxygen)

③ 화학적 산소요구량(COD, Chemical oxygen demand)

④ 수소이온농도(pH)

⑤ 부유물질량(SS, Suspended solid)

⑥ 대장균군(Coli-form group)

⑦ 특수유독물질

1.4 토양

일반 전염병의 병원균은 건조, 일광, 자외선조사 등에 의해 감작되어 사멸되거나 토양 중에 서식하는 토양 원생충 등에 의해 사멸된다. 아포형성 균인 일명 토양병

(Soil disease)은 탄저, 기종저, 파상풍, 악성 수종 등이 있으며, 각각의 질병에 대하여 매년 예방주사를 실시하는 것이 바람직하며 소독을 철저히 하는 것이 필요하다. 한편 토양 중의 미량성분의 부족이나 결핍으로 대표적인 것은 코발트 부족시 빈혈과 식욕부진, 석회 부족시 골연증 등이 나타난다.

(1) 일반 전염병의 병원균

아포형성 병원균인 탄저, 기종저, 파상풍, 악성 수종 등 각각의 질병에 대하여 매년 예방주사를 실시하는 것이 바람직하고 소독을 철저히 하는 것이 필요하다.

토양 중의 미량성분의 부족이나 결핍

- 코발트 부족 : 빈혈, 식욕부진
- 석회부족 : 골연증

1) 토양 중의 미생물

세균(Bacteria), 진균(Fungi), 방선균(Actinomyces), 조류(Algae), 원생동물(Protozoa) 등

2) 토양의 무기성분과 가축

토양 중의 성분부족은 식물에서의 결핍을 초래하게 되고 결국 가축의 질병을 유발

- 코발트 결핍 : 절식병, 골연증, 빈혈증, 번식장해 등의 원인
- 석회부족 : 골연증

3) 토양 중의 병원미생물

세균류, 특히 혐기성균, 방선균, 기생충란 및 중간숙주, 원충류 등 토양과 관련되어 생기는 질병을 토양병이라 한다.

2. 환경보전

2.1 환경보전 및 환경오염의 정의

우리나라 환경정책기본법에 의하면 "환경보전이란 환경오염으로부터 환경을 보존하고 오염된 환경을 개선함과 동시에 쾌적한 환경의 상태를 유지·조성하기 위한 행위를 말한다."고 정의하고 있다. 또한 환경오염이란 사업활동 기타 사람의 활동에 따라 발생되는 대기오염, 수질오염, 토양오염, 해양오염, 방사능오염, 소음·진동, 악취 등으로 사람의 건강이나 환경에 피해를 주는 상태를 말한다.

2.2 환경보전 노력

(1) 국내 환경보존에 대한 노력

1) 환경행정조직 및 관련법의 변천과정

우리나라는 환경문제를 해결하기 위해 정부조직은 1967년 당시 보건사회부 환경위생과 공해계로 출발한 것이 그 이후 공해과, 공해관리관실, 환경청(1980), 환경처를 거쳐 현재는 환경부(1995)로 승격되는 등 크게 개편 강화해 왔다. 또한 환경악화를 방지하기 위하여 1963년에 공해방지법을 제정 시행했던 바 있으나 동법이 규정하고 있는 공해 발생의 방지나 규제 수단을 통해서 해결해 가는 데는 한계가 있다고 판단하여 1977년 12월 공해방지법을 폐지하고 환경보전법을 제정 운영했었다. 그러나 이것 역시 다양화되고 다발화되며, 누적화되고 광역화되어가는 환경악화가 국제간의 문제로 대두되어 범세계적인 과제로 등장됨에 따라 단독법만으로는 환경문제를 해결해 가는데 한계가 있다고 판단하여 1991년 동법을 폐지하고, 환경정책기본법을 비롯한 대기보전법, 수질보전법, 소음 및 진동규제법, 폐기물관리법, 해양오염방지법 등 환경보전법의 대체 입법을 제정 운영하고 있으며, 1993년 6월에는 환경악화의 사전예방책을 강구하기 위해 환경영향평가법을 제정 운영하고 있다.

2) 환경보전기술의 발전 노력

21세기는 자연환경이 우선하는 시대가 되도록 대기오염, 수질오염, 토양오염 등 환경 악화를 최소화함으로써 삶의 질을 높여 갈 수 있도록 지구환경을 보전해 가기 위한 환경기술 개발에 힘을 모아야 한다.

특히 ① 무공해 에너지 개발, ② 무공해(무 배출) 생산기술 및 ③ 무공해 청정식품 생산 등 지속 가능한 발전이 이룩되도록 하여 우리 후손이 살아갈 지구환경을 보전하는 지구환경 보전기술 발전이 불가피하다.

그러나 환경기술은 나라에 따라서 ① 1세대기술이라 할 수 있는 대기오염이나 수질오염 등을 처리하는 기술수준에 도달했거나 1세대기술마저도 취약한 국가가 있으며, ② 2세대기술이라 할 수 있는 환경오염 예방기술이나 청정기술이 발전된 국가와 ③ 3세대기술이라 할 수 있는 환경복원기술까지도 발전된 국가가 있는 등 매우 다양하여 지구환경을 살려가는 데는 아직도 해결되어야 할 과제가 많다. 우리나라도 환경보전과 환경사업의 선진화를 위해 환경기술의 발전 노력이 절실히 요구된다. 환경기술 발전이 환경을 보전해 가는 중요한 접근방법이며, 국가경쟁력을 확보해 가는 중요한 접근방법이기도 하다.

(2) 국제적 환경보전 노력

1) 국제 환경기구 설립 및 국제 환경회의 개최

20세기에 들어서면서 산업의 급진적 발전이 물질문명의 혜택을 받을 수 있게 하였지만, 지구환경의 악화는 더욱 더 심화되어 가고 있어 이를 극복하기 위한 국제적 노력도 지속되고 있다.

① 유엔 인간환경회의 개최

1972년 스웨덴 스톡홀름에서 세계 최초의 인간환경회의를 개최하고, 인간환경을 보호하고 개선하는 것은 인류의 복지와 경제 발전의 가장 중요한 과제라는 인간환경선언과 함께 오직 하나뿐인 지구(only one earth)라는 절박한 슬로건을 채택하였으며, 이를 실현해갈 유엔 환경계획의 설립을 권고하는 결의안을 채택하였다.

"인간환경선언"의 4대원칙은 다음과 같다.

- 인간은 좋은 환경에서 쾌적한 생활을 영위할 기본적 권리가 있다.
- 현재와 미래에 있어서 공기, 물 등의 자연생태계를 포함하여 지구의 천연자원이 적절히 계획 관리되어야 한다.
- 유해물질의 배출 등으로 생태계가 회복될 수 없는 상태로 되어서는 안 된다.

- 경제개발, 사회개발, 도시화계획 등의 모든 계획은 환경의 보호와 향상을 고려하고 계획되어야 한다.

② **유엔 환경개발계획 설치**

유엔인간환경회의 권고에 따라 1972년 유엔총회의 결의를 거쳐 1973년 케냐 나이로비에서 발족되었다. 유엔 환경계획(UNEP)은 ① 유엔의 환경정책 수립 ② 지구환경 감시 ③ 환경관련 국제협력 ④ 환경 관련지식 발전 등 환경문제 해결의 주도적 역할을 담당하는 국제기구이다. 특히 UNEP은 1980년 세계야생동물기금 및 국제자연보호기금 등과 함께 세계환경보호전략(world conservation strategy)을 작성하였는데 이 보고서는 지구자원의 지속 가능한 개발방향을 제시하고 있다.

③ **유엔 환경개발회의 개최**

유엔 환경개발회의는 1992년 6월 브라질 리우데자네이루에서 115개국 정상과 183개국 대표 및 3만 여명의 환경전문가 등이 참여하는 20세기 최대의 국제환경회의를 개최하여 ① 리우선언과 ② 의제 21을 채택하였다.

- 리우선언의 기본이념은 "환경적으로 건전하고, 지속 가능한 개발 ; Environmentally sound and sustainable development(ESSD)"에 두었으며, ESSD는 오늘날 지구환경 보전의 확고한 이념으로 정착되고 있다. 즉 지속 가능한 경제는 지속 가능한 개발의 결과로 얻어진다고 믿게 하고 있는 것이다. 또한 유엔 환경개발 회의에 근거하여 ① 환경영향평가제도 ② 환경오염자부담원칙 ③ 유해물질 국경이동금지 등 많은 국제적 합의가 이루어졌으며, 이러한 이념으로 유엔 지속개발위원회(committy on sustainable development ; CSD)도 설치되었다.
- 의제 21에서는 ① 지구환경 피해에 대한 선진국의 책임과 함께 ② 환경보호를 구실로 일방적 무역 규제를 하지 않도록 하였으며 ③ 개발도상국가에 대한 선진국의 재정지원 등의 내용 등을 담고 있다.

2) 국제환경협약

그 동안 경제협력기구(OECD)는 회원국에 오염자부담원칙(Polluters pay principle)을 권고한 바 있으며, UNEP은 물론 WHO, 세계개발기구(UNDP), 세계기상기구(WMO) 등도 지구오존층 파괴방지, 지구온난화 방지, 지구의 사막화 방지, 생물종의 다양성 보전 등 각종 환경악화 방지와 환경보전을 위한 협약이나 의정서를 채택하는 등 많은 노력을 계속하고 있다.

2.3 대기오염

(1) 대기오염의 개념

세계보건기구(WHO)가 정의한 바에 의하면 "대기오염(air pollution)이란 옥외의 대기중에 오염물질이 혼입되어 그 양, 질, 농도, 지속시간이 상호작용하여 다수의 지역주민에게 불쾌감을 일으키거나, 보건상에 위해를 끼치며, 인류의 생활이나 식물의 성장을 방해하는 상태를 말한다."라고 하였으며, 대기환경보전법(1990)은 "대기오염으로 인한 국민건강 및 환경상의 위해를 예방하고, 대기환경을 적정하게 관리 보전함으로써 모든 국민이 건강하고 쾌적한 환경에서 생활할 수 있게 함을 목적으로 한다."라고 규정하고 있다.

그림 2-4. 공장에 의한 매연 배출

(2) 대기오염 물질의 종류

대기오염 물질은 입자상 물질과 가스상 물질 및 악취 물질로 구분한다.

1) 입자상 물질

① **분진**

크기 1 mm 이하의 고체상 입자로서 물질의 연소, 제조, 가공과정에서 생기는 매연, 회분, 철분, 연, 비소, 마그네슘 등

② **증기상 물질**

크기 1 mm 이하의 고체상 입자로서 승화, 증류, 화학반응으로 생기는 ZnO, MgO, NH_4Cl, Pb 등의 증기

③ **액체상 물질**

증기의 응결이나 화학반응에 의하여 생기는 SO_2, H_2S, NH_3, Cl 등의 액체상 입자로 구분된다.

2) 가스상 물질

연료의 연소나 분해, 합성 등 화학반응과정에서 발생하는 황산화물, 질소산화물, 일산화탄소, 오존 등 각종 가스이다.

3) 악취물질

황화수소, 메르캅탄류, 아민류 및 자극성 기체상 물질로서 취각을 자극하여 불쾌감 및 혐오감을 주는 냄새를 말한다.

(3) 대기오염의 유형

1) 오염물질의 종류에 따른 오염유형

① **매연 · 분진이 주가 되는 도시형**

석탄을 원료, 연료, 난방용으로 하는 공업도시나 소비도시에서 잘 발생한다.

② **황산화물이 주가 되는 도시형**

석유를 주로 사용하는 도시에서 잘 발생한다.

③ **매연 · 분진+황산화물이 주가 되는 도시형**

석탄, 석유를 사용하는 공업도시에서 잘 발생한다.

④ **매연 · 분진+황산화물+자동차 배기가스가 주가 되는 도시형**

과밀공업도시에서 잘 발생한다.

2) 시간적 요인에 따른 오염유형

① 추운 해, 겨울철에는 I 형(매연, SO_2, NO_2, CO 등), 더운 해, 여름철에는 II 형(aldehyde, oxidant, O_3)의 발생이 많다.

② I 형은 오전과 오후 8시에, II 형은 정오경에 오염의 극대치를 나타낸다.

③ 주별로는 토요일, 일요일 및 각종 공휴일에 오염도가 낮다.

3) 지형적 조건에 따른 오염유형

지형적 조건에 따라서도 대기오염의 유형은 달라지는데, Donora, Meuse Valley는 오염원이 계곡이나 분지에, London은 템스강 연안의 저지에, Los Angeles는 산으로 둘러싸인 해안의 평지에, 일본의 Osaka는 임해의 평지, Tokyo는 고층빌딩 골짜기에 형성된다.

(4) 대기의 환경기준

1) 대기환경 오염물질의 종류

우리나라 대기환경보전법(1990)은 대기환경 오염물질의 종류를 일반 오염물질 47종과 특정 유해물질 16종 등 63종으로 규정하고 있으며, 특정 유해물질은 ① 카드뮴, ② 시안화수소, ③ 납, ④ PCB, ⑤ 크롬화합물, ⑥ 비소, ⑦ 수은, ⑧ 구리, ⑨ 염소, ⑩ 석면, ⑪ 니켈, ⑫ 염화비닐, ⑬ 불소화합물, ⑭ 다이옥신, ⑮ 페놀, 베릴륨 등과 그 화합물로서 이들은 해당지역내의 배출시설의 배출허용기준은 총량으로 규제하도록 규정하였다.

2) 배출허용기준

배출허용기준은 배출시설에서 배출되는 환경오염의 요인이 되는 오염물질의 최대허용량 또는 최대허용농도를 말한다. 우리나라의 배출허용기준은 대기환경보전법에 정하고 있는데, 2006년 9월말 현재 기준으로 대기오염물질은 52종이며, 특정대기유해물질은 35종이다.

배출허용기준은 가스상 물질 및 입자상 물질에 대하여 오염물질의 종류에 따라 배출허용기준을 정하였고 대기오염물질에 대하여 총량으로 규제토록 하고 있다.

① **가스상 물질**

암모니아, 일산화탄소, 염화수소, 염소, 황산화물, 질소화합물, 이황화탄소, 포름알데히드, 황화수소, 불소화합물, 시안화수소, 브롬 화합물, 벤젠, 페놀 화합물, 수은 화합물, 비소 화합물, 탄화수소로서 총 17종이다.

② **입자상 물질**

먼지, 비산먼지, 매연을 비롯하여 납, 크롬, 구리, 니켈, 아연 등의 화합물로 총 9종이다.

3) 국내의 대기환경기준

대기환경기준은 각국마다 차이가 있다. 우리나라 대기환경기준 항목은 아황산가스, 일산화탄소, 이산화질소, 먼지, 오존 및 납으로 총 6종이며, 장기기준으로 연간 평균치를 정하였고, 또한 단기기준을 정하여 연간 평균치보다는 높으나 연간 3회를 초과하여서는 안된다고 규정하였다. 2006년 9월말 현재의 기준은 표 2-11과 같다.

표 2-11. 대기환경기준(환경정책기본법시행령)

설 정 항 목	기 준
아황산가스(SO_2)	연간 평균치 0.02 ppm 이하 24시간 평균치 0.05 ppm 이하 1시간 평균치 0.15 ppm 이하
일산화탄소(CO)	8시간 평균치 9 ppm 이하 1시간 평균치 25 ppm 이하
이산화질소(NO_2)	연간 평균치 0.05 ppm 이하 24시간 평균치 0.08 ppm 이하 1시간 평균치 0.15 ppm 이하
미세먼지(PM10)	연간 평균치 70 $\mu g/m^3$ 이하 24시간 평균치 150 $\mu g/m^3$ 이하
오존(O_3)	8시간 평균치 0.06 ppm 이하 1시간 평균치 0.1 ppm 이하
납(Pb)	연간 평균치 0.5 $\mu g/m^3$ 이하

* 1시간 평균치는 999천분위수의 값이 그 기준을 초과하여서는 아니되고, 8시간 및 24시간 평균치는 99백분위수의 값이 그 기준을 초과하여서는 아니됨

* 미세먼지는 입자의 크기가 10 μm 이하인 먼지를 말함

4) 각국의 대기환경기준

WTO 및 세계 각국의 대기환경기준은 다음 표 2-12와 같다.

표 2-12. 국가별 대기환경기준

구 분		한 국	미 국	캐나다	이태리	스위스	터 키	일 본
SO_2 (ppm)	연 평균	0.02	0.03	0.02	0.03	0.01	0.06	–
	24시간 평균	0.05	0.14	0.11	0.10	0.04	0.15	0.04
	1시간 평균	0.15	–	0.34	–	–	–	0.10
PM10 ($\mu g/m^3$)	연 평균	70	50	70	*150	70	–	–
	24시간 평균	150	150	120	*300	150	*300	100
	1시간 평균	–	–	–	–	–	–	200
O_3 (ppm)	연 평균	–	–	0.015	–	–	–	–
	8시간 평균	0.06	0.08	0.025	–	–	–	0.06
	1시간 평균	0.10	0.12	0.08	0.10	0.06	0.12	0.10
NO_2 (ppm)	연 평균	0.05	0.053	0.05	–	0.02	0.05	–
	24시간 평균	0.08	–	0.11	–	0.04	–	0.04 ~0.06
	1시간 평균	0.15	–	0.21	0.11	0.05/30분	0.16	–
CO (ppm)	연 평균	–	–	–	–	7	–	10
	8시간 평균	–	9	13	9	–	9	20
	1시간 평균	25	35	31	35	–	26	–
HC (ppm)	연 평균	–	–	–	–	–	–	–
	1시간 평균	–	–	–	–	–	0.26	–
Pb ($\mu g/m^3$)		0.5/연	1.5/3개월	–	2.0/년	1.0/년	–	–

구 분		태 국	싱가포르	대 만	홍 콩	WHO 권고기준	EC 권고기준
SO_2 (ppm)	연 평균	0.04	0.03	0.03	0.03	0.019	–
	24시간 평균	0.11	0.14	0.10	0.13	0.047	0.047
	1시간 평균	–	–	0.25	0.31	–	0.13
PM10 ($\mu g/m^3$)	연 평균	*100	50	65	55	–	30
	24시간 평균	*330	150	125	180	–	50
	1시간 평균	–	–	–	–	–	–
O_3 (ppm)	연 평균	–	–	–	–	–	–
	8시간 평균	–	0.03	0.06	–	0.06	–
	1시간 평균	0.10	0.12	0.12	0.12	–	–
NO_2 (ppm)	연 평균	–	0.05	0.05	0.04	0.021	0.021
	24시간 평균	–	–	–	0.08	–	–
	1시간 평균	0.17	0.10–0.17	0.25	0.16	0.105	0.105
CO (ppm)	연 평균	–	–	–	–	–	–
	8시간 평균	17	9	9	9	9	–
	1시간 평균	44	35	35	26	26	–
HC (ppm)	연 평균	–	–	–	–	–	–
	1시간 평균	–	–	–	–	–	–
Pb ($\mu g/m^3$)		10/24시간	1.5/3개월	1.0/1개월	1.5/3개월	0.5/년	0.5/년

- PM10의 *는 TSP
- 프랑스는 EC기준(CO는 WHO 기준)을 인용
- 영국은 EC기준(NO_2, SO_2, Pb)과 WHO기준(CO, O_3, 기타)을 인용

(5) 대기오염과 기후변화

1) 기온역전의 발생기전

지구를 둘러싸고 있는 상층 공간은 대류권(對流圈), 성층권(成層圈), 중간권(中間圈), 전리권(電離圈) 및 외기권(外氣圈) 등으로 구분할 수 있는데, 우리 인간의 생활은 대류권 내에서 이루어지고 있다. 대류권의 기류는 이동이 심하며, 온도는 100 m 상승할 때마다 1℃ 정도 하강하는데, 반대로 지상고도에 따라 대류권의 기온이 상승하는 현상을 기온역전(氣溫逆轉)이라고 한다.

역전이 일어나는 공기층을 역전층이라 하는데 이 역전층이 원래의 상태로 돌아가면 대기는 안전상태가 되고, 이 공기층이 상승 또는 하강이 계속될 때는 불안전상태가 된다.

2) 대기역전의 종류

① 방사성 역전

일몰 후 하부 공기층이 지열복사로 먼저 냉각됨으로써 형성되는 것으로 복사성 역전이라고도 하는데, 이러한 현상은 일출 전까지 계속되며, 지표 가까이(지상 200 m 이하)에 생기므로 접지역전 또는 지표성 역전이라고도 한다.

② 전선성 역전

한랭전선이나 온난전선이 통과할 때 생기는 역전을 말한다.

③ 침강성 역전

고기압하에서 대기오염물질이 보다 상부의 차가운 공기층으로 상승하지 못하게 하여 마치 뚜껑 모양의 형태를 만들어 공기가 침강되어 형성되는 역전을 말한다.

(6) 광화학적 오염(photochemical pollution)

1) 광화학 오염의 발생기전과 원인물질

① 광화학적 오염 발생기전

대기오염의 발생원으로부터 직접 배출된 것을 1차 오염물질이라 하고, 이것이 태양광선의 에너지와 대기층에 존재하는 여러 가지 인자들에 의해서 새로운 오염물질을 형성한 경우를 2차 오염물질이라 하는데, 이런 오염현상을 광화학적 오염이라고 한다. 즉 광화학적 smog는 2단계에 걸쳐서 형성되는데, 제 1 단계는 1차 오염물질인 NOx, HC 및 유기물 등이 태양광선의 빛 에너지 작용으로 O_3를 만드는 과정이며, 제 2 단계는 1단계에서 형성된 O_3와 대기중의 미량 유기물간의 화학반응에 의해 aldehyde(RCHO), peroxy acetyl nitrate(PAN) 및 oxidant(총 산화성 물질) 등의 광화학 smog를 형성하게 되는 것을 광화학적 오염(photochemical smog)이라 한다.

② **오존농도 상승 원인물질**

오존농도를 높이는 물질은 휘발성 유기화합물질인 휘발유나 LP 가스 등이 주가 되기 때문에 자동차 주유는 휘발성이 높은 대낮 시간의 주유를 줄이고, 가정용이나 자동차용 LP 가스의 누출을 최소화하며, 유성 페인트의 사용이나 헤어 스프레이의 사용도 자제하는 노력이 필요하다.

2) 오존 경보제도

① **오존농도와 경보제도**

대기권의 오존농도에 따라 오존 경보제도를 실시하는 국가가 증가하고 있는데, 미국이나 일본은 1970년대 초부터 시작되었으며, 한국은 1995년부터 시행하고 있다. 오존농도는 정상 공기중에 0.02 ppm 전후이지만 인체에 미치는 영향은 0.18 ppm일 때 기침이 나고, 0.37 ppm일 때 호흡곤란, 0.5 ppm 이상일 때 심한 호흡곤란상태가 되기 때문에 오존농도가 시간당 0.12 ppm 이상이면 주의보를 발령하고, 0.3 ppm이면 경보, 0.5 ppm 이상이면 중대경보를 발령하도록 하고 있다.

② **오존 피해 방지 노력**

오존농도는 하루 중 오후 3시경이 최대가 되고, 차량 통행이 많은 도심지나 공장지대에서 높다. 오존은 건강인보다는 호흡기계 환자나 노약자에게 더욱더 유해한 작용을 한다. 따라서 오존주의보 발령시는 노약자, 호흡기 질환자의 실외운동을 자제하도록 하고, 경보 발령시는 유치원, 초등학교 등에서는 실외운동을 자제하도록 하며, 자동차 운행도 제한한다. 그러나 중대 경보시는 유치원이나 초등학교는 휴교를 실시하고, 해당지역의 자동차 운행을 규제하여야 한다. 그러나 미국이나 프랑스 등은 오존주의보를 발령하는 단계부터 자동차의 속도를 제한하고, 자동차의 운행을 자제하도록 하는 등 적극적인 관리를 하는 국가도 있다.

3) 산성우

비와 눈은 대기오염을 세정시켜주는 작용을 하지만 대기오염이 심한 경우는 산성우를 내리게도 한다. 즉 공기는 탄산가스가 존재하기 때문에 원래 약산성이지만 각종 공장이나 교통기관 및 화력발전소 등에서 배출되는 황산화물, 질소산화물 및 탄소산화물이 황산, 질산, 탄산 등의 형태로 빗물에 섞여 pH 5.6 이하의 산도로 내리는 비를 산성우라 한다. 산성우는 금속물의 부식, 각종 문화재 및 석조물의 손상, 토양 및 담수의 산성화로 생태계의 파괴를 초래할 수 있기 때문에 문제가 되고 있다. 한국은 1996년 현재 서울, 울산 등이 연간 평균 pH 5.7, 부산 pH 5.1 정도로 측정되었으며, 1998년 5월에는 서울 5.0, 울산 5.2, 대구 5.6이었고, 여수 4.4, 부산, 대전은 각각 4.7이었다.

4) 오존층의 파괴

① 오존층 파괴현상과 피해

성층권의 오존층은 지구 전체의 90%가 고도 20~30 km에 존재하는데, 오존층은 태양의 자외선을 차단함으로써 인체 및 식물의 보호막으로 작용한다.

그러나 자외선에 심하게 노출되면 피부와 눈의 건강 장애 및 면역체와 V.D의 형성에 악영향을 하며, 해양의 플랑크톤의 체질 변화로 해양계의 먹이사슬도 파괴할 수 있다.

오존층의 파괴현상이 가장 심한 지역은 호주, 뉴질랜드 및 남미의 칠레, 아르헨티나 등의 남극지역이며, 오존 홀은 주로 8월 말경부터 10월까지 가장 큰 면적으로 확대된 후 12월과 1월경에는 가장 작아진다.

칠레 최 남단지역인 우슈아이아에서 측정한 남극 상공의 오존 홀 면적은 1979년과 1992년 사이에는 1,000만 km^2이었으나 1999년에는 2,500만 km^2이었고, 2000년에는 3,000만 km^2로 크게 확대되었다.

② 오존층 파괴 물질

프레온 가스(CFCS)는 대기권에서는 파괴되지 않는 매우 안정된 기체이지만 성층권까지 상승하면 오존 파괴물질인 염소분자를 방출하여 오존층을 파괴하게 된다. 따라서 HFC, HCFC 등 대체물질들이 개발되고 있는데 HFC는 오존 파괴 능력이 없는 반면 HCFC는 염소원자를 지니고 있어서 오존층 파괴 가능성이 있기 때문에 완전한 대체물질이 되지는 못하고 있다.

그러나 오존층의 파괴물질은 CFC 이외에 CFC에 브롬(Bromine)이 추가된 Halon이라는 소화제, CFC 제조원료인 사염화탄소(CCl_4) 등이 오존층을 파괴하는 물질이다.

③ **오존층 보호 노력**

1985년 3월 오존층을 보호하기 위한 포괄적 규정인 「비엔나 협약」이 체결되었고, 1987년 9월에는 오존층 파괴물질의 생산 및 소비량을 감축하기 위해 환경문제와 무역을 연계시킨 "몬트리올 의정서"가 채택되었다.

1992년 11월에는 가입국 회의를 통하여 규제물질의 종류 추가와 규제일정을 단축함으로써 선진 공업국들은 1996년부터는 CFC 생산과 사용이 전면 중지되었으며, 개발도상국가로 분류된 한국은 2005년부터 사용이 중지된다. 1992년 5월 비엔나 협약 및 몬트리올 의정서에 가입한 우리나라도 CFC 대체물질 개발이 활발해졌다.

(7) 지구 온난화와 기후변화

1) 온실효과(지구 온난화) 현상

지구의 온난화 문제는 1970년 이후부터 제기되었으나 심각한 범지구적 환경문제로 제기된 것은 1980년대 이후이다. 19세기 말 이후 지구의 평균온도는 지역에 따라 0.3~0.6 ℃ 상승되었으며, 해수면은 10~25 cm 상승된 것으로 보고되고 있다. 세계기상기구(WMO)와 유엔환경계획(UNEP)이 공동으로 추진하고 있는 "기후변화에 관한 정부간협약체(IPCC)"는 과거 100년 동안 기온이 0.5 ℃ 상승하였는데, 그 중 0.3 ℃가 1972년 이후 10년간에 상승하였다고 보고하고 있어 70년대 이후 온난화 현상이 가속화되고 있음을 알 수 있다. 우리나라 기상청은 서울의 평균 기온도 1967년 10.9 ℃이던 것이 1997년에는 12.9 ℃로 상승하고, 부산은 13.4 ℃이던 것이 15.2 ℃로 상승되는 등 온실화가 심화되어 왔다고 보고하였다.

2) 지구 온난화의 원인

지구의 기온이 지속적으로 상승하고 있는 원인에 대하여 여러 의견이 있으나 가장 큰 이유로는 온실효과 가스인 CO_2, CH_4, N_2O, CFC 등이 대기중 농도증가가 원인이 되는 것이다. 특히 CO_2의 온실효과 기여도는 66%로 가장 높고, CH_4가 18%, CFC는 11% 수준이다. 다음으로는 태양열이 대기중의 각종 물질에 흡수되어 온도를 상승시키기 때문이다. 즉 지구에 도달되는 광선의 총량 중 50%는 지구 표면에 흡수되지만 20%는 대기중의 CO_2와 같은 기체 및 물방울 등에 흡수되고, 30%는 구름, 얼음, 눈, 모래 및 지구상의 각종 반사체에 의해 우주 공간으로 다시 방출되는데 결국 열선이 CO_2 등의 대기오염 물질에 흡수되기 때문에 CO_2의 대기오염량이 많을수록 지구의 온실화 현상은 더욱 심화된다. 그 밖에 산림면적의 지속적인 감소도 온난화를 촉진하는 요인으로 작용하고 있다.

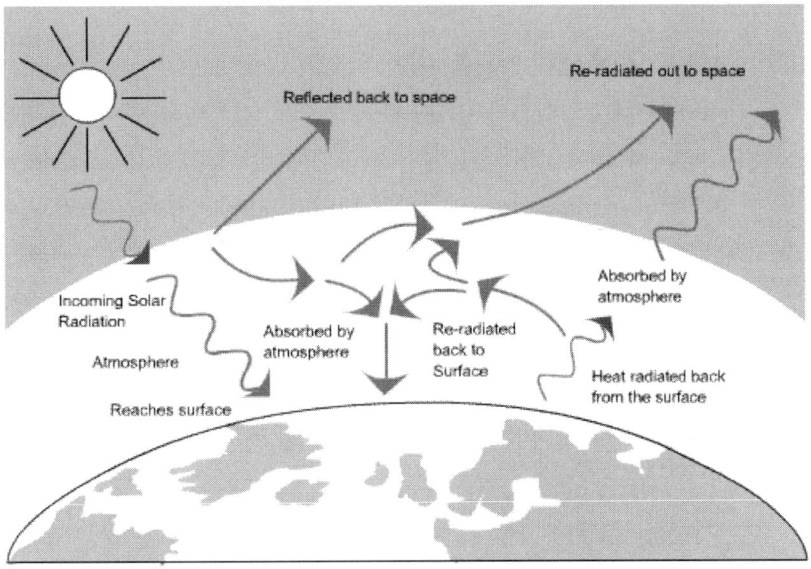

그림 2-5. 온실효과(green house effect)

3) CO_2의 배출 증가량

우리나라 환경부 보고에 따르면 CO_2의 배출량은 연 평균 9.6%씩 증가하여 1988년에 약 2억만 톤 배출되던 것이 1997년에는 4억 4천만 톤에 달해 10년만에 2.2배나 증가했다고 했으며, 기상청은 한반도의 연평균 CO_2 양이 1991년 357.9ppm이던 것이 1998년에는 370ppm으로 증가되었다고 보고했다.

4) 지구 온난화의 피해와 엘리뇨 및 라니냐 현상의 발생

이러한 온실효과(green house effect)는 지구의 기후변화와 기상이변, 해면의 수위상승과 저지대 수몰, 수자원에 악영향, 생태계의 파괴와 변화, 농업과 산림피해 및 전염병의 발생증가 등으로 지구상의 모든 생물체의 건강에 나쁜 영향을 줄 것으로 생각하고 있다. 특히 1997년 이후 수년간 각종 재해의 원인이 되고 있는 엘리뇨 현상은 폭풍우와 홍수, 폭설, 해일, 고온, 건조와 산불, 생태계의 변화 등등 심각한 기상재해를 발생시키는 원인이 되고 있다.

엘리뇨란 스페인어로 '남자아이' 또는 '아기예수'를 뜻하는데, 적도 무역풍이 약해지면서 남미 해안으로부터 적도 부근 중태평양의 해수면 온도가 정상온도인 섭씨 23~27℃ 보다 높아지는 현상이다.

라니냐는 스페인어로 '여자아이', '귀여운 소녀'의 의미로 엘리뇨의 반대현상이다. 이는 적도 무역풍이 강해지면서 적도 부근 태평양에서 수온이 정상 이하로 떨어지는 현상이다.

5) 지구 온난화 방지를 위한 국제적 노력

1988년에는 WMO와 UNEP가 공동으로 기후변화 예측, 영향평가 및 대책 등의 연구를 위하여 기후변화에 대한 정부간 협약체(Intergovernmental Panel on Climate Change)를 설립하였으며, 1992년 6월에는 브라질 리우회의(지구정상회담)에서 온실가스의 배출을 1990년 수준으로 규제하기 위한 기후변화협약(1994. 3. 21 발효)이 이루어졌다.

(8) 대기오염의 예

세계적으로 유명했던 공해의 대사건은 많이 있으나 그 중 몇 가지는 다음과 같다.

① 1930년 12월 1일 Belgium의 Meuse Valley의 좁은 계곡에 공장 및 가정 배기가스에 의한 농무와 기온역전현상이 발생하여, 평상시 사망의 10배인 60여 명이 사망했으며, 전연령층에 걸쳐 호흡기계 질병과 수많은 가축에 피해를 입혔다.

② 1948년 10월에는 미국의 펜실베니아주 Donora 분지에서도 공장 배기가스로 기온역전과 연무가 발생되어 18명이 사망했고, 인구의 11%가 중증, 17%가 중등증, 15%가 경증의 호흡기계 및 폐질환자가 발생했다. 이 두 사건은 공해지역이 분지이고, 공장지대이며, 무풍상태로 기온역전과 연무발생이 원인이었다.

③ 영국 London에서는 1960년대까지 난방용 석탄가스로 대기오탁에 의한 많은 인명피해가 발생했었다. 특히 1952년 12월 5일부터 9일까지 5일간에는 농무와 기온역전에 의한 smog가 형성되어 수많은 사망자와 80~90%가 호흡기계 및 심장혈관계 질병에 걸렸다.

④ 1954년 미국 Los Angeles에서는 자동차 배기가스에 의한 농무로 인체와 가축에 큰 피해를 주었다.

⑤ 1950년 11월에는 Mexico의 Poza Rica의 한 공장에서 대량의 황화수소가스가 누출되어 360명이 급성 중독에 걸려 22명이 사망한 사건이 발생했다.

⑥ 1986년 4월 26일 소련의 체르노빌 핵발전소에서 발생한 방사능 누출사고 등 수많은 대소사건이 발생되었다.

⑦ 우리나라에서도 자주 농무가 발생되고 있으며, 중국대륙의 사막지대가 고온건조해지는 봄철(3~5월)에 발생되는 황사현상과 산업장이나 교통기관에서 발생

되는 연소산물로 대기오염이 발생되고 있다. 특히 황사현상은 황사에 섞인 카드뮴, 납 등의 중금속 물질이 많기 때문에 그 피해는 더 커질 수 있다.

⑧ 2012년 9월 27일 한국의 경북 구미시에 소재한 화학제품 공장에서 누출된 불산가스(hydrofluoric acid)로 5명이 사망하고 4000명 이상이 두통, 구토, 피부발진 등으로 치료를 받았다. 또한 농작물이 말라 죽고, 축산 동물이 호흡기 증상을 보이는 등 피해가 발생한 바 있다.

(9) 대기오염의 피해

대기오염으로 발생하는 피해는 인체에 대한 피해, 동·식물에 대한 피해, 물질의 손상, 자연환경의 악화, 경제적 손실 등이 발생한다.

대기오염에 의한 피해 정도는 오염물질의 물리·화학적 성상, 오염물질의 농도(양), 폭로시간, 환경적 요인(기온, 기습, 기압, 역전층 등) 등에 따라서 다르게 나타난다.

1) 인체의 피해

인체에 피해를 입히는 대기오염 물질은 주로 SOx, NOx, CO, HC, O_3, Pb, TSP 등인데 대기오염에 의한 건강장애는 만성 기관지염, 기관지천식, 폐기종, 인후두염 등 호흡기계 질병과 시야방해, 악취, 불쾌감, 심리적 영향 등이 있을 수 있다.

① **황산화물(SOx)**

아황산가스는 주로 벙커 C유나 석탄의 연소과정 및 공장이나 자동차 배기가스 등에서 발생하는데, 일반적으로 인체에 악영향을 미치며 SO_2, SO_3, H_2SO_4은 주로 만성 기관지염 등의 호흡기계 질환을 일으킨다.

② **일산화탄소(CO)**

CO 가스는 물질의 불완전 연소과정에서 발생되는데, 일산화탄소에 의한 피해는 CO-Hb 생성으로 Hb과 O_2의 결합 및 운반 저해, 폐포에서 CO-Hb의 해리 저해와 O_2의 부족초래, 체내의 호흡효소의 결합, 혹은 반응으로 두통, 현기증, 질식 등의 각종 생리기능 장애를 일으킨다.

③ **질소산화물(NOx)**

자동차 배기가스나 질산을 사용하는 표면처리 과정에서 잘 발생하는데 NO_2는 NO의 7배나 되는 독성이 있어서 NO_2와 Hb의 결합으로 변성 Hb를 생성하고 호흡기계장애(폐색성 폐질환)를 일으킨다.

④ **탄화수소(HC)**

탄화수소는 대기중의 NO와 공존해서 광화학반응을 일으켜 oxydant(총산화성물질)를 발생시킨다. Oxydant의 주성분은 O_3로 다른 과산화물을 포함하는데, 주로 눈, 상기도의 점막에 자극하고 폐기능을 저하시킨다.

⑤ **부유분진**

부유분진은 다른 화학물질과 공존하고 있어 더욱 피해를 크게 하는데, 주로 0.2~5 mm(1~2 mm)의 크기의 분진이 폐포에 가장 잘 침착할 수 있는 크기로서 만성기관지염 등 호흡기계 질병의 원인 및 오염물질의 carrier로 작용한다.

⑥ **오존(O_3)**

오존은 자동차나 공장 등의 배기가스 중 이산화질소와 탄화수소가 햇빛과 반응하여 생성되는데 피부 및 눈을 심하게 자극한다.

⑦ **납(Pb)**

유연 휘발유를 사용하는 자동차의 배기가스나 납을 사용하는 시설 등에서 주로 발생되는데, 납중독이 되면 신경염 및 두통이나 현기증 등을 발생시킬 수 있다.

표 2-13. 입자성 물질이 인체에 미치는 영향

오염물질	영 향
SO_4염	천식, 기관지 등
NO_3염	호흡기 및 심장병 악화, 만성신장염
납(Pb)	체내 축적되어 신경손상, 사지경련, 신기능 장애
카드뮴(Cd)	호흡기 질환, 빈혈증, 골다공증, 골연화증
니켈(Nl)	부염, 폐암, 비강 및 비강암
수은(Hg)	무기수은 : 신장애, 단백뇨, 구내염, 피부염 유기수은 : 중추신경장애 의한 지각장애, 언어장애, 발육장애 등
크롬(Cr)	피부염, 피부궤양, 만성기관지염
비소(As)	기관지염, 피부암, 폐암
망간(Mn)	폐렴, 비출혈, 만성노출은 중추신경장애

2) 식물(농작물) 피해

SO_2, HF, Cl, 분진 등이 주로 문제가 되는데 농작물의 성장방해, 식물 잎조직의 파괴, 생리대사 장애를 일으킨다. 매진, 분진 등은 잎에 부착하여 일광의 흡수를 방해함으로써 발육을 저해시키며 SO_2, HF는 농작물의 잎을 고사(枯死)시키거나 성장장애를 일으키고, Cl 가스는 야채의 변색이나 위축을 일으킨다.

3) 재산 및 경제적 손실

세탁물, 금속제품의 부식, 피혁제품의 손상, 페인트의 변질, 건축물의 부식 등이 있다.

① SO_2, SO_3

철의 부식, 동의 녹청, 니켈 및 알루미늄의 표면 혼탁 등 금속물질의 변질과 피혁제품의 강도 저하, $CaCO_3$계 건축자재의 손상

② H_2S

은, 동의 손상 및 염을 함유하는 도료의 변색

③ O_3

의류염색의 퇴색, 섬유류의 질 및 강도 저하, 고무제품의 탄성저하 및 손상

④ 입자상 물질

금속의 부식, 의류, 도료, 건축자재의 오손 등이 있다.

4) 자연환경의 악화

연무(smog)입자가 증가되고 그 농도가 높아지면, 시계가 좁아져서 육·해·공의 교통장애를 받으며, 가로수의 고사, 환경조형물의 부식, 일사량 및 자외선량이 감소됨으로써 발생되는 피해도 크다.

(10) 대기오염 방지대책

대기오염은 지역에 따라 오탁원(汚濁源)과 오탁물질의 종류가 다르고 사업의 종류, 기상, 지형 등에 따라 달라지기 때문에 일률적인 대책이 있을 수는 없지만, 기본원칙은 건강장애 방지, 경제적 손실 방지, 자연환경의 훼손 방지를 목적으로 강구되어야 한다. 환경오염을 줄이는 문제에서 벗어나 환경을 파괴하지 않고 성장을 도모하는 방법을 강구하는데 많은 투자가 있어야 한다.

① 에너지의 사용규제·대체
② 방지기술의 향상과 보급
③ 산업구조의 고도화
④ 입지대책 등 사전조사
⑤ 대기오염방지에 대한 지도·계몽 및 법적 규제
⑥ 오염자 비용부담원칙의 적용

대기관리의 의의

대기 오염으로 인한 문제는 최근에 나타난 문제가 아니다. 유해물질로 대기원이 오염되기 시작한 것은 지구가 형성되던 시기에 화산폭발과 지각운동이 일어나던 때부터라 할 수 있다.

인류가 음식물을 익혀먹고 연료를 이용하게 되면서 연료에서 나오는 유해 가스가 대기를 오염시키게 되었다. 이러한 대기오염의 피해는 인간의 활동이 활발해짐에 따라 점차 증가하였다.

기원전 고대 로마 시대 귀족들은 하얀 색깔의 옷이 매연 때문에 검어지는 것을 보고 화를 내었다는 기록이 있을 정도로 대기 오염의 역사는 오래되었다. 자연적인 원인으로 인한 대기 오염의 예로는 1883년 남태평양의 크라카타우 산의 폭발을 들 수 있는데 섬 전체가 없어질 정도의 강력한 화산 폭발로 36,000여 명이 사망했으며 화산재가 전 지구의 대기를 덮을 정도였다고 한다.

대기 오염의 문제가 심각하게 대두되기 시작한 것은 영국의 산업혁명 이후부터이다.

1930년 12월, 벨기에의 수도 뮤즈 계곡에서는 호흡기 자극성 질환으로 인하여 약 60명이 사망하는 사건이 일어났다. 당시에 이 계곡에서는 공업화의 물결에 따라 많은 공장이 위치하고 있었는데 바람이 불지 않은 상태에서 연무(smog, 연기와 안개의 합성어)가 발생하였고 공장에서는 철, 금속, 유리, 아연 등에 의한 폐가스가 발생하여 평상시의 10배를 넘는 유해가스가 1주일 동안 계속 배출되었다고 한다.

뮤즈 계곡 사건과 유사하게 1948년 미국 도노라 지방에서 대기오염 사건이 있었다. 당시 이곳은 말발굽형 지형의 공업 도시로서 무풍 상태, 기온역전, 연무상태가 지속되어 이산화황이 축적되자 전 연령층에 걸쳐 폐 자극 증상을 보이면서 18명의 사망자가 생겼다.

1952년 12월, 영국의 런던에서 발생한 대기 오염 사건은 그 피해 규모로 볼 때 최악으로 기록되고 있다. 당시 이곳은 인구가 조밀한 하천 지대로서, 이른 아침의 무풍 상태, 기온역전, 연무 발생 등으로 스모그 현상이 나타났다. 전 연령층에 걸쳐 심폐성질환, 심장 질환이 나타났으며 1개월 동안 4,000명이 사망하였고 다음 해 2월 중순까지 무려 8,000여 명이 사망하는 대사건이었다.

1954년 7월 미국의 로스앤젤레스에서는 자동차의 배기 가스로 인한 오염 사건이 발생하였는데, 이 사건의 원인이 된 물질은 석유계 연료 연소 과정에서 배출되는 탄화수소, 질소 화합물 등이 태양의 자외선에 의해 고농도의 O_3 및 옥시던트를 생성한 과화학 스모그였다.

이로 인하여 로스앤젤레스 전 시민에게 호흡기질환, 눈, 코, 등에 심한 자극 현상, 식물, 고무 제품의 노화 현상이 일어났으며 건축물 등에도 손상을 끼쳤다.

1984년 12월 3일 인도 중부 지방에서는 미국의 다국적 기업인 유니언 카바이드사의 살충제 공장에서 유독 가스가 1시간 동안 누출되었다. 지역 주민 70만 명 중에서 20만 명이 흡입하여 2만 명 이상이 응급조치를 받았고 가축은 떼죽음을 당했다. 이때 누출된 유독 가스는 메틸이소시아네이트(Methyl Isocyanate)로서 심한 기침과 호흡 곤란, 구토, 눈의 충혈을 일으켰고 폐를 팽창시켜 숨을 쉴 수 없게 하였다.

대기가 오염되면 인체에 치명적인 해를 입히고 식물의 성장에도 해를 입히며 경제적으로도 손실을 가져온다. 또한 오존층을 파괴하고 온실효과가 나타나며, 산성비를 내리게 하는 등의 문제가 발생한다. 따라서, 우리가 건강하고 쾌적한 생활을 하기 위해서는 대기 오염을 예방하고 오염된 공기를 정화하여야 한다.

2.4 수질오염

도시하수, 생활하수, 공장폐수 등에 의한 이화학적 오염이나 생물학적 오염으로 물의 자정능력이 상실되거나 생물체에 유해작용을 할 수 있는 상태를 말하는데, 우리나라 수질환경보전법(1990)은 「수질오염으로 인한 국민건강 및 환경상의 위해를 예방하고 하천, 호수 등 공공수역의 수질을 적정하게 관리 보전함으로써 모든 국민이 건강하고 쾌적한 환경에서 생활할 수 있게 함을 목적으로 한다.」라고 규정하고 있다.

그림 2-6. 폐수에 의한 피해

(1) 수질오염의 특성

대도시나 공업도시 주변의 하천이나 강에 심한 오염이 발생하여 인근까지 퍼지는 광역화 경향이 있고, 오염물질의 질, 양 및 종류가 다양화되고 다발과 누적화되는 경향이 있다.

(2) 수질오염원과 오염물질의 종류

1) 수질오염원

① **생활하수**(domestic wastewater)

가정에서 배출하는 가정오수와 상업시설 및 각종 공공기관에서 배출되는 폐수를 말하며, 세제류를 제외하면 대부분이 천연 유기성 물질이다.

② **산업폐수**(industrial wastewater)

산업의 다양화 및 대규모화 등으로 인해 각종 중금속을 비롯하여 생활하수보다 큰 고농도 유기성 물질 등이 배출되며, 금속 · 섬유 · 펄프폐수 및 채광 · 채석폐수 등이 주로 문제가 된다.

③ **축산폐수(animal wastewater)**

축산폐수는 유기물질 함량이 매우 높으므로 인해 처리에 어려움이 있다.

④ **비점오염원(non-point source)**

오염원의 확인이 어렵고 규제관리가 용이하지 않은 오염원을 말하며, 농약류 · 화학비료 · 합성세제 등이 해당된다.

2) 오염물질의 종류

① **수중 용존산소를 감소시키는 물질**

가정하수, 동물 배설물, 공장폐수 등

② **부영양화물질**

수중의 조류나 미생물의 영양원이 되는 유기물질이나 질산염, 인물질 등을 배출하는 가정, 도축장, 양조장 및 펄프 공장의 하수 등

③ **인체, 수중생물, 어패류에 유해한 물질**

산업장 폐수, 중성 및 합성세제, 농약 등

④ **하천의 자정작용 저해물질**

광산물질, 각종 제조업, 석유공업, 농업 등에서 배출되는 광물질, 무기화합물, 금속물질이나 농약 등

⑤ **병원체 오염물질**

병원폐수, 가정오수 및 도시하수, 동물 배설물 등

⑥ **물의 부식력 증가 물질**

사업장 폐수 및 광산물질 등

(3) 수질오염에 의한 피해 내용

1) 인체에 대한 피해

① **미나마타병(Minamata disease)**

일본의 Minamata 시에서 1953년부터 1979년 사이에 발병한 환자 1,583명 중

284명이 사망하였는데, 그 원인을 조사해 본 결과 인근 도시의 공장에서 흘러 나온 수은폐수가 어패류에 오염되어 이를 먹은 사람에게 발병한 것을 확인하고 이를 미나마타병(Minamata disease)이라 하였다. 수은은 주로 뇌나 중추신경계에 영향을 주어 마비를 일으키거나 팔다리, 입술 등에 통증을 일으키며 시력을 약화시키고 두통을 일으키기도 한다.

그림 2-7. 미네마타병의 비극

② **이타이이타이병(Itai Itai disease)**

일본의 Toyama 현에 있는 미쯔이 아연 제련공장에서 버린 폐광석에 함유된 카드뮴이 지하수와 지표수에 오염되어 이를 논의 용수로 사용함으로써, 논에 축적된 것이 벼에 흡수되어 이 쌀을 먹어 카드뮴 중독의 원인이 된 것을 확인하였다. 이 병은 전신권태, 피로감, 신장기능장애, 요통, 골연화증, 보행곤란이 있으며 특히 심한 전신통증을 일으키는 질병이라는 의미에서 "이타이이타이병"이라고 명명하였다.

③ **가네미 사건**

1968년 일본 키타쿠슈시에 있는 가네미 회사에서 미강유의 탈취공정 중에 열매체로 사용된 PCB(poly chlorinated biphenyl)가 미강유에 혼입되어 이것을 먹고 중독증상을 일으켜 식욕부진, 구토, 안질 등의 임상증상을 보였으며, 1,788명이 발병하여 112명이 사망한 사건이다.

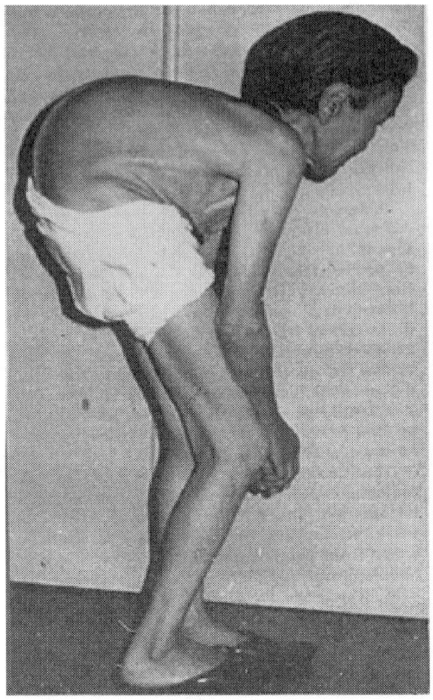

그림 2-8. 이타이이타이병 환자의 모습

2) 경제적 손실

① **수산업 피해**

산업폐수가 처리되지 않고 방류됨으로써 하천의 용존산소를 감소시키며, 어패류에 직접 어독을 일으키거나 수산업에 피해를 주는 등 경제적 손실을 가져온다. 물고기의 서식을 위해서는 BOD 5 ppm 이하, DO 5 ppm 이상이 바람직하며, 연어나 송어 등의 산란기는 BOD 2~3 ppm 이하, DO 6~7 ppm 이상이 필요하다.

② **농업피해**

농작물의 고사(枯死)에 의한 농업피해 등 경제적 손실을 가져온다.

3) 자연환경의 악화와 생태계 파괴

① **자정작용의 장애**

펄프공장, 양조장, 도축장 등에서 유출되는 다량의 유기폐수는 수중의 용존산소를 감소시키고, 부영양화를 촉진하여 자정작용을 저해하고, 자연환경 및 생태계를 파괴시키며, 악취발생으로 생활환경을 악화시킨다.

4) 상수원의 오염

시안, 카드뮴, 수은, 유기인, 납, 크롬 등과 유기폐수 등 상수원의 오염은 각종 공업중독의 원인이 되며, 병원생물의 오염은 수인성 전염병의 원인이 되는 등 보건상 크나큰 문제이다.

그 밖에 생활용수 오염, 공장용수 오염 등으로 각종 직·간접의 피해가 발생할 수 있다.

생물농축 이야기

먹이 연쇄를 통하여 먹고 먹히는 관계가 성립하기 때문에 무기 환경의 아주 작은 변화도 먹이 피라미드 상층으로 올라가면 생물 농축 현상에 의해 그 피해가 심각해진다.

체내에서 분해되지 않는 살충제나 농약, 중금속 등의 피해는 오랫동안 영향을 끼칠 수 있다.

캘리포니아 주 클리어 호에서 살충제의 하나인 DDT가 수생 생물의 먹이 연쇄를 통해 이동한 경로를 살펴보자 물속의 DDT 농도 0.2 ppm이 식물성 플랑크톤, 동물성 플랑크톤에 5 ppm으로 농축되어 있어 생명을 위협할 수 있는 수준에 이르렀다. 생물 농축은 미나마타병이나 이타이이타이병의 발병 과정에서 확인할 수 있었다.

생물 농축이 일어나는 첫 번 째 이유는 상위 영양 단계일수록 먹이 섭취량이 많은 것에 있다. 송사리 보다는 메기가 더 많은 양의 먹이를 섭취한다. 송사리 몸속에는 적은 양의 중금속이 있을지라도 이를 잡아먹는 메기의 몸속에는 많은 양의 중금속이 흡수되기 때문이다.

생물 농축의 두 번째 이유는 흡수된 중금속이 잘 배설되지 않기 때문이다. 카드뮴, 납 등의 중금속은 체내의 지방과 친화력이 높아 체내에 흡수되면 배설되지 않고 계속적으로 축적된다. 이러한 정도가 심하게 되면 그 생물의 생명에 치명적인 영향을 주게 되는 것이다.

(4) 수질오염 기준

1) 수질환경 기준

① 수질기준 항목 및 허용기준

환경정책기본법(1990)상 수질에 관한 환경기준을 수역별로는 하천, 호소, 해역으로 구분하여 규정하고 있으며, 항목별로는 하천수의 경우는 생활환경의 기준과 사람의 건강보호를 위한 기준으로 구분하여 규정하고 있다. 생활환경의 경우는 pH, BOD, DO 및 대장균수를 기준항목으로 규정하고 있으며, 호소의 경우는 하천수의 경우와 같으나, 하천수의 BOD 대신에 COD를 기준으로 하고, 총질소(T-N)를 추가하여 기준으로 규정하고 있다. 해역은 호소의 경우와 같으나 노말핵산 추출물질과 총인에 관한 기준을 더 두고 있다.

② **수질의 등급 구분**

- I 등급은 상수원수 1급 및 청정지역에 해당된다.
- II 등급은 상수원수 2급, 수산용수 1급에 해당된다.
- III 등급은 상수원수 3급, 수산용수 2급, 공업용수 1급에 해당된다.
- IV 등급은 공업용수 2급 및 농업용수에 해당된다.
- V 등급은 공업용수 3급에 해당된다.

2) 수질오염물질 배출허용기준

수질오염의 정도는 물리·화학적 오염과 생물학적인 오염들이 있으므로 간단히 나타낼 수 있는 지표는 없다. 특히 하천의 수질오염은 용수량, 유속, 자정능력에 따라 다르며, 해안은 간만의 차에 따라 다르고, 호수의 경우는 용수량과 관계가 크다.

수질환경보전법상의 수질오염물질은 일반물질 29종, 특정수질유해물질 17종을 규정하고 있다. 특히 사람의 건강, 재산이나 동·식물의 생육에 직접 또는 간접으로 위해를 줄 우려가 있는 수질오염물질로서 환경부령으로 정하는 것을 "특정수질유해물질"이라 한다. 특별 대책지역에 대하여는 엄격한 배출허용기준을 별도로 규정할 수 있도록 규정하였고, 총량규제를 할 수도 있도록 규정하고 있다.

표 2-14. 수질오염물질 목록

1. 구리(동) 및 그 화합물	16. 아연 및 그 화합물
2. 납(연) 및 그 화합물	17. 염소화합물
3. 니켈 및 그 화합물	18. 유기물질
4. 대장균군	19. 유기용제류
5. 망간 및 그 화합물	20. 유류(동·식물성 포함)
6. 바륨화합물	21. 인화합물
7. 부유물질	22. 주석 및 그 화합물
8. 브롬화합물	23. 질소화합물
9. 비소 및 그 화합물	24. 철 및 그 화합물
10. 산 및 알칼리류	25. 카드뮴 및 그 화합물
11. 색소	26. 크롬 및 그 화합물
12. 세제류	27. 플루오르(불소)화합물
13. 셀레늄 및 그 화합물	28. 페놀류
14. 수은 및 그 화합물	29. 황 및 그 화합물
15. 시안화물	

표 2-15. 특정수질유해물질 목록

1. 구리(동) 및 그 화합물	10. 트리클로로에틸렌
2. 납(연) 및 그 화합물	11. 페놀류
3. 비소 및 그 화합물	12. 폴리크로리네이티드비페닐
4. 수은 및 그 화합물	13. 셀레늄 및 그 화합물
5. 시안화물	14. 벤젠
6. 유기인화합물	15. 사염화탄소
7. 6가크롬화합물	16. 디클로로메탄
8. 카드뮴 및 그 화합물	17. 1,1-디클로로에틸렌
9. 테트라클로로에틸렌	

표 2-16. 하천수질환경기준

구분	등급	이용목적별 적용대상	기 준				
			수소이온 농 도 (pH)	생물화학적 산소요구량 (BOD)(mg/ℓ)	부유물질량 (SS) (mg/ℓ)	용존산소량 (DO) (mg/ℓ)	대장균군수 (MPN/ 100mℓ)
생활환경	I	상수원수1급 자연환경보전	6.5~8.5	1 이하	25 이하	7.5 이상	50 이하
	II	상수원수2급 수산용수1급 수영용수	6.5~8.5	3 이하	25 이하	5 이상	1,000 이하
	III	상수원수3급 수산용수2급 공업용수1급	6.5~8.5	6 이하	25 이하	5 이상	5,000 이하
	IV	공업용수2급 농업용수	6.0~8.5	8 이하	100 이하	2 이상	-
	V	공업용수3급 생활환경보전	6.0~8.5	10 이하	쓰레기 등이 떠있지 않을 것	2 이상	-
사람의 건강 보호	전 수 역	- 카드뮴(Cd) : 0.01 mg/ℓ 이하 - 비소(As) : 0.05 mg/ℓ 이하 - 시안(CN), 수은(Hg), 유기인 : 검출되어서는 안됨 - 폴리크로리네이티드비페닐(PCB) : 검출되어서는 안됨 - 납(Pb) : 0.1 mg/ℓ 이하, - 6가크롬(Cr^{+6}) : 0.05 mg/ℓ 이하 - 음이온계면활성제(ABS) : 0.5 mg/ℓ 이하					

수질오염물질(폐수)의 배출허용기준은 청정지역(I 등급 수질), 수질 II 등급 기준해당지역(법상 '가'지역), III, IV, V 등급 기준해당지역(법상 '나'지역) 및 폐수종말처리지역으로서 별도의 배출허용기준을 적용하는 특례지역 등의 4개 지역으로 구분하여 적용하고 있으며, 1일 폐수배출량 2,000 m^3 미만과 이상 시설로 나누어서 BOD, COD 및 부유물질량(SS)에 대하여 규정하고 있다. 1996년부터는 하루 폐수배출량 2,000 m^3 이상 지역 중 청정지역에서는 BOD 30 mg/l, COD 40 mg/l, SS 30 mg/l 이하로 하고, 2,000 m^3 미만지역은 2,000 m^3 이상 지역기준보다 각각 10 mg/l가 높도록 규정하고 있다.

그 밖에 수소이온농도, 페놀, 시안, 카드뮴, 수은, 6가 크롬 등의 물질에 대해서도 4개 지역군으로 나누어 규제하고 있다.

3) 산업폐수 처리법과 주의사항

① 폐수 처리법

산업폐수는 일반하수와는 달리 폐수의 질에 따라서 처리방법이 다른데, 일반적으로 희석법, 침전법, 생물학적 처리법, 화학적 처리법, 공공하수 연결법 등으로 나누어 생각할 수 있으나 어느 경우라도 다음 사항을 고려하여 처리하여야 한다. 처리시 주의사항은 산업폐수의 양을 최소한으로 줄일 수 있도록 처리시설을 개선운영할 것, 산업장 내에서 방류 전에 예비처리를 하여 하수처리장의 처리능력을 저해하지 않도록 할 것, 방류시는 유출량이 24시간 균등하게 방출되도록 조절할 것, 산업장 내에 자가 처리시설을 충실히 가동할 것 등이다.

(5) 수질오염 방지대책

① 수질오탁방지계획과 정비 : 국토계획, 도시계획, 공업입지계획 및 하수도 정비, 폐수처리장의 완비 등의 노력을 한다.
② 법적 규제 강화와 계속적인 감시, 관리를 한다.
③ 산업폐수의 처리시설 완비와 충실한 가동을 한다.
④ 가정, 영업소, 병원 등은 정화조를 완비 운영한다.
⑤ 하수도 시설의 정비 및 하수처리장의 확충 노력을 한다.
⑥ 오염평가, 계몽, 수질보전사업 전개 등의 노력을 한다.

2.5 축산폐기물(가축분뇨)

가축분뇨와 축산폐수는 일반적인 폐수와 달리 크고 작은 축산농가가 전국적으로 다양하게 산재되어 있어 환경오염 범위가 넓다. 우리나라 전체 가축에 의한 오염원 배출량은 생활폐수에 비해 발생량이 적은데도 환경오염원으로 크게 인식되는 것은 분뇨 특성상 유기물질과 질소, 인 함량이 높아 오염 기여도가 크기 때문이다. 현재 축산분뇨에 관한 관리제도는 오수·분뇨 및 축사폐수의 처리에 관한 법률을 적용받고 있으며, 관리대상 축종은 돼지, 소, 말, 양, 사슴, 닭, 오리 등 7종이다.

(1) 가축 사육 현황

정부의 축산진흥 정책과 국민소득 증가로 육류 및 유제품에 대한 소비가 꾸준히 늘면서 1990년 이후 가축사육두수가 급격히 증가하였을 뿐만 아니라 사육규모도 전업화·대규모화 되는 추세이다.

가축사육두수는 '03년의 경우 1975년에 비해 한우 9.5배, 젖소 6.1배, 돼지 7.4배, 닭 4.2배 증가'하였다.

표 2-17. 년도별 가축사육 두수

(단위 : 천두)

년도	한우	젖소	돼지	닭	사슴·양	말
1975	155.8	85.5	1,247.2	23,633	9.5	5.8
1980	1,427.2	206.9	1,783.5	40,130	15.0	3.9
1990	1,621.7	503.9	4,528.0	74,463	56.6	4.9
1995	2,594.0	553.5	6,461.2	85,800	101.8	8.3
2000	1,590.0	543.7	8,214.4	102,547	151.3	10.6
2003	1,480.0	519.0	9,231.0	99,019	145.9	16.3

자료 : 1. 농림부, 농림수산통계연감, 각 년도
2. 농림부·국립농산물품질관리원, 가축통계, '03.12

(2) 축산분뇨 발생량

가축분뇨 발생량은 약 142천톤/일로 전체 오·폐수 발생량의 0.6%이나, 오염물질 발생부하는 25.8%을 차지하여 동일 발생량 대비 가축분뇨 BOD 부하량은 생활하수의 67배에 해당하고 있다.

표 2-18. 축산분뇨 발생량

구분	계	생활하수	산업폐수	축산폐수
발생량 (천톤/일)	23,670	15,023(66.0%)	7,907(33.4%)	131(0.6%)
부하량 (톤/일)	7,417	3,126(42.2%)	2,374(32.0%)	1,917(25.8%)

자료 : 오수분뇨 및 축산폐수처리통계(환경부, '03), 산업폐수의 발생과 처리(환경부, '02)
※ 오·폐수 BOD 부하 : 생활하수 : 산업폐수 : 축산폐수 = 1 : 1.5 : 67

(3) 축산분뇨 처리 현황

가축분뇨 처리의 방법으로 비료자원화(88.7%), 정화처리(7.3%), 해양배출(4%) 등으로 처리하고 있다. 비료자원화의 경우, 주로 퇴비화방법을 시행하고 있으나, 시설의 관리부실과 톱밥, 왕겨 등 부재료의 가격 상승으로 인하여 퇴비품질의 저하, 경제성 상실 등의 문제점이 발생하고 있다.

정화처리의 경우 전국의 축사폐수 공공처리시설은 39개소이며, 처리용량은 9.575 m^3/d로 전체 축산폐수의 7.7%에 불과하고, 이들 처리장은 공법 선정 및 설계표준화의 시행착오, 유지비용의 과다 지출, 방류수질 및 설계수질 기준초과 등의 사례가 발생하고 있다.

표 2-19. 축산분뇨 처리 현황

구 분	설치대상 농가수(호수)	정화처리	퇴비화	액비화	미설치 (위탁처리 등)
계	50,586	2,397	42,039	3,328	2,822
허 가	9,862	493	7,968	641	760
신 고	40,724	1,904	34,071	2,687	2,062

(4) 축산분뇨 처리 방법

축산폐수 및 분뇨는 고농도 유기물 및 영양염류의 함유로 처리가 매우 난해하나 가공 시 유기질 비료로의 사용이 가능하므로 지역조건에 따라 최적의 처리시스템을 방류시스템과 액비 생산 시스템으로 구분하여 적용한다. 방류시스템의 경우 고농도폐수 처리가 탁월하며 악취제거가 가능한 BCS(Bio-Ceramic SBR)시스템, 즉 연속회분식반응조(SBR)에 Bio Ceramic을 투입하고 pH, ORP, DO 자동제어시스템으로 운전하여 처리효율을 개선한 생물학적 처리시스템이 적용된다. VSEP(Vibratory Shear Enhanced Process)공법, 즉 회전 및 진동에 의해 막 표면에 강한 전단력을 발생시켜 fouling을 방지한 막 분리시스템을 주 처리시스템으로 하고 유입수의 독성포함 여부를 감지할 수 있는 독성감지시스템과 암모니아 및 난분해성 COD 제거가 탁월한 GSD(Gas Stripper/Disintegrator) 및 고농도의 SS제거를 위한 가압부상 등의 화학적 처리를 전 처리시스템으로 적용하고, 고도처리공정으로 VSEP 막분리시스템을 적용하여 처리방법이 최근 사용되고 있다.

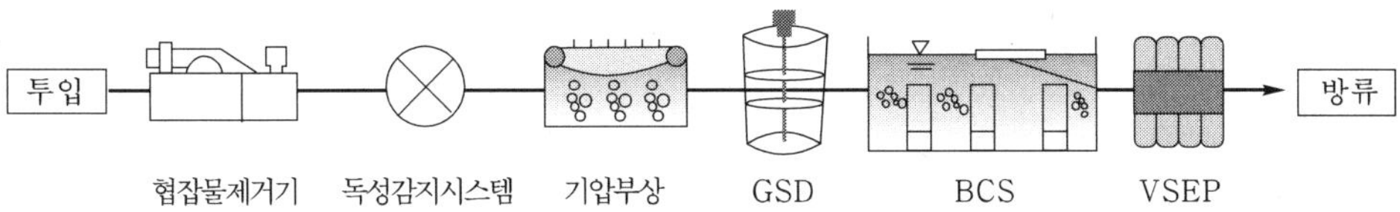

그림 2-9. 축산폐기물 및 분뇨처리 공정

(5) 축산폐수 관련법규

① 양돈목장 : 양돈사의 면적한계가 1400m^2(약 425평) 이상, 1000두 이상 사육

② 소, 말 목장 : 우,마사의 면적합계가 1200m^2(약 360평) 이상, 100두 이상 사육. 시간당 5m^3 이상의 폐수를 배출하는 축사시설에는 반드시 처리시설을 구비하여 폐기물을 처리해야 한다.

축산 폐수 관리 이야기

우리나라의 축산업은 농업에 대한 보조 수단으로 한우 사육과 일부 제한된 범위에서 소, 돼지 등 가축을 부업의 형태로 유지해 왔는데 1970년대부터 대대적인 축산 진흥책이 추진됨에 따라 가축 사육 두수 및 사육 규모가 급격히 증가하기 시작하였다.

가축 사육 증가는 필연적으로 축산 폐수 방생 량의 증가를 수반한다.

축산 규모가 작았던 과거에는 발생하는 폐수를 대부분 자체 농지에 환원하여 큰 문제가 없었으나, 축산업이 전업화 되어 대규모화됨에 따라 농경지 확보 및 축산 폐수의 적정 처리 문제가 새롭게 대두되었다.

축산폐수는 다량의 영양 성분을 포함한 자원이면서 다른 한편으로는 오염 부하량이 매우 크기 때문에 적정 처리 과정을 거치지 않고 공공 수역으로 방류하게 되면 하천 수질 악화 및 부영화를 초래할 뿐만 아니라, 악취 및 해충 피해 등으로 쾌적한 생활환경을 해치는 요인이 되므로 적정한 처리가 무엇보다도 중요하다.

환경부에서는 가축 사육 농가가 전업화 하고 그 규모가 대규모화함에 따라 축산 폐수로 인한 환경오염을 저감하고 이를 적정 관리하기 위하여 1991년에 오수 분뇨 및 축산 폐수의 처리에 관한 법률을 제정하여 본격적인 관리를 추진해 왔다. 그 동안 세 차례의 법률 개정을 거치면서 현재에 이르고 있다.

오수 분뇨 및 축산 폐수의 처리에 관한 법률에서는 소, 돼지, 말, 양, 사슴, 닭, 오리의 7종을 규제 대상으로 하고 있으며 축산 농가를 허가, 신고 및 신고 미만으로 구분하여 허가, 신고 등 규제 대상 시설에 대해서는 축산 농가가 자체 처리 시설을 갖추고 축산 폐수를 처리하도록 규정하고 있다.

이와 함께, 축사 규모에 관계없이 모든 축산 농가에 대해서 축산 폐수를 무단으로 공공 수역에 배출하지 못하도록 관리하고 있다.

축산폐수를 처리하는 방법으로는 퇴비, 액비 등 자원화 하는 방법과 정화 처리하는 방법 등이 있으며, 위탁, 재활용업체, 해양 배출을 통해 축산 폐수를 처리하기도 한다. 해양 배출은 국제 협약에 따라 금지 추세에 있다. 대부분의 농가에서는 축산 폐수를 퇴비, 액비화 하여 비료로 활용하고 있으며, 일부 농가에서는 정화 처리 등의 방법을 사용하고 있다.

축산 폐수는 기본적으로 축산 농가에서 자체 처리하는 것이 원칙이나, 소규모 농가에서는 축산 폐수 처리에 어려움이 있으므로 이들 농가에 대한 축산 폐수 처리를 지원하고자 축산 폐수 공공 처리시설을 설치하여 운영하고 있다.

이러한 축산폐수 공공처리 시설은 신고 대상 이하의 소규모 축산 농가에서 배출되는 축산 폐수를 공동으로 처리할 수 있도록 1991년부터 국고 지원 사업으로 추진하여 지역별로 시설이 설치되어 가동되고 있다.

아울러 축산폐수 경영 처리 시설 운영과정에서 나타나는 처리율 저하 및 오염 물질 제거 효율이 낮아지는 문제점 등에 대해서는 시설에 대한 현장 평가 등을 거쳐 질소, 인 제거 시설 설치, 공법 개선, 저류조와 유량 조정조 확대 등 시설 및 운영방안을 개선하여 적정 운영이 이루어 질 수 있도록 효율성 제고 사업도 계속 추진되고 있다. 유기 염소계 농약을 위주로 잔류성이 긴 농약의 사용을 금하거나 제한하였다.

(6) 축산분뇨의 자원화와 처리방법

① 자원화를 위한 퇴비화

미생물을 이용하여 유기물을 분해하는 과정. 목질소(lignin)와 미생물단백이 결합된 lignoprotein이 생산, 흑갈색의 토양개량제가 된다.

② 축산분뇨의 퇴비화를 위한 발효처리법

㉠ 퇴비화, 액비화가 가장 합리적임

㉡ 가축 분뇨 및 폐수의 처리방법

- 분뇨혼합

  처리방법 : 물로 씻어 흘려보낸다.

  액비처리 : 저류 → 교반 → 부숙화 → 액비화

  시설의 종류 : 저류탱크, 토양주입, 표층퇴적

- 가축분

  퇴비처리(토지환원법)

  발효건조처리(비닐하우스, 발효조 등)

  건조처리(화력 건조기, 기계 교반기)

  소각처리(소각로)

- 뇨 및 폐수

  활성오니법, 산화지법, 혐기성 처리법

  살수여상법(생물막법), 토양침투 증발법

(7) 축산분뇨의 액비화 및 혐기성 처리법

① 혐기성 처리법

㉠ 혐기성처리법 또는 메탄 발효법

- 정의 : 산화환원 전위가 −250 ~ −400 mV의 조건하에서 혐기성 미생물의 작용에 의하여 유기물을 메탄가스와 탄산가스로 분해하는 방법
- 메탄생성균은 각각 기질 특이성이 있다.
- 메탄발효의 조건
- 혐기성을 유지할 수 있는 발효조 설비
- 발효온도 유지
- 오니의 농도
- 적절한 교반

㉡ 발효법 : 가축분의 볏짚이나 깔짚은 섬유소분해균이나 특정의 방선균에 의해 약 70% 분해

② 호기성 처리법

③ 혐기성 소화공법 : 메탄가스는 연료로 사용

(8) 축산분뇨의 생물학적 처리법

① 활성오니법(Activated Sluge Process)

㉠ 활성오니 미생물군의 세균 : *Pseudomonas, Flavobacterium, Achromobacter, Zoogloea* 등

㉡ 활성오니 미생물군의 원생생물은 주로 섬모충류이고 기타 편모충류 등이다. *Vorticella microstoma, Vorticella convallaria, Aspidesca costata*

② 산화구법(oxidation ditch)

③ 살수여상법 또는 생물막법

④ Lagoon법(산화지법)

(9) 기타 축산분뇨처리법

① 매립처분방법

② 토양 침투법

토양 침투법과 토양 침투 증발법으로 구분된다.

㉠ 증발 침투법 : 흙에 매설한 배관속에 폐수를 흘러 들어가게 하여 일부는 땅속으로 침투시키고 일부는 지표면으로 증발시키는 법

㉡ 토지 환원법

③ **건조처리법(화력 또는 자연건조)**

④ **퇴적발효 처리법**

⑤ **기계에 의한 발효처리법**

- 발효처리법의 장점 : 외관, 취급, 악취발생 개선, 발효열에 의해 병원균이나 기생충란을 사멸

⑥ **소각법 : 권장 못함**

⑦ **건조법**

(10) 축산폐기물의 이용

① **도축 폐기물의 정제화(rendering)**

도축장의 폐기육을 이용하여 분말비료나 사료를 만드는 방법.

dry rendering과 wet rendering으로 나눈다.

② **비료화**

유기물과 미량원소가 풍부하므로

③ **사료화**

사료로의 재이용

㉠ 직접적 사료화

㉡ 간접적 사료화 : 가금분뇨를 이용하여 chlorella 재배하여 사료화의 예

(11) 악취처리 방법

① **악취물질**

㉠ Ammonia (NH_3) : 무색, 자극성 심한 취기. 규제기준 : 대기 중의 허용한도 1~5 ppm

㉡ Methyl mercaptane (CH_3SH) : 가연성, 썩은 양파냄새. 규제기준 : 0.002~0.1 ppm

㉢ 황화수소(H_2S) : 가연성, 썩은 계란냄새, 대단히 유독한 가스

- 저농도 : 결막, 점막 자극. 두통, 현기증

- 고농도 : 취각이 약해짐, 허탈, 혼수, 호흡기능 정지

㉣ Trimethylamine [$(CH_3)_3N$] : 자극성 부패어취. 규제기준 : 0.005~0.07 ppm

㉤ 황화메틸 [$(CH_3)_2S$] : 썩은 양배추 냄새. 규제기준 : 0.01~0.2 ppm

② **탈취법**

㉠ 직접 연소법 : 650~800도에서 행함. CO_2와 H_2O로 변화시킴

㉡ 수세법 및 약액 흡수법 : 수세 후의 가스를 염소로 산화분해하는 법(황화수소, 저급지방산의 제거에 효과)

㉢ 흡착법 : 활성탄, silica gell, zeolite 등의 흡착성 이용

㉣ 촉매연소법 : 백금이나 파라듐을 촉매로 사용하여 260~330도에서 악취가스를 산화분해하는 방법

㉤ 방취법 : 방향성 약제에 의한 방취법. 오존(O_3) 등은 방취제

2.6 소음

소음(noise disturbance)이란 듣기 싫은 음, 불쾌한 음, 일상생활을 방해하는 음, 생리적 변화를 주는 음, 청력을 장애하는 음 등을 총칭하는 말로서 소음, 진동규제법에서도 기계, 기구, 시설 기타 물체의 사용으로 발생되는 강한 소리를 소음, 강한 흔들림을 진동이라고 규정하고 있다.

(1) 소음과 진동의 발생원

소음 발생원은 공장소음, 건설작업소음, 교통소음(자동차, 기차, 전차, 항공기 등), 도시소음(선전, 전파사, TV, 악기, 발전기, 냉·난방기, 영업장, 시장) 등이 있다.

(2) 소음과 진동의 환경기준

소음, 진동의 환경기준은 건강을 보호하고, 쾌적한 생활을 유지할 수 있는 수준으로 유지되도록 규정되어야 하는데 우리나라는 국제표준화기구(ISO)의 권고기준을 근거하여 소음환경기준을 규정하고 있다.

환경정책기본법상 소음의 환경기준은 일반지역과 도로지역으로 구분하여 낮(06 : 00~22 : 00)과 밤(22 : 00~06 : 00)으로 나누어 규제하고 있으며, 적용대상지역에 따라 가, 나, 다, 라 지역으로 구분하여, 주간은 50~70 dB, 야간은 40~65 dB로 규제하고 있다.

소음진동규제법에서는 공장소음 및 진동의 배출허용기준을 대상 소음도에서 보정표

에 의한 보정평가소음도가 50 dB(A) 이하로 규정하고 있으며, 진동은 대상 진동 레벨에서 보정표에 의해 보정한 평가 진동 레벨이 60 dB(V) 이하가 되도록 규정하고 있다. 소음의 측정단위는 dB(decibel), phone, sone 등이 사용되며, dB은 음의 강도(음압)를 나타내는 단위로서, 음파의 방향에 수직한 단위면적을 단위시간에 통과하는 음의 에너지량을 말하며, phon은 음의 크기를 나타내는 단위로서, 주파수 1,000 Hz를 기준으로 해서 나타난 dB을 phon이라고 한다. Sone은 감각의 크기를 나타내는 단위로 1,000 Hz의 순음이 40 dB일 때 1 sone이 된다.

(3) 소음과 진동에 의한 피해 내용

소음 발생으로 인한 인체에 대한 피해와 장애는 불쾌감, 생리적 장애(교감신경에 작용하여 흥분, 불안, 두통 및 위장기능 감퇴), 맥박수 · 호흡수 · 대사도의 증가, 체중증가와 발육장애, 불필요한 긴장, 대화방해 및 작업능률 저하, 청력장애, 수면방해, 작업방해 등의 장애와 피해가 있다.

축산 농가에서는 유산, 사산 등의 피해 뿐 아니라 젖소의 경우에 비유량 감소, 유우의 경우에 성장 정체 등이 문제가 되고 있다. 피해를 본 축산 농가는 '중앙환경분쟁조정위원회'에 분쟁조정을 요청하여 피해 보상을 요청할 수 있다.

가축(젖소, 돼지, 닭, 한우, 개 등)의 환경피해 기준은 소음 60 dB 이상에 노출되어 피해를 입은 경우이다.

(4) 소음과 진동 방지대책

1) 소음원 대책

소음원 대책은 공장소음, 건설장 소음, 자동차 소음에 대한 대책 및 항공기 소음의 대책 등이 필요하다. 공장소음에 대해서는 발생음이 적은 기계의 사용, 소음기(silencer)의 부착, 심야작업이나 이른 아침 작업의 억제 등이 필요하다. 건설소음은 무음 헤머의 사용이나 방음시설 등이 필요하며, 교통소음에 대해서는 자동차에 소음기(소음기) 부착, 속도제한, 경적제한, 일방통행 실시 등이 필요하다.

2) 소음의 확산방지대책

주택지역과의 거리를 고려하여 지형을 이용한 공장배치, 공장내의 기계설치 위치, 담장의 설치, 차음벽(遮音壁)과 흡음재(吸音材)의 사용, 중소기업단지로의 집단이전, 영세공장을 방음공장구역내로 일괄 격리하는 등의 조치가 필요하다.

3) 기타 대책

① 도시계획의 정비대책
② 소음피해자 관리대책
③ 소음방지의 지도 및 교육사업 전개
④ 법적 규제와 계몽사업전개 등의 대책이 필요하다.
⑤ '중앙환경조정위원회(http://edc.me.go.kr)'에서 가축 피해 소음과 진동 기준을 마련하여 제시하고 있다.

중앙환경분쟁조정위원회, 도로공사장 소음으로 인한 가축피해 인정

중앙환경분쟁조정위원회는 2008년 9월 전북 남원시에서 한우를 사육하는 양○○ 등 4명이 도로공사장의 소음으로 인하여 한우피해를 입었다며 환경분쟁조정을 신청한 사건에 대하여 신청인의 피해를 인정하여 시공사인 ○○○ 건설로 하여금 총 6천9백만원을 배상하도록 결정하였다. 신청인들은 도로공사장의 발파공사 등으로 인하여 한우의 폐사, 유·사산, 성장지연, 번식효율저하, 육질저하 등의 피해를 주장하며 시공사를 상대로 피해배상을 요구하였다. 분쟁조정위원회에서는 신청인들의 피해 주장에 대하여 공사장비에 의한 평가소음도와 발파 소음·진동도를 산출하고 전문가의 현지조사 결과 등을 종합적으로 판단한 결과, 소음이 피해인정기준인 60데시벨을 초과하여 폐사, 유·사산, 성장지연, 번식효율 저하 등의 피해를 준 것으로 인정하였다.

※ 사람의 경우 소음도가 70dB(A) 이상일 경우 정신적 피해를 인정하지만, 가축은 사람보다 소음에 민감하여 60dB(A) 이상이면 현장여건 등을 고려하여 피해를 인정하고 있다.

이 축산농가는 한우 약 880두를 사육하고 있으며 축사에서의 평가소음도가 최고 62dB(A)로 나타나 피해율을 폐사 2.5%, 유·사산 7.5%, 번식률 저하 5%, 성장지연 5% 등으로 하고 피해기간 등을 감안하여 약 69백만원을 배상토록 결정하였다. 중앙환경분쟁조정위원회는 앞으로 도로 등의 건설공사시 가축피해를 입는 축산농가가 계속 발생될 우려가 있으므로 공사 시행과정에서 피해발생이 예상되는 경우에는 방음·방진시설 설치, 축사에 음향시설 설치, 축사 임시 이전 등과 같은 철저한 대책을 마련하여 주민들에게 같은 피해가 발생되지 않도록 하여야 할 것이라는 점을 강조하였다.

2.7 토양오염

(1) 토양 오염의 원인

토양이 오염되는 것은 대기 오염 물질(매연, 먼지 등), 수질 오염 물질(하수, 폐수 등), 유해 화학 물질(유독물, 유류, 중금속 함유물) 및 각종 폐기물이 토양에 유입되기 때문이다. 그리고 농작물의 병해충 방제와 식량 증산의 수단으로 사용하는 합성 농약과 화학 비료 등과 농업 자재의 유입도 토양 오염의 한 요인이 되고 있다. 카드뮴, 구리, 수은 등 중금속 및 그 화합물로 인한 토양 오염은 폐금속 광산, 금속 제련소, 도금 공장 등의 분진과 폐수, 폐기물, 폐기물 매립장에서 용출되는 침출수가 그 주요 발생원이다, 그리고 주유소, 안료 및 도료, 유기 용제 제조 및 취급 공정에서 페놀 및 유류 등의 오염이 발생한다.

(2) 토양 오염의 영향

토양 오염으로 인한 피해에는 직접적인 농작물의 피해와 유독성 물질이 농작물에 농축되어서 이를 섭취하는 사람과 가축의 건강에 피해를 주는 간접적인 경우가 있다. 주요 토양 오염 물질로 인한 피해는 다음과 같다.

1) 유류에 의한 토양 오염

석유류 제조 및 저장 시설의 유류 및 중성 세제 등이 하천을 오염시키면 어패류는 물론이고 작물에도 피해를 주게 되고, 유류가 흘러 토양 표면을 덮으면 토양의 산소 공급을 방해한다. 또한 수온이나 저온을 상승시키고 토양의 이상 환원 작용을 촉진시켜 농작물의 뿌리를 썩게 한다.

유류에 의한 피해는 유출된 유류의 양, 유류의 종류, 유출시기 및 환경 인자에 따라 다르다. 최근 주유소와 같은 지하 유류 저장고로부터 기름이 유출되어 토양 오염의 우려가 있기 때문에 토양 환경 보건법에서 토양 오염 유발 시설(석유류, 유독물 취급 시설)에 대한 규정을 설정하고, 유류에 의한 토양 오염 방지를 꾀하고 있다.

2) 중금속류에 의한 토양 오염

중금속류의 주요 발생원은 금속 광산, 금속 제련소, 도금 공장 등이다. 이러한 곳에서 발생하는 폐수에는 카드뮴, 구리, 아연, 납, 비소 등이 다량 함유되어 있어서 이를 농업용수로 이용하면 토양이 오염된다. 이러한 토양에서는 농작물의 생육이 좋지 않을 뿐만 아니라, 그 농작물을 사람이 먹으면 인체에도 나쁜 영향을 준다. 중금속 성분은 대개 암석의 구성 성분인데 암석을 캐내어 정제하는 과정에서 발생한 광산을 방치하면 빗물에 씻겨 광산 폐수와 함께 하천을 통하여 관개수로 농경지에 유입된다.

표 2-20. 중금속에 의한 작물 피해 및 건강 장애

항목	주 용도	농작물 피해	인체 피해
카드뮴	합금, 전자 공업, 전지, 도금, 안료 사진 유제, 염화비닐 안정제	뿌리 발육 저해, 잎의 황백화, 농작물 생육 저해	• 급성: 구토, 설사, 복통, 위염 • 만성: 인후염, 비염, 두통, 불면, 빈혈, 신장 저해, 골격 변화
구리	전기제품, 합금, 배수관, 화폐, 주물, 화학약품, 약제 설비	뿌리 발육 저해, 잎의 황백화	• 급성: 점막자극, 구토, 설사 • 만성: 간장 장해, 소화기관 장해
비소	반도체 제조, 살충제, 농약	뿌리 발육 저해, 잎의 황백화	• 급성: 구토, 설사, 탈수증 • 만성: 시각 장해, 간경변
수은	전해 전극, 금은 추출, 수은등, 계기, 의약, 안료, 농약, 정류기, 촉매	뿌리 발육 저해	• 급성: 단백뇨, 신염, 구내염 • 만성: 구내염, 치염
납	합금, 땜랍, 활자, 수도관, 납유리, 유황첨가 고무, 전지, 페인트, 안료, 살충제, 염료, 염화비닐 안정제	잎의 황백화	• 급성: 복통, 구토 • 만성: 식욕부진, 빈혈, 시력 감퇴
6가 크롬	산화제, 도금, 촉매, 사진, 어망 염색, 선탄 인쇄, 가죽 무두질	생육 저하	폐암, 종양

3) 농약과 비료에 의한 토양 오염

① 농약에 의한 토양 오염

우리나라에서 농업생산에 사용되는 농약의 종류는 2000년 등록된 수가 958품목, 396 성분에 달하고 있다. 농약은 품목을 등록할 때 환경에서의 잔류성과 독성 평가를 필수적으로 거치는데 안정성이 입증되어야 등록될 수 있다. 농약 사용 안전 기준과 규제 기준이 설정되어 있어서 이 기준을 준수하면 토양에 대한 오염을 크게 줄일 수 있다.

② 비료에 의한 토양 오염

비료의 경우에는 식물의 생육이 완료된 시점에 토양 잔류를 감안하여 토성별, 작물별로 표준 시비량이 결정되어 있으므로 적정 시비량을 준수하면 비료에 의한 토양 오염을 막을 수 있다.

4) 유기 독성 오염 물질 누출에 의한 토양 오염

유해 폐기물의 불법 투기와 유기 독성 물질의 운반 중 사고에 의해서 토양과 지하수가 오염되나. 유기 독성 물질에 의한 토양 오염은 특유의 흡착성으로 토양 내에 쉽게 흡착되면서 서서히 지속적으로 지하수를 오염시킨다.

이러한 물질은 대부분 휘발성이 높아서 대기 중으로 배출되나 인체가 장기간 이러한 물질에 노출되면 발암의 원인이 될 수 있다. 매립 지역을 주택지나 공공용지로 이용할 때에는 환경 영향에 대한 평가가 신중히 이루어져야 한다.

표 2-21. 유기 독성 물질에 의한 피해

항목	주 용도	농작물 피해	인체 피해
유기 인	농약(메틸 디메톤, EPN)	–	구토, 현기증, 동공 축소, 중추 신경 장애
PCB	열 매체, 전기 절연제, 변압기, 콘덴서, 복사기, 잉크 용제, 안료, 도료, 합성수지 제조	–	두통, 메스꺼움, 성욕감퇴, 체중감소, 관절통
시안	도금, 시약, 촉매, 유기 합성, 형광염료, 야금, 광업, 사진, 의약	뿌리 발육 저해, 잎의 황백화	구토, 경련, 간 손상, 궤양, 혈압강하
페놀	페놀수지, 살균제, 의약품 원료, 합성세제, 합성섬유	–	심장, 혈관, 신장의 손상, 청색증, 저혈압, 정신 착란
유류 (BTEX, TPH)	각종유기합성 원료, 추출, 용제, 연료	뿌리의 호흡 억제, 생육 저하	두통, 메스꺼움, 호흡 곤란, 기관지염, 생식력 저하, 발암성

3. 내분비계 장애물질

20세기 들어 급격한 산업의 발달로 인해 여러 종류의 환경오염 물질들이 생성되었으며, 이러한 물질은 동·식물 내에 축적되어 먹이사슬을 통하여 사람 및 동물에게 유입되어 건강상의 위해를 끼치고 있다. 특히, 농산물의 생산성 향상을 위해 사용되는 유기염소계 살충제 및 PCB와 같은 잔류성이 큰 물질의 경우 동물과 사람에게 생식기능 저하와 기형 등을 유발하는 것으로 알려져 있어 이에 대한 위험성은 매우 크다.

(1) 내분비계란?

내분비계는 생체의 항상성, 생식, 발생, 행동 등에 관여하는 각종 호르몬을 생산, 방출하는 기관으로서 선(gland), 호르몬(hormones), 표적세포(target cell) 등 3가지 부분으로 나누어진다. 내분비선으로부터 생산된 화학적 신호인 호르몬은 마치 통신네트워크와 같이 혈액을 통해 체내를 순환하며, 표적이 되는 각 세포, 조직에 정보 및 지령을 전달한다.

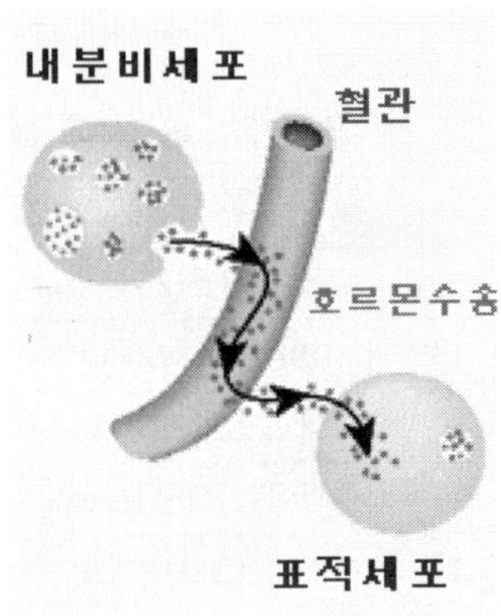

그림 2-10. 내분비세포와 호르몬의 생성 및 전달

(2) 내분기계 장애물질의 정의

내분비계 장애물질(EDCs ; Endocrine Disrupting Chemicals)이란 내분기계의 정상적인 기능을 방해하는 화학물질로서 환경 중에 배설된 화학물질이 체내에 유입되어 마치 호르몬처럼 작용한다고 하여 일명 "환경호르몬"으로 불리기도 한다.

미국 EPA에 의하면 "생체내 항상성 유지와 성장발육을 조절하는 호르몬의 생산, 분비, 운반, 대사, 수용체와의 결합 및 작용기전 등을 교란시키는 유해화학물질"로 정의하고 있다.

이들 내분비계 장애물질은 생태계 및 사람의 생식기능저하, 기형, 성장장애, 암 등을 유발하는 물질로 추정되고 있으며 생태계 및 인간의 호르몬계에 영향을 미쳐 전 세계적으로 생물종에 위협이 될 수 있다는 경각심을 일으켜 오존층 파괴, 지구온난화 문제와 함께 세계 3대 환경문제로 등장하였다.

(3) 내분기계 장애물질의 종류

내분비계 장애물질에는 광범위한 합성화학물질, 의약품 및 일부 천연물질들이 포함되며, 각 나라별, 기관에 따라 분류는 다르다.

WWF(세계야생생물보호기금)은 자연에 노출된 67종을 규정하고 있으며, 미국(74종) 및 일본 후생성(142종) 등에서도 내분비계 장애를 일으킬 우려가 있는 물질들의 목록을 작성하여 위해성의 여부를 평가하고 있다. 우리나라도 WWF 목록을 중심으로 67종을 지정하여 관리하고 있으며, 이들 중에는 농약 42종, 산업용 화학물질 18종, 부산물 또는 대사물 6종이다.

표 2-22. 환경부에 등록된 내분비계 장애물질

분류	물질명(CAS No.)	용도
산업용 화학물질 (18종)	2.4-디클로로페놀(2,4-Dichlorophenol, 120-83-2)	원료중간체
	디비피 (DBP, 84-72-2)	가소제
	이시에이취피 (DCHP, 84-61-7)	가소제
	디에틸헥실아디프산 (Diethylhexyladipate, 103-23-1)	가소제
	디이에이취피 (DEHP, 117-81-7)	가소제
	디이피 (DEP, 84-66-2)	가소제
	디피알피 (DprP, 131-16-8)	가소제
	디피피 (DPP, 131-18-0)	가소제
	벤조페논 (Benzophenone, 119-61-9)	의약품합성원료
	비비피 (BBP, 85-68-7)	가소제
	비스페놀 A (Bisphenol A, 80-05-7)	가소제
	스티렌 (styrene dimer, trimer)	플라스틱제조원료
	알킬 (C=5~9) 페놀 (pent-nonylphtnel)	계면활성제 원료
	티비티오 (TBTO, 56-35-9)	방오제
	피비비 (PBBs, 59536-65-1)	난연제
	피시비 (PCBs, 1336-36-3)	열매체
농약류	4-니트로톨루엔 (4-Nitrotoluene, 99-99-0)	합성중간체
	니트로펜 (Nitrofen, 1836-75-5)	제초제
	2,4-디 (2,4-D, 94-75-7)	제초제
	디디티 (DDT, 50-29-3)	살충제
	디비시피 (DBCP, 96-12-8)	살선충제
	디엘드린 (Dieldrin, 60-57-1)	살충제
	디코폴 (Dicofol, 115-32-2)	살충제
	린단 (Lindane, 58-89-9)	살충제
	마네브 (Maneb, 12427-38-2)	살균제
	만코젭 (Mancozeb, 8018-01-7)	살균제

분류	물질명(CAS No.)	용도
농약류	말라티온 (Malathion, 121-75-5)	살충제
	메소밀 (Methomyl, 16752-77-5)	살충제
	메톡시클로르 (Methoxychlor, 72-43-5)	살충제
	메트리브진 (Metribuzin, 21087-64-9)	제초제
	메티람 (Metiram, 9006-42-2)	살균제
	미렉스 (Mirex, 2385-85-5)	살충제
	n-부틸벤젠 (n-Butylbenzene, 104-51-8)	합성중간체
	베노밀 (Benomyl, 17804-35-2)	살균제
	빈클로졸린 (Vinclozolin, 50471-44-8)	살균제
	싸이퍼메트린 (Cypermethrin, 523-15-07-8)	살충제
	아미트롤 (Amitrole, 61-82-5)	제초제
	아트라진 (Atrazine, 1912-24-9)	제초제
	알디캅 (Aldicarb, 116-06-3)	살선충제
	알라클로르 (Alachlor, 159725-60-8)	제초제
	에스펜발러레이트 (Esfenbalerate, 66230-04-4)	살충제
	에이취시비 (HCB, 118-74-1)	살균제
	β-에이취시에이취 (β-HCH, 319-85-7)	살충제
	에틸파라티온 (Ethylparathion, 56-38-2)	살충제
	엔도술판 (Endosulfan, 115-29-7)	살충제
	지네브 (Zineb, 12122-67-7)	살균제
	지람 (Ziram, 137-30-4)	살균제
	카바릴 (Cabaryl, 63-25-2)	살충제
	케폰 (Kepone, 143-50-0)	살충제
	클로르단 (Chlordan, 57-74-9)	살충제
	2,4,5-티 (2,4,5-T, 93-76-5)	제초제
	톡사펜 (Toxaphene, 8001-35-2)	살충제
	트렌스노나클로르 (Transnonachlor, 39765-80-5)	살충제
	트리플루랄린 (Trifluralin, 1582-09-8)	제초제
	퍼메트린 (Premethrin, 52645-53-1)	살충제
	펜발러레이트 (Fenvalerate, 51630-58-1)	살충제
	피시피 (PCP, 87-86-5)	살충제, 방부제
	헵타클로르 (Heptachlor, 76-44-8)	살충제

분류	물질명(CAS No.)	용도
부산물 및 대사물	디디티/디디이 (DDT metabolites)	대사물
	옥시클로르단 (Oxychlordane, 27304-13-8)	대사물
	헵타클로로에폭시드 (Heptachlor epoxide, 1024-57-5)	대사물
	옥타클로로스티렌 (Octachlorstyrene, 29082-74-4)	부산물
	다이옥신/퓨란 (Dioxins/Furan)	부산물
	벤조(a)피렌 (Benzo(a)pyrene, 50-32-8)	비의도적 생성물

(4) 내분비계 장애 기전

호르몬이 체내에서 작용하기 위해서는 보통 합성, 방출, 목적장기의 세포로의 수송, 수용체 결합, 신호전달, 유전적 발현 활성화 등의 일련의 과정을 거쳐 이루어진다. 내분비계 장애물질은 이러한 과정중의 어느 단계를 저해 또는 교란함으로써 장애를 유발한다.

현재 내분비계 장애물질의 작용기전을 밝혀내기 위한 연구가 각국에서 수행되고 있는데, 지금까지 알려진 바로는 내비분계 장애물질이 수용체 결합과정에서 호르몬과 유사(mimics), 호르몬 봉쇄(blocking), 촉발(trigger) 작용 등으로 나뉠 수 있다.

호르몬 유사작용이란 호르몬 수용체와 결합하여 내분비계 장애물질이 마치 정상호르몬과 유사하게 작용하는 것으로 대표적인 예가 합성 에스트로젠인 DES(diethylstilbestrol)이다.

호르몬 봉쇄작용이란 호르몬 수용체 결합부위를 봉쇄함으로써 정상호르몬이 수용체에 접근하는 것을 막아 내분비계가 기능을 발휘하지 못하도록 하는 것이다. 대표적인 예로서 DDE(DDT의 분해산물)의 경우 정소의 안드로겐 호르몬의 기능을 봉쇄하는 것으로 알려져 있다.

촉발작용은 내분비계 장애물질이 수용체와 반응함으로써 정상적인 호르몬작용에서는 나타나지 않는 생체내에 해로운 엉뚱한 대사작용을 유발하는 것이다. 다이옥신 또는 다이옥신 유사물질 등이 유사한 작용을 나타내며, 이러한 영향으로는 암을 유발, 대사작용의 이상을 들 수 있다.

(5) 생태계 및 인체에 대한 영향

다이옥신(Dioxins), PCBs와 같은 화학물질들은 식품을 통해 사람 및 동물에게 영향을 미치고 있다. 쓰레기의 소각, 산업 폐기물 그리고 제초제에 의해 발생된 내비분계 장애물질은 동・식물에 축적되어 먹이사슬을 통해 유입되며, 야생동물에게는 개체수의 감소 및 성의 혼란 등을 야기하는 것으로 알려져 있다.

1) 야생동물에 대한 영향

어류, 조류, 파충류 그리고 포유류 등의 야생동물에 대한 내분비계 장애물질이 미치는 영향은 많은 연구를 통해 알려져 있다. 야생동물에 대한 대표적인 영향으로는 호르몬 분비의 불균형, 생식능력 저하 및 기형발생, 성장장애, 면역기능 장애, 암유발 등이다.

환경호르몬으로 인한 영향은 북극곰, 갈매기, 송어, 잉어, 악어, 표범 등의 야생동물에게는 성의 양성화를 독수리, 거북이, 양 등은 심각한 개체수의 감소를 초래하였다. 지금까지 환경호르몬으로 인해 야생동물에게 발생된 주요 피해사례는 표 2-23과 같다.

최근 우리나라의 경우 서해와 남해안 일대의 물고기가 환경호르몬으로 인해 성 변화를 일으켜 수컷이 암컷으로 전환된다는 사실을 확인하였다. 산업시설이 밀집된 서해와 남해안에서 잡은 수컷 숭어 10마리 중 1마리가 암컷의 생식세포를 갖고 있거나 암컷으로 성전환 된다는 것은 환경호르몬의 위협에서 우리나라도 안전하지 않다는 것을 의미한다.

표 2-23. 내분비계 장애로 의심되는 야생동물 보고 사례

<table>
<tr><th colspan="2">생물</th><th>장소</th><th>영향</th><th>추정되는 원인물질</th></tr>
<tr><td>패류</td><td>고둥</td><td>일본 해안</td><td>웅성화, 개체수 감소</td><td>유기주석화합물</td></tr>
<tr><td rowspan="3">어류</td><td>옥새송어</td><td>영국 하천</td><td>자성화, 개체수 감소</td><td>노닐페놀
*판정되지 않음</td></tr>
<tr><td>잉어</td><td>영국 하천</td><td>자웅동체화</td><td>노닐페놀
*판정되지 않음</td></tr>
<tr><td>연어</td><td>미국 오대호</td><td>갑상선비대형성, 개체수감소</td><td>불명</td></tr>
<tr><td>파충류</td><td>악어</td><td>미국 플로리다주 호수</td><td>음경왜소화, 알의 부화율 저하, 개체수 감소</td><td>호수에 유입된 DDT 등 유기염소계 농약</td></tr>
<tr><td rowspan="2">조류</td><td>갈매기</td><td>미국 오대호</td><td>자성화, 갑상선 종양</td><td>DDT, PCBs
*판정되지 않음</td></tr>
<tr><td>미국 가마우지</td><td>미국 미시간호</td><td>알의 부화율 저하</td><td>DDT, PCBs
*판정되지 않음</td></tr>
<tr><td rowspan="4">포유류</td><td>바다표범</td><td>네덜란드</td><td>개체수 감소, 면역기능 저하</td><td>PCBs</td></tr>
<tr><td>흰돌고래</td><td>캐나다</td><td>개체수 감소, 면역기능 저하</td><td>PCBs</td></tr>
<tr><td>아메리카 표범</td><td>미국</td><td>정류정소, 장자수 감소</td><td>불명</td></tr>
<tr><td>양</td><td>호주 (1940년대)</td><td>다발성사산, 기형발생</td><td>클로버 유래의 식물성 에스트로겐</td></tr>
</table>

2) 인체에 대한 영향

최근 여러 환경오염물질들의 축적으로 인해 1940년도 이후 남자의 정자는 약 50% 감소되었고, 전립선암 발생률은 2배 증가하였으며, 여성의 자궁암 및 자궁내막염 등의 발생비율도 현저히 증가하였다. 이러한 원인은 인간환경이 환경호르몬으로 오염되었기 때문이라는 의견이 지배적이다.

합성에스트로젠인 DES(diethylstilbestrol)는 1970년대까지 유산방지제로 사용되었는데, 임산부에게는 유방암의 발생 빈도가 증가하였으며, 이들의 2세에게는 생식능력이 감소되고 딸의 경우 자궁암, 면역기능 이상, 불임 등을 유발하고 아들의 경우 고환암, 생식기계의 기형 등을 초래하였다.

농약에 의한 토양 오염 문제

농약은 농작물의 병과 해충, 그리고 잡초를 방제하는 데에 사용되는 화학 약품과 생장 조절을 하는 데에 사용되는 호르몬제 등 화학약품이다. 농약에 의한 오염 문제는 사용된 농약의 성질 자체에 의한 독성 문제와 토양에 남아 일으키는 잔류성에 의한 환경 문제이다.

독성 문제는 중위 치사량(LD50)에 의하여 판단하는데 실험 대상 동물의 50%가 죽는 독극물의 양을 중위 치사량이라 하며 실험동물의 체중(kg)에 대한 독극물의 mg으로 나타낸다. 중위 치사량이 작을수록 독성이 크다.

화학적으로 합성된 농약은 토양에서 대부분 분해되어 없어지지만 어떤 종류는 오래도록 분해되지 않고 남아 있거나 다른 성분으로 변한 상태로 남는데 이를 농약의 잔류성이라 한다. 토양에서 잔류성이 긴 농약으로는 유기 염소계 농약이 있다. 알드린과 같이 유기 염소제 살충제는 토양에 뿌려진 농약의 50%가 분해되어 없어지는데 약 6년이 걸리며 DDT는 30여 년이 걸린다고 한다. DDT는 제 2차 세계 대전 중에 개발된 살충제로서 사람과 가축에 해가 적고 약효도 오래 가는 안정된 농약으로 알고 대량 사용하였었다. 그런데 이 DDT가 자연계에 남아 새에서 심지어 북극의 곰에까지 거의 모든 생물에서 검출되었다. 그 후 유기 염소계 농약을 위주로 잔류성이 긴 농약의 사용을 금하거나 제한하였다.

Chapter 3 식품위생학

1. 식품위생학의 정의

모든 동물은 생명활동을 유지하고 살아가기 위해서는 에너지가 필요하고 이러한 에너지를 얻기 위해서는 여러 가지 영양소(nutrition)를 섭취해야 한다. 식품은 우리가 매일의 생활을 영위하기 위하여 반드시 필요한 각종 영양소의 공급원으로서 좋은 역할을 수행할 뿐만 아니라 식품 중 존재할 수 있는 오염 물질, 미생물 등에 의해 인간의 건강을 악화시킬 수 있는 측면도 가지고 있어 식품의 안전성 확보는 오늘날 모든 국가들이 당면한 주요 과제 중의 하나이다.

식품위생(food hygiene : food sanitation)의 정의는 1955년 세계보건기구(WHO)의 환경위생전문위원회에서 정의한 것이 일반적으로 받아들여지고 있는데 그 정의에 의하면 "식품위생이란 식품의 재배(성장), 생산, 제조로부터 최종적으로 사람에 섭취되기까지의 모든 수단에 걸친 식품의 안전성(safety), 건전성(soundness) 및 완전무결성(wholesomeness)을 확보하기 위한 모든 수단을 말한다."고 정의하고 있다. "Food hygiene means all measures necessary for the ensuring the safty, wholesome and soundness of food at allstages from its grows, production or manufacture until its final consumption" (WHO의 환경위생 전문위원회)

우리나라 식품위생법에서의 목적으로는 "식품으로 인한 위생상의 위해를 방지하고 식품영양의 질적 향상을 도모함으로써 국민보건의 증진에 이바지함을 목적으로 한다."라고 하였고 식품위생의 대상범위를 음식물과 관련된 첨가물·기구·용기·포장 등도 모두 포함시키고 있다.

최근 우리나라의 경우 일반 소비자들의 안전한 식품에 대한 요구는 점차적으로 증가하고 있어, 식품내 위해물질의 수준은 사회적인 문제로 발생할 소지가 항상 존재하고 있다. 식품의 안전성은 원료 생산으로부터 최종적으로 소비자가 섭취하게 되기까지 하나의 쇠사슬로 연결되어 있어 한 부분에서 흠결이 생성될 경우 소비자의 건강에 지장을 초래하게 되는 것이므로 과학적인 품질 관리를 위하여 식품전반에 대한 감시와 지도가 필요하다.

2. 식품 중의 위해물질

사람의 건강을 위협하는 요인으로는 병원성 미생물을 우선 들 수 있겠지만 최근에 들어와 식품 산업의 발전, 환경오염의 증대, 새로운 병원성 세균의 출현 등 위해요소가 높은 식품의 등장은 식품을 둘러싼 환경적 변화로 전 세계적으로 식품안전에 관한 관심이 고조되고 있다.

표 3-1. 식인성 병해의 분류와 그 원인물질

분류	종류		병인물질
내인성	유해·유독성분(자연독)		복어독, 바지락독, 마비성 패독, 버섯독
	생리작용성분(고유 유독물)		알칼로이드, 항비타민성, 항효소성 물질, 식이성 allergen
외인성	생물적		경구전염병 원인균, 세균성 식중독균, 곰팡이독(aflatoxin), 기생충(간흡충)
	인위적	의도적 식품첨가물	부정 첨가물(dulcin, cyclamate 등)
		비의도적 식품첨가물	잔류농약(유기염소제 등), 공장 배출물, 방사선물질
		가공과정	비소, PCB 등
유인성	생리적 생성물		조사유지, 가열유지
	화학적 생성물		아질산염 및 amine·amide 반응물(N-nitroso 화합물)
	생물적 생성물		아질산염 및 amine·amide류의 생체내 생성

식품에 포함되어 건강 장애를 유발 시키는 위해물질은 특성에 따라 생물학적 요소와 화학적 요소로 구분 하거나 그 유입 경로와 발생원인에 따라 내인성(native), 외인성(additive), 유인성(induce) 등으로 구분한다.

우리나라에 있어서 식인성 병해는 주로 급성 세균성 식중독이 문제시되어 왔으나, 유전자 재조합 식품 등 신소재 식품과 다이옥신 등 내분비계 장애물질과 같은 신종 위해물질이 지속적으로 검출되고 있으며 식량증산 등 생산성 향상을 위한 농약 등 위해물질의 사용이 점차 증가하고 있다. 또한 새로운 환경오염물질이 등장하여 식품의 오염 기회가 증대되고 있고, 수입 자유화에 따른 식품 수입의 증가로 위해식품의 수입 가능성이 대두되고 있으며 식생활 형태 및 소비자의 기호 변화에 따른 식중독 발생 개연성이 커져 가고 있다.

3. 식품의 안전성 평가

식품은 누구나 일생동안 섭취하여야 하므로 식품의 안전성 문제는 개인적인 문제일 뿐 아니라 사회적, 크게는 국제간의 문제로까지 비화된다. 따라서 식품의 안전성 문제는 각국의 규제당국이나 국제기구에서도 중요한 문제로 심도 있게 다루고 있다. 식품섭취는 일생에 걸쳐 장기적으로 일어나므로 그 안전성 평가에 있어서는 엄격하여야 한다. 식품의 안전성평가는 주로 독성실험 결과로서 평가하는데, 방법에는 오래 전부터 사용되어온 안전계수법(safety factor approach)과 최근에 사용되기 시작한 정량적위해성평가법(Quantitative risk assessment)으로 크게 나누어질 수 있다.

1) 안전계수법

식품첨가물이나 오염물질에 대한 법적 규제에서 일반적으로 적용되는 원리인 안전계수법은 동물이나 사람에게서 어떤 물질의 해가 나타나는 수준과 나타나지 않는 수준에서 실험적으로부터 얻은 독성자료로부터 최대무작용량(maximum No-Observered Effect Level ; NOEL)을 구하고 평생동안 사람이 섭취하여도 안전하다고 생각되는 수준을 설정하기 위하여 특정계수인 안전계수(safety factor)를 도입하는 방법이다. 그 절차를 보면 다음과 같다.

동물실험

↓

NOEL 산출(maximum No-Observered Effect Level : 최대무작용량)

↓

안전계수(Safety Factor) 적용

↓

ADI(Acceptable Daily Intake : 일일섭취허용량) = NOEL / S · F

↓

MRL(Maximum Residue Limit : 최대잔류허용량)
= (ADI × bw) / 1인 1일 식품소비량

2) 정량적 위해성 평가법

최근 들어 실험분석방법이 발전됨에 따라 극미량 존재하는 발암성물질의 검출이 가능해졌고 매일 접하고 있는 식품이나 환경인자 중에서도 발암물질이 존재한다는 것이 밝혀짐에 따라 안전계수법에 의해 발암성 물질을 무조건 금지한다는 것이 불가능해졌다. 따라서 이와 같은 발암성물질의 규제를 위하여 도입된 안전성 평가방법이 정량적 위해성 평가법이다. 이 방법은 1970년대에 들어와 새로이 개발되었으며, 이 방법은 현실적인 식품섭취 수준에서 유독성분에 의하여 암이 발생할 수 있는 확률을 계산하고 그 결과 일생동안 해당물질의 섭취를 통하여 백만명 중의 1명의 확률로 암에 걸리는 정도라면 이것은 무시되는 위험으로 간주하여 허가하자는 것이다. 이러한 분석자료에 근거하여 미국을 비롯한 많은 나라에서는 첨가물, 농약, 환경오염물질 등의 법적 규제를 실시하고 있다. 결국 발암성물질이라도 그 위험이 무시되는 또는 감내할 수 있는 섭취 수준이라면 허용해야 된다는 것이다.

정량적위해성평가법은 유해화학물질과 환경오염물질, 미생물에 의한 식중독 등의 피해를 최소화하고자 하는 하나의 방법론이며, 안전한 환경을 확보하고자 하는 예방적 차원에서 제도적으로 그 활용도가 높다고 할 수 있다. 간단하게 말해 정량적 위해평가란 "인간이 환경요인에 노출되었을 때 일어나는 건강상의 나쁜 영향 가능성의 확인"이라고 정의되며, 여기에는 유해확정(hazard identification), 용량-반응평가(Dose-Response assessment), 폭로평가(exposure assessment), 위해성 특성화(risk characterization)의 4단계가 있다. 그 절차를 보면 다음과 같다.

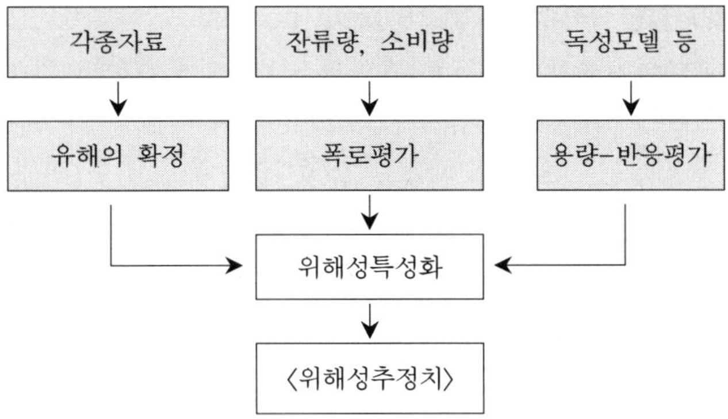

그림 3-1. 정량적 위해성 평가

4. 식품의 안전성 확보

식품을 안전하게 확보하기 위한 기본적인 원칙

① 식중독 원인균에 의해 식품이 오염되지 않도록 할 것
② 식품의 부패나 변패를 일으키는 미생물이 되도록 식품에 오염되지 않도록 할 것
③ 유독 또는 유해한 물질이 혼입되거나 첨가되지 않도록 할 것
④ 위조, 변조식품이 제조되지 않도록 적절한 조취를 취할 것

식품위생관리상 검토되어야 할 중요 문제들은 식품을 통한 병원미생물(전염병)의 감염, 식중독, 식품을 통한 기생충 질병의 감염, 식품의 오염(폐수, 농약, 방사능 등)에서 오는 피해, 식품보존방법의 부적합, 식품위생 행정활동, 부정식품의 단속 및 유통관리, 식품검역 등의 문제 등이 있으며, 이중 식품관련 전염병, 식중독, 식품의 보존 및 위생관리 등이 특히 중요하다.

(1) 오염지표세균

식품 및 식품이 생산된 환경전반의 일반적 세균오염상황을 알기 위하여 총균수나 일반세균수가 측정된다.

1) 총균수(total counts)

생균수와 사균수를 전부 합친 것

2) 일반세균수(standard plate counts)

표준한천배지를 이용한 혼합희석배양에서 집락을 형성 할 수 있는 균군의 수

- 위생적 품질이나 선도를 판정
- 혐기성균 등의 오염지표가 될 수 없기 때문에 주의가 필요

(2) 분변오염의 지표세균

식품이 분변에 오염되어 있으면 취급이 불량하거나 불결한 식품일 뿐 아니라 분변에 배설되는 장티푸스균, 콜레라균, 이질균 등의 경구전염병의 병원균에 오염되어 있을 가능성이 있는 위험한 식품일 수 있다.

분변오염지표세균의 조건

① 사람과 동물의 분변 중에 대량으로 존재할 것
② 분변 이외에는 상재하지 않을 것
③ 체외에 배설된 후 점차 사멸하지만, 병원균보다는 길게 생존할 것
④ 비교적 용이하게 더욱이 충분히 신뢰할 수 있는 검사를 실시할 수 있을 것

이와 같은 조건을 충족시킬 수 있는 세균으로서 대장균군과 장구균군이 있다.

1) 대장균군

- 식품이 어떤 경로든 분변에 오염되었을 가능성을 시사하며 이와 유래를 같이 하는 병원균이 존재할 위험성을 나타내는 것이다.
- 많은 식품 중에서 증식 가능한 이열성 세균군이기 때문에 특수한 가공식품에 있어서 제품의 가열, 살균의 실시의 확실성 판정지표

2) 장구균군

- Lancefield의 D군 연쇄상구균의 총칭
- 특히 냉동식품에서의 생존율이 높기 때문에 냉동동결 전의 오염검출에 대장균보다 우수

(3) 부패세균

다양한 종류의 세균과 곰팡이 및 효모가 관여

(4) 저온세균

① Cold chain에 의한 보존과 유통의 중요성에 따라 식품위생상 역할이 중요시 됨

② '지적발육온도와 관계없이 7℃ 이하에서 발육할 수 있는 균'. 국제낙농연맹 (1968)

5. 식품관련의 전염성 질환

(1) 식품매개 세균성 전염병

식품을 통해서 인간에 감염될 수 있는 세균성 전염병에는 장티푸스, 세균성이질, 파라티푸스, 콜레라 등이 대표적인 것이며, virus성 전염병으로는 소아마비(polio), 전염성설사증, 유행성간염 등으로 대부분 경구 전염병이다. 한편 식품을 통한 인수공통감염병(zoonosis)은 세균성 질병으로 결핵, 탄저, 브루셀라병, 야토병, 돼지단독(豚丹毒), 살모넬라증 등이 있다.

① **결핵**

소로부터 우유를 통하여 전염될 수 있는 우형(牛型) 결핵균이 원인 병원체이다.

② **탄저**

소, 말, 돼지, 양으로부터 피부의 상처로 감염되거나 경구적으로 침입되며, 호흡기계로 아포가 흡입됨으로써 폐탄저를 일으키게 하기도 한다.

③ **브루셀라병**

주로 소의 우유, 요(尿)를 통하여 인체감염이 이루어지는데, 그 밖에도 양, 말, 닭, 야토 등에도 감염이 이루어진다.

④ **돼지단독**

돼지로부터 점막감염이 이루어지는데, 이환 동물의 고기나 장기를 취급할 때에 감염이 많다.

(2) 경구 전염병 대책

다른 전염병의 예방대책과 마찬가지로 감염원 대책, 전염경로 대책, 숙주 대책으로 나누어 생각할 수 있다.

① **감염원 대책**

환자의 조기 발견, 조기 격리가 필요하며, 특히 음식물 취급자(식품업소나 식당의 종업원, 조리사 등)의 정기적 건강진단이나 검변 등이 중요하다.

② **감염경로 대책**

수도, 우물의 위생적 관리나 소독이 필요하며, 하수와 변소의 위생적 관리가 필요하다. 특히 우유의 위생적 관리, 음식물 취급자의 신체 청결 및 손의 청결, 취사장의 식기구 및 용기의 소독, 위생해충(파리, 바퀴) 및 쥐의 구제가 필요하다.

③ **숙주 대책**

건강관리와 위생적 식생활을 하여야 하며, 예방접종이 가능한 것은 예방접종의 실시가 필요하다.

(3) 식품관련의 기생충 질병 종류

식품을 통해서 감염될 수 있는 기생충 질병은 동식물 식품을 통한 것과 식물성 식품인 채소를 통한 기생충 질병으로 구분할 수 있다.

① **수육과 관계있는 기생충병**

- 쇠고기 : 무구조충(*Taenia saginata*)
- 돼지고기 : 유구조충(*Taenia solium*), 선모충(*Trichinella spiralis*)
- 기타 : 톡소플라즈마병

② **민물고기와 관계있는 기생충병**

- 담수산 게, 참게, 가재 : 폐디스토마(*Paragonimus westermani*)
- 담수어(참붕어 등) : 간디스토마(*Clonorchis sinensis*)
- 은어, 숭어 : 요꼬가와 흡충, 이형흡충

③ **바다생선과 관계있는 기생충병(대구, 생태, 고등어, 오징어, 조기)**

- 아나사키스증

④ **야채와 관계있는 기생충병**

- 회충(*Ascaris lumbricoides*), 구충, 편충 등

6. 식중독

식중독이란 일종의 급성 위장장애 또는 신경장애 현상을 일으키는 중독성 질병이다. 일반적으로 자연유독물, 유해화학물질 및 세균 등이 음식물에 첨가되거나 오염되어 경구적으로 섭취됨으로써 발생하는 질병으로 위장장애 및 신경장애 등 생리적 이상을 초래하는 현상을 식중독이라 한다. 식중독은 식품안전과학기술의 발달로 사회적 위생수준은 향상되었지만 발생현황은 과거에 비해 감소되기 보다는 계속 증가하는 추세에 있다. 이러한 이유로는 식품공급의 세계화, 여행자 등의 증가에 의한 새로운 식중독 균의 접촉과 유입, 식중독 균의 적응과 변화, 감수성이 높은 집단(노약자 등)의 증가, 생활양식의 변화 등을 들 수 있다. 특히, 최근 식중독 발생의 특성은 집단급식소에서의 식중독 발생이 더욱 증가하고 있으며, 보고된 식중독 환자의 66%는 집단급식소에서 발생하고 전체 집단급식소 중 학교급식소가 64%를 차지하고 있다.

식중독의 원인물질을 보면 살모넬라균, 장염비브리오, 포도상구균 등이 우리나라 식중독 발생건수의 70% 이상으로 식중독 발생의 주원인이 되고 있다. 미국, 일본 등 선진국에서는 최근 대장균 O-157 : H7에 의한 집단 식중독 사건이 사회적으로 부각되고 있으나, 여전히 일본 및 우리나라의 경우는 살모넬라에 의한 식중독 발생건수가 많고, 미국의 경우 주에 따라 다르나 캠필로박터, 살모넬라, 대장균 O-157 : H7의 순으로 식중독 발생건수가 많다. 또한 과거에는 주로 하절기인 5~9월에 집중적으로 식중독이 발생하였으나, 최근에는 동절기에도 식중독이 발생하는 등 계절에 관계없이 연중 발생하는 양상으로 바뀌고 있다. 우리나라의 2004년 원인균별 식중독의 발생 현황은 살모넬라 23건(839명), 장염비브리오균 15건(300명), 노로바이러스 13건(922명), 황색포도상구균 11건(763명) 등으로 발생하였다. 2005년 이후 노로바이러스가 급격히 증가하고 있으며 병원성대장균, 살모넬라, 황색포도상구균 등 대부분의 균은 완만한 증가 양상을 보이고 있다.

표 3-2. 식중독 발생동향

구분 / 년도	2002	2003	2004	2005	2006	2007	2008
환자수 (건수)	7909 (78)	7909 (135)	10338 (165)	5711 (109)	10,833 (259)	9,686 (510)	7,487 (354)

자료 : 식품의약품안전청

표 3-3. 원인균별 식중독 발생 현황(2004년)

구분	살모넬라	황색 포도상구균	장염 비브리오균	바실러스 세레우스	클로스트리디움퍼프리젠스	캠필로박터 제주니	노로 바이러스	불검출	기타
165(건)	23	11	15	2	4	3	13	52	42
10,388(명)	839	763	300	84	680	175	922	2,926	3,699

※ 기타 : 복어독, Astrovirus, Staphylococcus xylosus, Enterbacter cloacae, 야생나물, ETEC, EPEC, Rotavirus 등

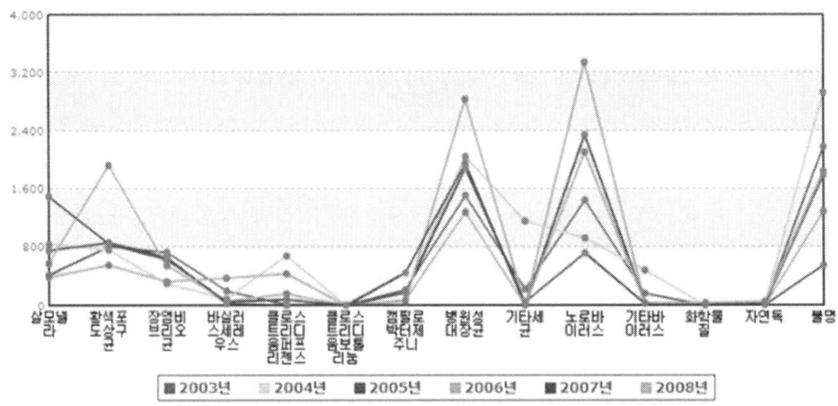

그림 3-2. 연도별 원인균별 발생환자수 (자료:식품의약품안정청)

6.1 식중독 발생의 역학적 특성

식중독 발생의 역학적 특성을 보면 일반적으로 다음과 같다.

① 급격히 집단적으로 발생한다.
② 발생지역이 국한되어 있다.
③ 월별로 보면 여름철에 많다.
④ 연령적으로는 별로 특성이 없으나, 일반적으로 20~24세 사이에 많다.
⑤ 성별로는 남자가 많다는 발생 특성이 있다.

※ 식중독의 3대 증상 : 설사 · 복통 · 구토

식중독의 발생 증가요인을 보면 다음과 같다.

① 소, 돼지, 닭 등 식용가축의 집단사육으로 대량식품공급이 용이하고, 수입식품의 범람 및 유통 공급망의 확대로 유통량이 증가하는 등 공급체계가 변화하였다.
② 고령화 사회로 인한 고령인구의 증가 및 맞벌이 부부로 인한 탁아 어린이 증가로 면역 결핍자가 증가하였다.
③ 가족구조 및 생활양식의 변화로 학교급식 등 대량 조리로 인한 집단 발병 가능성이 증가하였다.
④ 병원성 대장균 O-157 : H7과 같은 신종 식중독 균 출현 등으로 볼 수 있다.

6.2 식중독의 분류

식중독(food poisoning)이란 식품섭취로 인하여 발생하는 급성 위장장애 또는 신경장애 현상을 일으키는 중독성 질병이다. 일반적으로 자연유독물, 유해화학물질 및 세균 등이 음식물에 첨가되거나 오염되어 경구적으로 섭취됨으로써 발생하는 질병으로 위장장애 및 신경장애 등 생리적 이상을 초래하는 현상을 식중독이라 한다.

식중독은 발생 원인에 따라 세균성 식중독, 바이러스성 식중독, 자연독에 의한 식중독, 화학물질에 의한 식중독 그리고 곰팡이독에 의한 식중독으로 구분할 수 있다.

표 3-4. 식중독의 분류

구 분		종 류
세균성	감염형	살모넬라균, 장염비브리오균, 병원성 대장균, 웰치균
	독소형	포도상구균(enterotoxin), 보툴리누스균(neurotoxin)
	부패산물형	부패산물에 의한 것(알레르기성 식중독)
바이러스성	감염형	노로바이러스, 로타바이러스, 아스트로바이러스
화학적	유독・유해물질	불량 첨가물, 메탄올, 유기염소화합물, 유기불소화합물, 유해금속류(수은, 비소, 납 등)
자연독	식물성	독버섯, 감자, 맥류(보리), 유독 식물 등
	동물성	복어, 조개류 등
곰팡이	mycotoxin 중독	아플라톡신, 황변미 중독(페니실리움속)

(1) 세균성 식중독

세균에 의해서 발생하는 식중독으로 크게 감염형 식중독과 독소형 식중독으로 구분할 수 있다. 감염형 식중독은 원인균 자체가 식중독의 원인이 되는 식중독을 말하며, 독소형은 균이 분비하는 독소가 원인이 되는 식중독을 말한다. 세균성 식중독이란 세균에 의한 급성 위장염이라 할 수 있는데, 감염형 식중독은 원인균 자체가 식중독의 원인이 되는 식중독을 말하며, 독소형은 균이 분비하는 독소가 원인이 되는 식중독을 말한다. 감염형(제 1 형) 식중독을 일으키는 세균은 Salmonella 균속, 장염 Vibrio 균, 병원성 대장균 등이 있으며, 독소형(제 2 형) 식중독을 일으키는 것은 Botulinus 균, 포도상구균 등이 대표적이다.

세균성 식중독과 소화기계 전염병은 경구적으로 침입된다는 것은 같으나, 역학적으로 몇 가지 차이가 있다.

① 세균성 식중독은 2차 감염이 거의 없고, 원인식품으로 발병하는 반면, 소화기계 전염병은 2차 감염이 형성되어 고유 숙주로부터 고유 숙주로 전염되는 전염환이 이루어지는 점이 다르다.

② 소화기계 전염병은 균량이 적어도 발병되지만, 식중독은 균량이나 독소량이 많이 침입될 때 식중독을 일으켜서, Salmonella 균은 적어도 1,000만 마리 이상의 침입으로 식중독을 일으킨다.

③ 소화기계 전염병은 대부분 면역이 획득되나, 세균성 식중독은 면역이 획득되지 않는다.

④ 소화기계 전염병이나 식중독은 겨울철보다 여름철에 많지만 연령별로 보면 이질은 약년자층에 많고, 장티푸스는 장년층에 많은데 식중독은 이와 같은 연령에 의한 역학적 특성이 없다.

⑤ 소화기계 전염병의 병원체는 주로 인체 내에서 잘 증식하며, 식중독 원인균은 주로 음식물 중에서 잘 증식하는 특성이 있다.

⑥ 세균성 식중독은 소화기계 전염병에 비하여 잠복기가 짧다.

   ㉠ 감염형 식중독 - 살모넬라균, 장염비브리오 등

   ㉡ 독소형 식중독 - 포도상구균, 보툴리누스균 등

1) 감염형 식중독

감염형 식중독의 임상소견과 소화기계 전염병의 임상소견은 엄격히 구별하기 곤란한 경우가 많으며, 세균분류학적으로도 똑같은 Salmonella 균속의 장티푸스균(*Salmonella typhi*), 파라티푸스균(*Salmonella paratyphi*)은 전염병이고,

장염균(*Salmonella enteritidis*), 쥐티푸스균(*S. typhimurium*), 돼지콜레라균(*S. cholerasuis*) 등은 식중독의 원인균이다.

① **세균성 식중독**

㉠ 살모넬라 식중독(Salmonellosis)

살모넬라(Salmonella)균은 Salmon과 Smith(1886)에 의해 classical swine fever에 감염된 돼지로부터 *S. Cholerasuis*를 처음 분리 보고한 이래 전 세계적으로 분포되어 있으며, 사람을 포함한 포유동물에 감염되어 패혈증, 설사, 폐렴 등을 야기 시키는 인수공통감염병의 병원체이다. 살모넬라균의 전파는 식육, 오염된 환경을 통하여 건강한 동물과 사람에 감염되고 있으며, 항생제 오・남용에 따른 내성균(*S. typhimurium* DT104, ACSSuT)의 출현이 증가되어 가축질병의 치료예방과 사람의 공중보건상 중요시 되고 있다. 살모넬라균은 사람, 동물에 감염되며 또한 환경에도 흔히 존재할 수 있는 병원균으로서 식중독에 관련되는 주요 혈청형은 *Salmonella typhimurium* 및 *Salmonella enteritidis* 등이다.

㉮ 원인균

살모넬라증(salmonellosis)의 원인균은 우리나라에서만도 30여 종이 알려졌는데, 대표적인 종류는 장염균(*S. enteritidis*), 쥐티푸스균(*S. typhimurium*), 돼지콜레라균(*S. cholerasuis*) 등이 있고, 그 밖에도 *S. thompson*, *S. infantis*, *S. derby*, *S. nerport* 등이 있다.

㉯ 잠복기

잠복기간은 원인균의 양과 관계가 깊은데, 일반적으로 12~48시간으로 평균 20시간이며, 발병률은 다른 식중독균에 비해 높아서 75% 이상이다.

㉰ 증상

균량에 따라 다르나 증상은 급격한 발열로 38~40℃에 이르며 두통, 복통, 설사, 구토를 일으키는데, 대개 2~5일이면 발열이 그치고 1주일이면 경쾌해진다.

㉱ 감염경로

살모넬라균에 이환 또는 보균 조수류(鳥獸類)의 고기를 먹거나 환자, 보균자, 가축, 쥐들의 소변에 오염된 음식물을 섭취함으로써 감염되는데, 원인이 될 가능성이 큰 식품은 어육제품, 유제품, 어패류, 두부류, 샐러드 등이다.

㉮ 예방책

- 도축장의 위생검사 철저
- 식육류의 안전보관과 저온보존
- 조리장, 부엌의 쥐 및 파리 구제
- 가열 가능한 음식물은 먹기 전에 가열 처리
- 환자의 식품취급 금지
- 보균자 색출 등의 대책이 필요하다.

㉡ 장염비브리오 식중독(Vibrio food poisoning)

장염비브리오균은 연안 해수에서 서식하는 어패류에 오염되어 이 어패류를 생식하였을 때 동물 및 사람에서 급성위장염 증상을 일으키는 식중독의 원인균이다. 예전에는 호염균 식중독(halophilism)이라고 하였으며, 우리나라를 비롯하여 일본, 동남아시아, 호주, 미국 등에서 발병하고 있다.

㉮ 원인균

비브리오식중독은 1950년 10월 일본에서 처음 보고되었는데, 장염비브리오균(*Vibrio parahaemolyticus*)이 원인균이다. 비브리오균은 해수 세균의 일종으로서 3~5% 전후의 염도에서 잘 살며, 10% 이상의 염도에서는 성장이 정지되는 세균으로 포자가 없는 간균이며, 편모를 하나 가지고 있다.

㉯ 잠복기

일반적으로 8~20(평균 12)시간 전후이다.

㉰ 증상

전형적인 급성 위장염을 일으키는데 복통, 설사, 구토가 주 증상이며, 경우에 따라 혈변이 나오는 때도 있으며, 발열은 37.5~38.5℃로서 고열은 없다.

㉱ 감염경로

원인식품은 어패류가 주가 되며, 오염 음식물을 통해서도 감염될 수 있는데, 주로 5~11월(주로 7~9월) 사이에 많이 발생한다.

㉲ 예방대책

예방대책은 살모넬라증의 경우와 비슷하나 특히 여름철 해수 중에서 번식하는 해수 세균이므로 생어패류의 생식에 유의하여야 한다.

㉢ 병원성 대장균 식중독(enteropathogenic *Escherichia coli*)

대장균(*Escherichia coli*)은 사람과 동물의 장관에 상재하는 세균이지만 혈청학적 형별법에 따른 O 항원에 해당되는 어떤 종류는 영유아에게 식중독 원인균으로 작용한다. 1996년 여름 일본의 오카야마현의 한 초등학생들에게 발생한 *E. coli* O157 및 O26은 발열, 설사, 장출혈, 복통을 주 증상으로 하는 식중독균으로 1만명 중 11명이 사망하였다고 보고되었으며, 미국 네브라스카주에서도 동일 식중독이 발생되어 햄버거에 사용되는 육류의 공급을 전면 중단시킨 일이 있으며, 일본에서는 학교급식을 중단한 일이 있었다. 우리나라에서도 1994년 고성군에서 발생한 식중독 환자 6명 중 1명이 동일한 식중독 환자이었으며, 1998년에도 1건의 동일균 감염자가 확인되었다.

㉮ 원인균

현재까지 사람에서 설사를 유발하는 원인균으로는 다음의 5종류가 밝혀져 있다.

- Enteropathogenic *E. coli* (EPEC, 장관병원성 대장균)
- Enteroinvasive *E. coli* (EIEC, 장관침입성 대장균)
- Enterotoxigenic *E. coli* (ETEC, 장관독소원성 대장균)
- Enterohemorrhagic *E. coli* (EHEC, 장관출혈성 대장균)
- Enteroadhesive *E. coli* (EAEC, 장관부착성 대장균)

일본에서 1996년에 발생한 집단식중독의 원인균인 O-157 : H7은 장관출혈성대장균(EHEC)에 속한다.

㉯ 증상

급성위장염 증상을 일으키며, 두통・발열・구토・설사・복통 등이 주요 증상이다. 장출혈성대장균감염증(O-157균)은 우리나라 제 1 군 법정전염병으로서 잠복기간은 4~8일이며, 수양성 설사와 베로톡신이라는 독소를 분비하여 장벽의 세포를 파괴함으로써 장출혈을 일으키는 원인이 된다.

㉰ 예방

소의 분변이나 환자의 분변에 오염된 식수나 음식물로 전파되기 때문에 음식물은 75℃ 이상으로 가열 섭식하여야 한다.

㉣ 캠피로백터균

캠피로백터균은 과거에는 식중독의 원인균으로 인식되지 않았지만 지금은 중요한 병원균으로 분류되어 취급, 관리되고 있다.

㉮ 원인균

*Campylobacter jejuni*로 산소가 소량 함유되어 있는 환경에서 발육할 수 있는 미호기성 세균으로 발육할 때 필요한 산소 농도는 3~15%이며 5% 정도가 가장 좋은 조건이다. 이 균은 소량의 균량(100개 정도)으로도 식중독을 일으킬 수 있다.

㉯ 잠복기간

잠복기간은 2~7일로 평균 2~3일이다.

㉰ 증상

일반적으로 발열, 권태감, 두통, 현기증, 근육통 등의 전구증상이 있다가 구역질, 복통이 일어나며 그 후 수 시간 내지 2일 후에 설사가 나오며 약 90% 정도로 설사환자가 가장 많다.

㉱ 감염경로

소, 돼지, 닭 등의 분뇨가 우유, 하천, 우물물 등을 오염시키고 또한 가축, 가금을 도살, 해체할 때에 식육이 오염될 수 있다. 이외에도 개, 고양이 혹은 새 등의 애완동물에 의해 어린이가 이들을 통해 감염되는 경우가 많다.

㉤ 여시니아균(*Yersinia enterocolitica*)

여시니아균은 장내세균 중 발육이 늦고 저온기온성이 있어 4℃에서도 증식한다. 이 균이 생산하는 내열성 장독소(enterotoxin)는 설사의 원인물질로써 주목받고 있으나 감염양상으로 보아 조직침입성이 병원성의 기전으로 인정되고 있다.

원인식품으로는 돼지, 개, 소, 사슴, 새 등 각종 동물 및 여러 식품에 널리 분포되어 있다. 특히 돼지의 장 내용물에서의 검출율이 높으며 식육을 통한 사람에의 감염으로 생각된다. 또한 개, 고양이 등의 장내에도 보균율이 높으므로 애완동물에 의한 접촉감염에 주의하여야 한다.

② 바이러스성 식중독

㉠ 노로바이러스(Norovirus)

바이러스성 식중독 중에서 가장 대표적으로 식중독을 일으키는 병원체로 식중독과 관련하여 특히 오염된 식수와 굴 등 어패류의 생식을 통해 주로 감염되며 사람 간 전파도 잘 일어나는 전염력이 매우 높은 바이러스성 식중독이다. 국내에서는 1999년 이후 보고가 되었으며, 최근 집단 급식과 관련된 대형 식중독 사례들이 보고되면서 학교급식이 사회적인 이슈로 대두되었으며 노로바이러스에 의한 대규모 집단발병의 위험성으로 인해 지속적으로 감시가 필요하다. 노로바이러스는 전 세계적으로 소아뿐 아니라 청소년과 성인에 이르기까지 설사를 유발하는 바이러스로 특히 선진국형 장염/설사 질환의 원인으로 알려져 있다.

소형 구형 바이러스(small round structured virus : SRSV)라고도 하며 아주 적은 양인 10~100개 정도의 감염으로도 식중독이 생긴다.

패류에 노로바이러스가 오염되지만 증식은 하지 않으며 사람의 체내에서는 바이러스가 자란다. 또한 종사자나 환자 분변의 노로바이러스가 손을 통하여 음식물에 부착되어 식중독을 일으키기도 하며 감염자의 구토물 등을 처리한 사람이 감염되어 발병할 수도 있다.

㉮ 원인균

노로바이러스(Norovirus)는 바이러스학적 분류상 family *Caliciviridae*에 속하는 27 nm 크기의 RNA 바이러스로 유전자의 다양성이 매우 심하게 나타난다.

㉯ 잠복기간

감염된 후 24～48시간에 증상이 나타난다.

㉰ 증상

구역질, 구토, 복통, 설사, 발열이 나타난다. 이밖에도 두통, 목의 통증 등 감기와 유사한 증상을 보이기도 하며 발병하면 2～3주간 바이러스를 배설한다.

표 3-5. 노로바이러스 유행의 특성 및 문제점

특성	결과	문제점
적은 입자 수로도 감염	10^2 입자로도 감염 가능	입자에 의해 또는 사람에서 사람으로 전파, 2차 감염이나 조리자에 의한 전파가 일어남
증상없는 상태에서도 배출 가능	2주까지도 배출 가능	2차 감염의 위험성 증가 및 조리자 관리의 문제점으로 대두
환경에서 안정적	염소 농도 10 ppm, 60℃ 가열에서도 생존	오염된 물에서 제거가 어려우며 얼음이나 굴에 바이러스 존재
유전자 다양성이 큼	다양한 유전자형, 항원형 존재	진단이 어려우며 다른 형에 의한 재감염이 일어남. 실제 유행보다 낮게 감지되는 경향
면역이 단기로만 유지됨	재감염이 일어남	소아 감염 이후 성인에서 재감염 가능. 장기적인 면역을 가진 백신 개발이 어려움

(자료 : 미국 CDC. 2001)

2) 독소형 식중독(bacterial toxins)

포도상구균, 보툴리누스균 등의 세균이 독소를 분비하여 오염된 식품에 의하여 발병한다. 독소형 식중독은 세균이 음식물 중에서 증식하여 산출된 장독소나 신경독소가 발병의 원인이 된다. 각각의 원인균이 식품 중에서 증식하여 음식물을 섭취하기에 앞서 이미 독성물질이 생성되었기 때문에 발생한다. 독소형 식중독의 특징은 일반적으로 잠복기가 비교적 짧으며, 화학물질에 의한 급성의 식중독과 비슷하다.

① **포도상구균 식중독(Staphylococcal food poisoning)**

포도상구균은 사람과 동물의 화농성질환의 원인균이며, Salmonella와 같이 계절에 관계없이 발병한다. 이 균은 1880년 Pasteur에 의해서 발견되었는데, 저항력이 강하고 자연계에 널리 분포되어 있어 식품을 오염시킬 기회가 많다.

㉠ 원인균

포도상구균은 황색포도상구균(*Staphylococcus aureus*)과 표피포도상구균으로 분류되는데, 표피포도상구균은 영유아에서 화농의 원인이 되는 경우가 있기는 하지만, 일반적으로 식중독의 원인이 되지는 않는다.

황색포도상구균은 식중독 및 화농의 원인균인데, 식중독의 원인물질은 균이 생성하는 장독소(腸毒素 ; enterotoxin)이다.

장독소는 A, B, C, D, E 등 5형이 알려졌으며, 내열성이 강해서 100℃에서 30분간 처리해도 파괴되지 않으므로 보통의 조리법으로는 독소를 파괴시킬 수 없지만, 균체는 80℃에서 30분간에 사멸한다.

㉡ 잠복기

잠복기는 짧아서 1~6(평균 3)시간 정도이다.

㉢ 증상

급성 위장염으로 타액분비, 구토, 복통, 설사를 일으키는데 구토, 복통의 증상은 반드시 나타나지만 발열은 38℃ 이하이다.

㉣ 감염경로

화농성 질환이나 이 균에 오염된 우유, 크림, 버터, 치즈, 과자 등의 유제품(유제품)과 유방염이 있는 젖소로부터 감염되며 김밥, 도시락, 떡 종류가 원인식품이 되는 경우가 많은데, 발생은 늦은 봄과 가을에 많다.

㉤ 예방대책

- 식품오염의 방지
- 식품 및 식기구의 멸균
- 저온저장
- 화농된 사람의 조리 금지
- 취사장의 청결

② **보툴리누스균 식중독(botulism)**

이 균은 독소형으로 식품 중에서 보툴리누스균이 증식되어 대사산물로 산생된 독소를 식품과 같이 섭취함으로써 발병한다. 원인식품으로는 주로 해산 어류의 염장식품이 압도적으로 많으며 그 밖에도 어류, 통조림, 상어알젓, 연근조림으로 인한 발생이 많다.

㉠ 원인균

*Clostridium botulinum*이 원인균으로 옛날부터 알려졌으나, 1800년 독일의 Kerner가 Botulism(소시지의 중독)이라는 용어를 처음 사용하였다. 이 균은 토양 및 자연계에 널리 분포되어 있으며 통조림, 소시지 등 식품의 혐기성 상태에서 발육하여 신경독소(neurotoxin)를 분비하는데, 독소는 A, B, C, D, E형이 있다. 보툴리누스균은 4℃ 이하에서도 증식되어 독소를 산출하는데, A형의 포자는 100℃에서 수시간 가열해도 파괴되지 않으나, E형의 포자는 100℃로 가열하면 파괴되며, 독소는 80℃에서 수분간에 파괴되므로 먹기 전에 가열하는 것이 좋다.

㉡ 잠복기

일반적으로 12~36시간으로 섭취한 독소량에 따라 다르다.

㉢ 증상

신경증상이 나타나는 것이 특징이다. 일반적으로 신경증상을 발현하기 전에 구역질, 구토, 설사 등의 위장염 증상을 보이며 이어 권태감, 현기증 등이 오며 더 진행되면 약시, 복시, 안검하수, 동공산대 등의 눈 증상과 인두마비에 의한 연하곤란, 발성곤란 등의 증상이 나타난다.

㉣ 감염경로

치명률이 높은 식중독으로 원인식품은 통조림, 소시지 등과 야채, 과일, 식육, 어육, 유제품 등이 혐기성 상태에 놓이게 되는 경우 문제가 된다.

㉤ 예방대책

음식물의 가열처리, 통조림 및 소시지 등의 위생적 보관과 위생적 가공을 하는 것이 중요하다.

③ Welchii균 식중독

사람이나 동물의 장관상재균으로 토양, 하수 등에 널리 분포되어 식품오염의 기회가 많다. 집단급식소에서 잘 발생하며 열에 매우 강하고 공기가 있는 곳에서는 발육할 수 없는 혐기성균이다.

㉠ 원인균

Clostridium welchii(*Cl. perfringens*)이 원인균이며, 식중독의 주원인은 아포가 형성될 때만 생성하는 체외독소(exotoxin)로서 장독소(enterotoxin)이다. 장독소는 열에 약하여 70~80℃에서 1분간에 불활성화 된다.

㉡ 잠복기

이 균에 오염된 식품을 섭취한 후 8~12시간의 잠복기를 거쳐 발병한다.

㉢ 증상

복통과 설사가 주 증상이고 구역질, 구토는 비교적 적으며 발열은 거의 없다.

④ **바실러스 세레우스균(*Bacillus cereus*)**

이 균은 토양세균의 일종으로 사람의 생활환경을 비롯하여 농장이나 야외, 하천 등 자연계에 널리 분포하는 소위 잡균이라고 불리는 세균이다. 따라서 농작물을 위시하여 모든 식품 등에 이 균이 높은 비율로 오염되어 있다. 이 균에 오염된 식품 중에서 산생시킨 독소를 사람이 섭취함으로써 발생한다. 복통과 설사를 주증상으로하는 설사형과 구역질과 구토를 주증으로하는 구토형의 두 종류로 구분된다. 설사형 식중독은 장관내에서 이 균이 증식하는 과정에서 산생되는 설사원성 독소(enterotoxin)의 작용에 의해서 발생되며, 구토형 식중독은 음식물 내에서 산생된 구토독(vomitoxin)을 섭취함으로써 발생된다.

※ 세균성 식중독과 소화기계 전염병의 차이점

세균성 식중독과 경구 전염병은 경구적으로 침입된다는 것은 같으나, 역학적으로 몇 가지 차이가 있다.

- 세균성 식중독은 2차 감염이 거의 없고, 원인식품으로 발병하는 반면, 경구 전염병은 2차 감염이 형성되어 고유 숙주로부터 고유 숙주로 전염되는 전염환이 이루어지는 점이 다르다.
- 경구 전염병은 균량이 적어도 발병되지만, 식중독은 균량이나 독소량이 많이 침입될 때 식중독을 일으켜서, Salmonella 균은 적어도 1,000만 마리 이상의 침입으로 식중독을 일으킨다.
- 식중독은 전염병보다 잠복기간이 짧고 면역이 잘 형성되지 않는다.
- 경구 전염병이나 식중독은 겨울철보다 여름철에 많지만 연령별로 보면 이질은 약년자층에 많고, 장티푸스는 장년층에 많은데 식중독은 이와 같은 연령에 의한 역학적 특성이 없다.
- 전염병의 병원체는 주로 인체 내에서 잘 증식하며, 식중독 원인균은 주로 음식물 중에서 잘 증식하는 특성이 있다.

(2) 식품첨가물에 의한 식중독

식품의 상품적 가치의 향상, 기호성 증진, 보존, 영양강화 등 여러 가지 목적으로 식품에 첨가되는 물질들을 총칭하여 식품첨가물(food additives)이라 한다. 우리나라 식품위생법 제2조 3항에서는 "첨가물이라 함은 식품의 제조, 가공 또는 보존을 함에 있어서 식품에 첨가, 혼합, 침윤, 기타의 방법으로 사용되는 물질을 말한다."

고 정의하고 있다.

식품첨가물에 의한 식중독은 식품의 본래 구성성분 이외의 물질의 첨가(첨가물)나 혼입으로 인하여 발생하는 식중독으로 원인물질이 식품에 첨가 또는 혼입되는 과정에 따라 다음과 같이 나누어 생각할 수 있다.

① 불량 첨가물의 사용 : 공업용 색소 및 붕산, Formaldehyde 등 방부제와 유해감미료
② 오용, 고의, 우연 등으로 첨가된 유해물질 : 농약, 수은, 카드뮴 등 중금속
③ 식품의 제조, 저장 등의 관리상 잘못으로 혼입되는 유해물질
④ 기구, 포장, 용기 등의 불량품 또는 유독물질이 함유되어 있는 것을 사용함으로써 오염되는 유해물질

1) 불량 첨가물 및 과량 사용에 의한 식중독

식품첨가물에는 산화방지제, 보존료, 살균료, 착색제, 착향제, 표백제, 팽창제, 감미료, 산미료 등등 다양하다.

① 유해 감미료

설탕의 대용으로 각종 감미료가 많이 출현되어, 이로 인한 중독사고도 많이 발생하고 있다.

㉠ Cyclamate(sodium cyclamate, calcium cyclamate)

최근까지도 허용된 감미료로 사용되었으나 발암성이 있다 하여 사용이 금지되었다.

㉡ p-Nitro-o-toluidine

원래 색소의 원료인데 감미가 설탕의 200배나 되기 때문에 감미료로 쓰였으나 독성이 강해 많은 식중독사고를 일으켜 살인당 이라고까지 불렸다. 주로 위통, 구역, 식욕부진이 오고 심하면 혼수에 빠져 사망하기도 한다.

㉢ Dulcin

여러 나라에서 식품첨가물이 허용되었으나 최근에 독성이 강하기 때문에 전부 취소되어 우리나라에서도 1966년부터 사용되지 않고 있다. 소화효소의 억제작용과 혈액독, 중추신경계 자극 등을 일으키는 것으로 알려져 있다.

② 인공 착색료

착색료는 천연색소인 식물성 색소를 많이 썼으나, 근래에는 주로 tar 색소를 사용하는 경향이 있는데, 과거에 허가 취소되었거나 허용되지 않은 유해성 색소

는 황색계의 auramine(단무지), p-nitroaniline, 녹색계는 malachite blue(해조, 완두콩), 청색계는 methylene blue, 적색계는 rhodanine B(과자류, 빙과류) 등이 사용되는데, 특히 공업용 색소는 식중독의 원인이 된다.

③ **보존료, 살균제**

식품의 보존이나 살균작용을 목적으로 많이 쓰여 질 가능성이 있는 것은 ① 붕산, formaldehyde, methanol, 불소화합물 등이 있으며, ② 표백료에는 rongalite nitrogen, trichloride 등이 있다.

2) 오용, 우연히 첨가된 유독물에 의한 식중독

① **농약**

야채, 곡류, 과실 등에 사용되는 농약의 잔류에 의하여 발생하는 식중독이 많아졌다.

농약에는 비소화합물, 유기인제제(parathion, malathion, diazinon, tetraethyrophosphate (TEPP)), 유기염소제(DDT, r-BHC), 유기수은제 등이 사용되는데, 이들은 신체 각종 기관의 기능장애나 암의 유발 및 환경호르몬 등으로도 작용한다.

② **식품관련 기구, 용기 및 포장**

놋그릇에 생기는 염기성 탄산동이나 구리, 아연, 납으로 되어 있는 식기로부터 식중독의 원인이 되는 경우가 있으며, 합성수지에서 formaldehyde나 phenol의 용출이나 비스페놀 A 등에 의한 식중독 발생의 원인이나 환경호르몬으로의 작용도 있다는 보고가 있다.

③ **유해 금속물질**

㉠ 비소(arsenic)

비소는 독성 금속으로 중독증은 위장염 증상인 구토, 구기, 연하곤란, 설사를 호소하며, 심하면 심장마비 현상이 발생할 수 있는데, 중독량은 5~50 mg이고, 치사량은 0.1~0.3 g이다.

㉡ 납(lead)

납 식중독은 많은 양을 섭취함으로써 발생되는 급성 중독과 소량을 장기간 사용함으로써 발생되는 만성 중독이 있는데, 식품에서는 후자의 경우가 많다.

만성 중독은 피로, 소화기 이상, 지각소실, 사지마비, 체중감소 현상 등이 발생할 수 있으며, 급성에서는 구기, 구토, 위통, 사지마비, 혼수 등을 초래한다. 납이 10% 이상 혹은 안티몬이 5% 이상 함유된 식기는 사용하지 말아야 한다.

㉢ 카드뮴(cadmium)

카드뮴은 '이타이이타이병'을 일으키는 원인물질로 독성이 강한 중금속물질인데, 주로 음료수를 통해서 중독이 발생되지만 식품의 용기, 기계 등을 통하여 혼입됨으로써 식중독의 원인이 될 수도 있다. 증상은 구토, 복통, 설사, 의식장애 등을 일으키며, 만성적인 경우는 신장장애, 골연화증 등의 원인이 되기도 한다.

④ 다이옥신의 식품 오염

Dioxin은 최근 인간이 만들어낸 화학물질 중 가장 독성이 강한 것으로 알려졌다. 한번 환경 중에 유출이 되면 자연분해 미생물에 의해 효과적으로 분해・파괴되지 않기 때문에 지속성을 가질 뿐 아니라 생물체내 축적(특히 지방에 농축)으로 먹이사슬을 형성하기 때문에 동물체내에 지속적으로 축적되어 위생학적으로 문제를 야기 시킨다. 특히 인간은 먹이사슬의 최종 소비자이며, 식육에 의한 다이옥신 노출이 약 90% 이상을 차지하기 때문에 공중보건학적으로 가장 큰 문제가 되고 있다. 수백개의 이성체를 가진 다이옥신은 구조에 따라서 차이는 있지만, 2,3,7,8-tetrachlorodibenzo-p-dioxin(TCDD)의 급독성은 청산가리의 10,000배에 해당하며, 이들 다이옥신은 dioxins, furans 그리고 polychlorinated biphenyls(PCBs)등 급성의 독성 그룹이 3개가 있다. 이들 급성 독성화학 그룹 중에 가장 독성이 강한 dioxin 류는 TCDD이다. 미국의 환경 위생부에서는 75종의 dioxins, 135종의 furans 및 209종의 PCBs가 있음을 보고한 바 있다. Dioxine이 함유된 2,4-D 제초제의 경우 색과 냄새가 없는 고체물질로서 물에 대한 융해도 및 증기압은 아주 낮으며, 유기 용매에 용해되지만 융해성은 그 다지 크지 않고 열화학적으로 안정하며, 미생물에 의한 분해도 거의 일어나지 않는다. 생체 내 영향으로는 내분비기관에 직접독성, 표적기관에 대한 호르몬의 교란 및 acetylcholine esterase 억제에 따른 말초호르몬 대사 장애와 신경계통의 질환 등이 대표적이다. 모든 동물계에서 암, 행동 및 학습 장애, 면역반응 감소, 웅성생식호르몬의 감소, 정자수 감소, 당뇨 및 자궁내막증 등을 야기시키고, 인체에 축적되면 장기간 걸쳐 손상을 주며, 그 축적농도는 아주 미량이어서 10^{-12} 단위로 측정된다.

특히 물고기에 매우 감수성을 나타내어 오대호에 서식하는 송어에서 가장 감수성이 커 송어 알의 치사 범위는 4×10^{-11}이며, 10^{-10}이면 모두 죽게 된다.

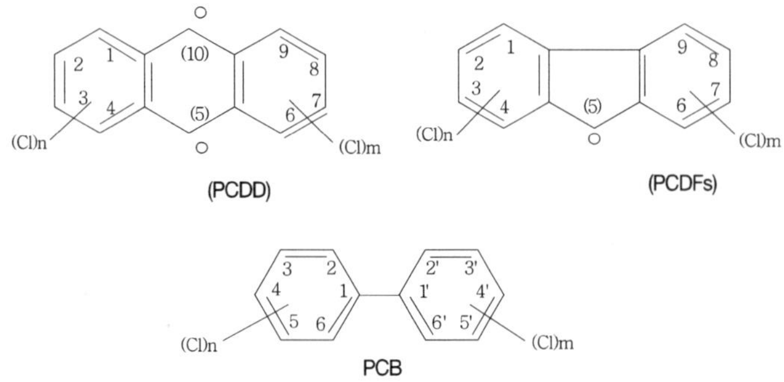

그림 3-3. 다이옥신

㉠ 다이옥신의 인체 축적과정

다이옥신은 주로 염소화합물질의 연소과정에서 발생되는데, 소각장이나 화학공장에서 배출된 다이옥신이 주변의 목초지나 토양에 오염되고 이 목초나 곡물을 소, 돼지, 닭 등의 사료로 이용하였을 때 다이옥신은 이들 가축에 2차적으로 축적된다. 사람은 이들 동물의 육류(특히 지방질 층), 우유, 버터, 치즈, 계란 등을 섭취함으로써 축적되거나, 토양오염을 통해 오염된 콩이나 두부를 비롯한 곡류 또는 오염된 하천이나 바다의 어류를 먹음으로써 3차적으로 인체 내에 축적된다고 보고하고 있다.

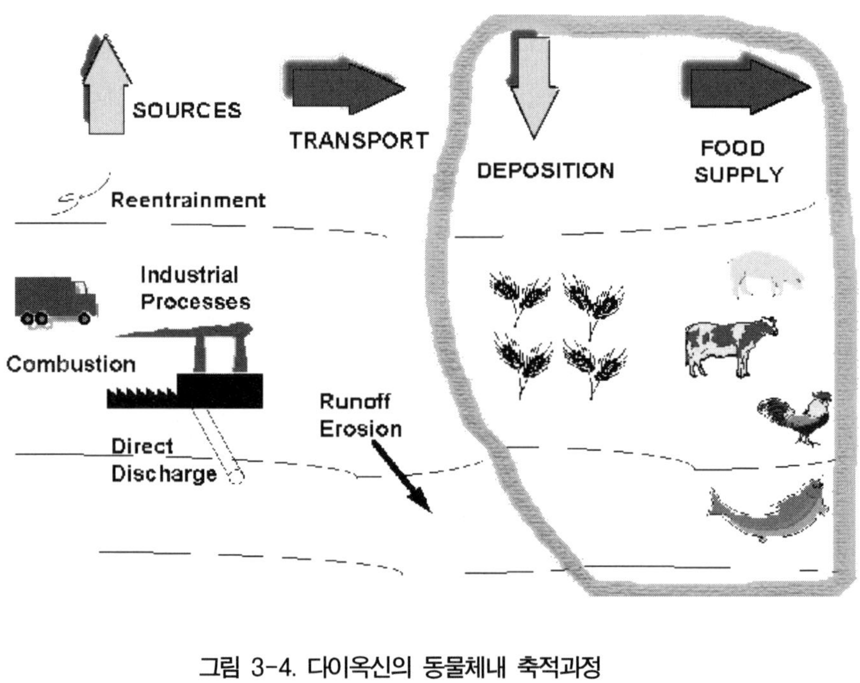

그림 3-4. 다이옥신의 동물체내 축적과정

㉡ 다이옥신의 식품오염 관리대책

다이옥신의 인체 축적을 예방하기 위해서는 다이옥신이 근본적으로 발생되지 않도록 소각시설 등 매연 배출시설들을 엄격히 관리하여야 하며, 목초지, 농토, 하천이나 바다의 오염을 방지하는 노력과 식품재료에 오염되지 않도록 다이옥신 오염기준을 마련하여 생산, 제조, 유통과정을 철저히 관리하는 노력이 중요하다.

식품제조 과정에 혼입된 유해 물질 사건

비소 분유 사건

조제 분유를 먹는 유아가 식욕부진, 빈혈, 피부 발진, 피부의 색소침착, 설사 , 언어장애, 보행장애 등을 일으키다가 사망한 사건이 1965년 일본에서 발생하였다. 그 원인을 조사한 결과 안정제인 인산제이나트륨에 불순물로서 비소가 20~30 ppm 함유되어 있었다.

미강유 중독 사건

일본의 후쿠오카현을 중심으로 색소침착, 피부발진, 발한, 관절 종창 등의 증상을 나타내는 괴병이 1968년에 발생하였다. 조사 결과 미강유의 탈취 과정에서 가열 매체로 사용한 polychlorinated biphenyl (PCB)가 파이프의 미세구멍으로부터 흘러나와 미강유에 혼입되어 일어난 사건으로 밝혀졌다.

(3) 자연독

자연독에 의한 식중독이란 자연식품 자체가 내포하고 있는 유독물질의 섭취로 발생되는 식중독으로서, 동물성 자연독과 식물성 자연독으로 구분되는데, 자연독을 내포하는 상태에 따라 분류하면 다음과 같다.

① 본래 유독물질을 함유하는 것 : 독버섯, 맥각, 석산초, 독꼬치고기
② 어떤 특정 조건하에서 유독물질을 함유한 상태로 있는 것 : 조개류(검은조개, 모시조개), 감, 청매 등
③ 독물질이 한정된 부분에 함유되어 있는 것 : 복어, 감자

1) 동물성 자연독

① 복어 식중독

복어는 우리나라 근해에 40여종 정도가 분포되어 있으며, 그 중 10여종이 식용으로 이용되고 있다. 복어중독은 동물성 자연독 중 가장 많이 발생한다. 복어는 종류에 따로 독성이 각기 다르다.

맹독 – 검복 · 메리복 · 졸복 · 황복 · 섬복 등
강독 – 자치복 · 까치복 · 바실복 · 까칠복 등
무독성 – 밀복 · 꺼끌복 · 가시복 등

㉠ 독성분

복어에 의한 식중독의 원인 독성분은 tetrodotoxin($C_{11}H_{17}O_8N_3$)으로 복어의 난소, 간장, 고환, 위장 등에 많이 함유되어 있으며, 열에 저항이 강해서 100℃에서 4시간을 가열해도 파괴되지 않는다. 중독증상은 식후 30분~5시간 내에 나타나는데, 심한 경우 1~24시간 이내에 호흡곤란으로 사망한다.

㉡ 증상

구순 및 혀의 자각마비, 사지의 운동마비, 언어장애, 호흡근마비 등으로 중추신경 및 말초신경에 대한 신경독을 일으키는 것이 특징이다.

㉢ 예방책

전문조리사만이 요리를 하도록 하며 내장, 난소 부위 등을 먹지 않도록 하고, 유독부위는 철저히 폐기처리 하도록 하여야 한다.

② **조개류 식중독**

㉡ 독성분

조개류는 유독패와 무독패의 구별이 잘 되지 않는데, 조개의 식중독 원인물질은 일반적으로 바다 속의 어떤 해조류에 형성된 독소를 조개류가 섭취함으로써 조개류 체내에 옮겨지는 것이고 조개류 자체가 생성하는 것이 아니다. 모시조개나 바지락 및 굴의 중독의 경우 3~4월에 많이 발생하고, 독성분은 Venerupin으로 알려졌는데, 이것은 100℃에서 1시간 가열하여도 파괴되지 않는다. 검은조개, 섭조개, 대합조개 등의 독성분은 Saxitoxin에 의해 발생하며, 독소는 5~9월 특히 한여름에 독성이 강하다.

㉡ 증상

초기에 전신권태, 구역, 구토, 변비, 두통 등이 있으며 배, 목, 다리 등의 피하에 출혈반점이 생기며, 중증에서는 피하출혈, 토혈, 혈변, 혼수 등이 나타난다.

2) 식물성 자연독

① **독버섯의 독소**

버섯은 식용버섯과 독버섯 등 수천 종이 있으나 그 구별이 곤란한 경우가 많다. 식용버섯은 100여종이 있으나 독버섯의 종류는 약 15종으로 독버섯에는 알광대버섯, 무당버섯, 미치광이버섯, 광대버섯 등이 있다.

주요 독성분은 muscarin, muscaridine, cholin, neurin, phalin 등 여러 가지가 있으나 일반적으로 muscarin에 의하는 경우가 많다.

Muscarin에 의한 중독증상은 식후 2시간 후에 발생하는데, 부교감신경의 말초를 흥분시켜 각종 분비액의 증진, 축동(縮瞳) 등을 일으키고, phalin은 흉통, 경직, 경련, 구토 및 설사 등 콜레라 감염과 같은 증상을 나타낸다.

※ 독버섯 감별법

- 버섯의 살이 세로로 쪼개지는 것은 무독
- 색이 아름답고 선명한 것은 유독
- 악취가 나는 것은 유독
- 쓴맛, 신맛을 가진 것은 유독
- 줄기가 거칠거나 점액 분비되는 것은 유독
- 버섯을 끓였을때 나오는 증기에 은수저를 갖다 대어 흑변되면 유독

② 감자의 독소

감자의 싹이 발아한 부분과 태양에 노출되어 solanin 색소가 많이 형성된 부분은 상당히 아린 맛이 나는데 이 부위에 solanin(C45H73NO15) 색소가 침착되었기 때문이며, 이것은 열에 강한 색소로서 솔라닌 식중독의 원인이 된다. 이 중독의 주요증상은 위장장애, 허탈, 복통, 현기증을 일으키는 것인데 발열증상은 없다.

③ 맥각균의 독소

맥류의 개화기에 발생하는 맥각균(*Claviceps purpurea*)의 기생에 의하여 활동성이 강한 균핵이 생기는데, 이것이 교감신경에 작용하여 위장계 증상과 신경계 증상의 중독을 일으킨다. 맥각균의 독성분은 ergotamine, ergotoxin, ergometrin 등이라고 알려졌다.

④ 곰팡이류 식중독 독소

곰팡이류는 발효식품이나 양조식품의 중요한 자원으로서 이용되어 오고 있지만 어떤 곰팡이류는 식품에서 증식하는 과정에서 생성된 독소가 식중독의 원인이 되기도 한다. 곰팡이류는 식품의 표면에서 서식하는 호기성 미생물이지만 통기성이 높은 식품의 경우는 식품 내부에서 증식하여 독소를 생성한다. 곰팡이독소(mycotoxin)는 농산물의 생육기간 및 저장, 유통 중에 곰팡이가 생산하는 2차 대사산물로서, 열에 안정하여 조리, 가공 후에도 잘 분해되지 않아 오염된 식품 및 원료를 통하여 가축 및 사람에게 건강상의 위해를 나타낸다.

현재까지 밝혀진 곰팡이독소는 200여개로 식품 및 그 원료에 주로 문제가 되는

것은 aflatoxin, ochratoxin, deoxynivalenol, nivalenol, zearalenone, patulin 등이다. 이 중에서 aflatoxin은 식품과 관련하여 가축과 인간에게 가장 치명적으로 작용하는 곰팡이독소로서 현재 17여종의 동족체가 발견되어 있다. aflatoxin은 매우 강력한 간장독소로서 간출혈, 담관증식, 신장출혈 등의 증상이 나타나며, 강력한 발암성 물질로 알려져 있다.

특히 aflatoxin, citreoviridin(황변미독), ergotoxin(맥각균독) 등을 비롯해서 곰팡이 2차 대사물인 각종 mycotoxin은 사람이나 동물에 치명적인 간장독, 신장독, 신경독 등의 중독을 일으키기도 한다.

※ 곰팡이독소의 특징

- 탄수화물이 풍부한 농산물, 특히 곡류에 압도적으로 많다.
- 의심되는 원인식품에서 곰팡이 오염의 증거 또는 흔적이 인정된다.
- 급성 mycotoxicosis에는 계절적인 경향을 볼 수 있다.
  Penicillium 및 Aspergillus속이 생산하는 독소군에 의한 사고는 봄부터 여름에, Fusarium독소군에 의한 사고는 한냉기에 많이 발생한다.
- 사람과 사람, 동물과 동물, 동물과 사람 사이에서는 직접 이행되지 않는다. 즉 감염형이 아니다.
- 곰팡이독소에 의해 가축, 사람에서 나타나는 질병으로 비전염성이며, 발병된 동물에 대하여는 항생제를 사용하여도 치료효과가 미약하다.

표 3-6. 주요 곰팡이독소

곰팡이 독소	주요 중독증	피해동물
아플라톡신 B1 (Aflatoxin B1)	간염, 간암, 급성 지방변성, 간의 면역작용 저해, 장관출혈, 신장출혈 등	사람, 새끼오리, 닭, 메추리, 개, 돼지, 소, 고양이, 양 등
오크라톡신 A (Ochratoxin A)	신장장애(급만성신장염, 신장암 등), 사구체의 기능 저하, 기형, 간장장애(급성지방변성, 간의 면역작용 저해), 장염 등	사람, 개, 새끼오리, 돼지, 닭, 쥐 등
제랄레논 (Zearalenone)	생식기능저하, 불임, 유산, 발정증후군, 생식기능 장애	돼지, 소, 닭, 칠면조, 쥐 등
시트레오비리딘 (Citreoviridin)	신경장애, 심혈관계 손상	고양이 등
시트리닌(Ctrinin)	신장장애	돼지, 개 등
파튜린(Patulin)	운동신경 마비, 부종, 폐출혈, 구토	닭, 고양이, 토끼, 쥐 등
니발레놀(Nivalenol) T-2 toxin	부종, 피부염, 출혈, 백혈구 감소증	소, 돼지 등

⑤ **기타 식물성 식중독 종류**

덜 익은 청매(靑梅)는 amygdalin이라는 배당체가 자기효소인 emulsin에 의해 분해되어 청산이 되어 중독의 원인이 되며, 그밖에 독맥(毒麥)은 밀밭에 혼생하는 1년생 초로서 temuline이라는 alkaloid, 독미나리는 cicutoxin, 오두(烏頭)는 관상용 다년생초로서 aconitine, 오색두(五色頭)는 phaseolunatin이라는 배당체가 원인 독소로 작용한다.

6.3 Mycotoxin의 분류와 종류

(1) 발견균주에 따른 분류

① **식중독 유래 Mycotoxin**

사람이나 가축의 식중독 원인식품에서 직접분리 추출된 물질. Mycotoxin 중 가장 중요한 것으로 aflatoxin, fusarium 독소군, patulin, maltoryzine, sporidesin, psoralen 등이 이에 속한다.

② **오염균주 유래 mycotoxin**

식품이나 사료에 고도로 오염된 곰팡이를 분리하여 인공적으로 배양하고 실험동물에 의하여 독성이 확인된 물질(황변미독, fumonisin)

③ **보존균주 유래 mycotoxin**

식품과는 직접관계는 없지만 1,2에서 mycotoxin의 생산성이 분명해진 곰팡이와 분류학상 가까운 균주를 검색하고 그 대사산물의 독성을 실험동물에 의하여 분명히 한 것. 식품위생상의 중요성은 떨어지나 보존균주 또는 야생균주를 사용하여 새로운 의약품이나 식품을 제조하고자 할 때는 여러 가지 배양조건 아래에서 mycotoxin이 생성되지 않음을 확인해야함

(2) 장애가 일어나는 생체내의 주된 기관이나 부위에 따른 분류

① **간장독(hepatotoxins)**

aflatoxin, sterigmatocystin, rubratoxin, 함염소 peptide, luteoskyrin, ochratoxin 등과 같은 생체에 간경변, 간종양 또는 간세포의 괴사를 일으키는 mycotoxin

② **신장독(nephrotoxin)**

citrinin, kojic acid 등과 같은 신장에 급성 또는 만성의 nephrosis를 일으키는 mycotoxin

③ **신경독(neurotoxin)**

paturin, maltoryzine, citreoviridin 등과 같은 뇌중추 신경계에 장애를 일으키는 mycotoxin

④ **기타**

sporidesmin이나 psoralen 등의 광과민성 피부염물질, zearalenone(발정유인물질), saframine, fusarium 독소류(조혈기능장애물질, 조직출혈 요인물질)

(3) Aflatoxin

① 1960년의 봄, 여름사이 영국에서 수개월간 10만 마리 이상의 칠면조의 떼죽음을 당한 사고
② 수입된 땅콩류에 기생하는 *Aspergillus flavus*의 형광대사산물에 의하여 급성간장장애
③ 곡류저장시 상대습도를 70% 이하로, 곡류 중의 수분은 옥수수 밀 13% 이하, 땅콩은 7% 이하로
④ aflatoxin B1, B2, G1, G2가 가장 중요. 오줌, 대변, 유즙 중에서 발견되는 aflatoxin M1, M2가 있다.
⑤ 이중 식품위생상 중요한 것은 aflatoxin B1 , M1이 있으며 모두 강력한 발암작용을 가짐
⑥ Aflatoxin은 물에 잘 녹지 않으며, 메탄올, 아세톤, 클로로포름에 녹음
⑦ 열에는 강하여 280~300 ℃로 가열하여야만 분해
⑧ 매우 강력한 간장독
⑨ 국제적 허용기준 30 ppb 이하
⑩ 미국 허용기준 aflatoxin B1으로 20 ppb, 식품에서는 10 ppb 이하
⑪ 캐나다 허용기준 3 ppb, 네덜란드 5 ppb, 서독, 영국은 불검출
⑫ 우리나라 허용기준 aflatoxin B1으로 10 ppb, 혼합사료는 20 ppb, 사료원료는 50 ppb 이하

1) 농산물에서의 aflatoxin 오염현황

① 최근 미국의 이상기온과 가뭄으로 인하여 옥수수를 비롯한 많은 농산물이

aflatoxin에 오염되었을 가능성에 대해 우려해 왔다. 실제로 1998년 4월 5일에는 우리나라가 수입한 600만톤 중 400만톤의 옥수수가 aflatoxin이 오염된 것을 확인한 바 있다.

② 우리나라의 경우 곰팡이의 분리는 물론 3.4%의 aflatoxin 오염률을 확인하여 보고한 바 있다. 오염현황에 대한 자료가 외국에 비해 대단히 미흡한 상태이며, 수입곡류를 비롯한 농산물에 대한 조사결과가 발표되지 않고 있는 실정이다.

(4) Ochratoxin

① *Aspergillus ochraceus*의 대사산물로 ochratoxin A(독성이 가장 강력), B, C 의 3종류

② 간장, 신장 독성

③ 자연중독 사례는 아직 없다.

(5) Zearalenone

① *Fusarium graminearum*(Gibberella zeae)의 독성대사산물

② F-2 toxin 또는 FES(fermentation estrogenic substance)

③ 특히 돼지의 중독사고의 원인물질. 돼지의 발정증후(pig estrogenic syndrome (PES)를 나타낸다.

(6) Fumonisin

① 1904년 미국 sheldon에 의해 *Fusarium moniliforme*에 오염된 옥수수를 먹은 가축이 심한 독소 중독현상을 일으킨다는 것이 보고된 이래, 1997년까지 많은 학자들이 이들 속 곰팡이균이 동물실험에서 치명적인 임상결과를 보고하였다.

② 1988년 Gelderblom은 이들속 곰팡이가 산생하는 Fumonisin B1, Fumonisin B2를 분리하여 그 특성을 처음으로 밝혔고, 이후 많은 연구가 이루어지고 있다.

③ Fumonisin은 수용성 물질로서 B1, B2를 비롯한 몇 가지 이성체가 있으며, 그 중 B1의 오염빈도가 가장 높으며 독성이 강한 것으로 보고되고 있다.

1) Fumonisin B1의 독성

말의 뇌백질 연화증(equine leukoencephalomalacia), 말과 돼지의 폐수종을 유발, 쥐의 간암과 병아리에서 간 회저증, 최근 역학조사결과 사람의 식도암과도 밀접한 관련이 있을 것으로 생각됨

아플라톡신의 최초 발견 이야기

1960년 영국 남부 및 동부 지방에 봄에서 여름에 걸쳐 수개월 간 10만 마리 이상의 어린 칠면조가 차례로 죽는 사고가 일어났다. 원인 불명의 이 질병을 칠면조 X병이라 불렀다. 처음에는 칠면조 고유의 병이라 생각하였으나 오리새끼, 꿩 등도 높은 치사율을 나타내는 것이 알려지자 영국 정부의 대책 위원회에서는 연구한 결과 브라질에서 수입한 땅콩박에서 아스페르길루스 플루부스가 번식하며 생성된 독소가 칠면조에 급성 간장 장애를 일으키는 원인 물질로 인정되어 생성 곰팡이의 이름에 따라 이 물질을 아플라톡신이라 명명하였다. 이것이 강력한 천연 발암 물질인 아플라톡신이고 오늘날 곰팡이 연구가 세계적인 문제로 등장하게 된 계기가 되었다.

7. 식품보존

(1) 식품의 부패와 변패

식품을 자연조건에 방치하면, 그 성분이 변화하여 본래의 성질을 잃게 되는데, 주로 영양물, 비타민의 파괴와 향미가 손상되거나 탈수가 되어 식용에 부적합하게 되는 현상을 총칭하여 변질(spoilage)이라 한다. 미생물에 의하여 단백질이 분해되어 아미노산이 되고, 다시 분해되어 amine이나 ammonia가 생성되어 악취를 발생하게 되는데, 이러한 변질을 부패(putrefaction)라 하고, 질소성분을 함유하지 않은 유기화합물로서 당질이나 지방질도 미생물에 의해 변질을 일으키는데, 이와 같은 변질은 변패(變敗 ; deterioration)라 한다. 그러나 음식물의 변질에 있어서, 부패와 변패를 엄밀히 구분할 수는 없으며, 편의상 식품을 구성하는 주성분에 따라서 육류・어패류・계란류 등 단백질이 주성분인 물질의 변질을 부패라 하고, 주류・버터 등의 당류나 지방질이 주성분인 물질의 변질을 변패라 한다. 어류의 부패과정을 예를 들어 보면 사후에는 사후강직이 오고, 그 후 자신이 가지고 있는 각종 효소에 의하여 분해작용이 일어나 근육이 연화되는데, 이런 현상을 자기소화(自己消化)라 한다. 자기소화의 속도는 저온에서는 늦어지기 때문에 냉장을 하면 변질을 지연시킬 수 있다. 그러나 자기소화가 끝나면 부패가 진행되는데, 부패 초기는 호기성균의 번식으로 변색이나 부패취를 발생하고, 이어 혐기성 균의 번식으로 완전히 부패가 이루어진다. 이러한 부패한 식품을 섭취하면 균의 대사물에 포함되어 있는 유해성 amine에 의한 부패성 식중독을 일으킨다. 부패에 관여하는 혐기성균 속에는 Clostridium 속이 있고,

호기성 세균 속에는 Pseudomonas 속, Flavobacter 속, Achromobacter 속, Proteus 속, Bacillus 속, Serratia 속 등 많은 종류의 미생물이 있다.

(2) 식품의 보존

식품의 변질을 방지하기 위해 각종 보존방법이 이용되는데 미생물의 번식을 억제할 수 있는 조건으로 만들거나 미생물을 살균하여 보존하게 되는데, 미생물의 번식과 관계되는 요소는 ① 온도, ② 습도, ③ 영양분, ④ pH 등이 제일 중요한 요소이다. 식품을 보존하는 방법은 물리적 보존법, 화학적 보존법 및 이의 병용처리법 등으로 구분할 수 있다.

1) 물리적 보존법

① 가열법

가열법은 일종의 물리적 소독법으로서 음식물 중의 미생물을 사멸시킴으로써 보존하는 방법이지만, 식품 중의 효소를 파괴하여, 자기소화작용을 저지함으로써 변질을 막는 방법이기도 하다. 일반적으로 포자를 형성하지 않는 미생물은 80℃에서 30분이면 사멸되나 완전멸균을 위해서는 120℃에서 20분 정도가 좋다. 그러나 음식물의 종류에 따라서 가열처리로 음식물 고유의 향미, 비타민, 영양가 등을 손상시킬 수 있기 때문에 주의를 요한다.

② 냉장법(cold storage)

식품을 0~4℃로 보존하는 방법으로 일반 식품의 단기간의 저장에 널리 이용되나 장기간의 보존에는 적당하지 않다. 특히 육류나 어패류의 냉장상태에서 장기보존은 변질되기 쉬우며, 채소류는 -2℃ 이하로 저장하면 조직이 파괴되어 변질되기 쉽다. 특히 호산세균의 경우 냉장온도에서도 발육할 수 있어 냉장상태에서는 식품이 변질될 수 있다. 일반적으로 육류나 조리된 식품은 0~5℃에서, 어패류는 4~6℃에서 저장한다.

③ 냉동법(freezing storage)

냉동은 0℃ 이하로 보존하는 방법을 말하며, 장기간의 보존이 가능한 반면에 식품의 조직에 변화를 주게 된다. 이 방법은 미생물의 증식을 억제시키는 것이고 미생물의 완전한 사멸은 기대하기 어렵다.

④ 건조법 · 탈수법

음식물을 건조한다는 것은 음식물을 탈수된 상태로 만듦으로써, 미생물 번식에 적합한 습도를 제거하여 미생물의 증식을 막는데 그 목적이 있다. 수분이 40%

이면 미생물의 번식은 완만해지고, 15% 정도로 건조하면 미생물의 증식을 억제하면서 음식물의 가치를 손상시키지 않는 적당한 건조라 할 수 있다. 그러나 지나친 습도의 제거나 완전탈수는 변질을 방지할 수는 있지만 음식물로서 가치를 손상시키므로 주의를 요한다.

⑤ **자외선 및 방사선 이용법**

자외선의 살균작용 유효파장은 2,500~2,700Å 사이에서 이루어지며, 식품을 다량 장기 보전하기 위해서 방사선을 처리하기도 한다.

⑥ **기타**

통조림법, 병조림법, 밀봉법 등이 있다.

2) 화학적 보존법

① **방부제의 첨가법**

방부제는 허용된 첨가물을 쓰도록 하여야 하며, 그 사용량도 허용량을 지켜야 한다. 방부제는 독성이 없고, 미량으로 효과가 있어야 하며, 무미·무취해야 하고 식품에 어떤 변화가 없는 것이어야 한다.

② **소금·설탕절임법(salting and sugaring method)**

음식물에 소금이나 설탕을 고농도로 첨가하면 미생물의 발육을 억제할 수 있는데, 탈수작용과 염소이온의 직접적 작용 등에 의해 보존되는 방법이다. 일반적으로 10~20%의 소금, 40~50%의 설탕절임법이 이용되지만 식염내성균도 있으므로 절대적인 보존법이라 할 수는 없다.

3) 물리 화학적 보존법

① **훈연법(smoking method)**

주로 육류, 어류의 보존법으로 이용되는데, 대부분 소금절임에 의한 탈수작용이나 가열처리 후에 훈연하는 방법이다. 연기 속에 formaldehyde, acetone 및 개미산 등이 있어 살균작용을 하는 것인데, 근래에는 훈연액을 만들어 햄, 베이컨, 조개 등에 사용하기도 한다.

② **기타**

그 밖에도 조미료의 첨가나 산의 첨가방법 등이 이용되며, 유산균의 이용으로 치즈, 발효유 등의 형태로 보존하는 생물학적인 보존방법도 있다.

8. 식품위생행정

(1) 예방행정 강화

식품위생행정은 모든 보건행정 중에서 가장 중요한 행정활동이다. 식품은 생명과 건강 유지를 위해 절대 불가결한 요소이지만 불량식품, 비위생적 식품 및 유해식품은 건강은 물론 생명 유지에도 직결되기 때문에 식품위생행정은 어떤 보건행정보다도 중요한 활동이다. 따라서 식품위생행정은 사후관리보다는 예방행정이 이루어지도록 최선을 다하여야만 한다.

위생관계법의 강제집행이나 단속행정보다는 식품위생에 관한 보건교육 활동을 강화해야 하며, 국제화 시대를 맞아 수입식품에 대한 식품검역을 철저히 수행하는 일은 내국인의 피해를 예방한다는 점에서 대단히 중요한 과제가 되었다. 부정식품이나 불량식품의 생산이나 유통을 방지하는 철저한 관리 행정활동이 필요하며, 식품을 통한 각종 전염병, 기생충 질병 및 식중독 등을 미연에 방지하는 노력이 중요하다. 식품과 관련되는 기계, 기구, 시설, 용기, 포장 등과 식품의 원료, 첨가물, 제조과정, 조리과정, 보존방법, 유통과정 등에서 발생할 수 있는 각종 문제점을 배제하기 위한 예방 행정인 노력이 필요하다.

(2) 식품위생행정의 과학화

식품행정의 과학화를 위해 1998년에 출범한 식품의약품안전청은 식품위해요소중점관리기준(Hazard analysis critical control point ; HACCP)을 적용하는 노력을 강화하기 시작했다. HACCP 제도의 개발은 1959년 미국우주계획에 참여한 한 식품제조회사가 우주식품의 100% 안전성을 확보하기 위하여 시작되었으며, 국제식품규격(CODEX)은 각국에 이를 적용할 것을 권고하였다. 즉 최종 식품의 검사로 완전한 안전성을 확보하는 것은 너무 많은 검체가 필요하다는 것을 알게 됨으로써 도입된 것이다. 식품행정의 과학화를 위해 HACCP 제도는 식품의 원료에서부터 제조, 가공, 유통 및 소비에 이르기까지 모든 단계에서 인체에 위해한 요소를 공정별로 분석하여 이를 중점 관리하는 예방적 위생관리 제도이다.

1) HACCP 제도의 장점

HACCP 제도는 해당 식품으로 인한 식중독이나 질병발생의 경우 그 원인과 책임을 분명히 할 수 있기 때문에 식품위생행정에 반드시 도입 운영될 필요가 있다. HACCP 제도의 이점은 ① 식품의 안전성을 높일 수 있고, ② 식품산업의 국제적

경쟁력을 지니게 할 수 있으며, ③ 식품산업의 과학화와 질적 향상 및 ④ 식품의 안전사고도 최소화 할 수 있다.

2) HACCP 제도의 적용

HACCP 제도는 미국, 일본, 캐나다, 유럽 연합 등 선진 각국이 채택하고 있으며, 우리나라도 1995년 식품위생법에 HACCP 제도의 근거 조항(제 32 조 2항)을 신설하는 것을 시작으로 1997년 식육가공품(햄, 소시지류), 1998년 유가공품(우유, 발효유), 1999년 어육가공품(어묵류, 어패류의 조미 가공품) 등에 적용하고 있다. 또한 농림부는 2000년 7월부터는 도축장까지도 적용하고, 2003년부터는 모든 유제품 취급업체도 의무화하도록 그 적용 범위를 확대해가고 있다.

(3) 식품위생관리 주요 내용

① 식품제조 시설 및 식품영업소의 위생관리
② 식품위생 감시 및 대민 홍보사업의 강화
③ 계속적인 식품위생검사 및 연구기능의 활성화
④ 부정식품의 근절 및 불량식품 유통의 관리 등 법의 강제적 집행과 자발적인 실행의 장려
⑤ 식품취급자의 건강진단 및 위생교육의 강화
⑥ 식품의 위생관리를 위한 규격과 성분규격의 제정 및 관리
⑦ 식품제조업소에서 생산되는 식품의 품질관리 및 종업원의 위생관리를 위한 위생관리인제도의 강화
⑧ 수입식품의 철두철미한 검역활동 및 위생검사의 철저 등

(4) 식품위생관리인의 주요 직무

산업장의 위생관리인은 ① 식품의 표시기준의 적부확인, ② 식품원료 및 제품의 출하 전 확인검사, ③ 사용하는 기구, 용기, 포장의 규격기준의 적합여부 검사, ④ 종업원의 건강진단 및 위생교육, ⑤ 위생 및 품질관리일지 작성 등의 직무를 충실히 수행하는 것이 중요하다.

9. 우유의 위생

(1) 우유의 살균

1) 저온살균

① 보온법 : 62.8℃에서 30분간 가열

② 고온단시간법(HTST) : 71.7℃에서 15초간 살균

③ 원리

- 우유 자체에는 최소한 영향을 미치며, 우유 중에 혼입할 수 있는 병원균은 모두 살균처리하도록 한 우유의 소독법
- North's curve : cream line 손상없이 결핵균 파괴(*Coxiella burnetii*가 내열성 가장 높다.)
- 지방, 설탕의 함량이 높은 유제품은 5°F 더 올리도록
- Vitamin C 20~50% 감소됨, 우유 속의 세균 90% 이상 감소

2) 초고온 멸균법

① 130~150℃ 범위에서 최소 1초 이상. '상업적으로 멸균된 우유'

② 멸균효과 시험에는 *Clostridium sporogenes*나 *Bacillus coagulans*의 아포를 접종

③ β-lactoglobulin의 변성으로 유화수소의 냄새와 비슷한 가열취는 2~3일 저장 시 소실

④ 1개월간 저장이 가능

⑤ phosphatase는 불활화되나 다시 활성화

⑥ 비타민 A, D, B2, pantothenic acid, nicotic acid, linolic acid와 같은 다가불포화지방산의 일부가 소실

⑦ 가열방법

- 직접증기가열 : 우유에 증기 주입 방법. 증기가 충만된 가열실 속으로 우유를 분사하는 방법
- 간접가열방법 : 평판식과 튜브식

(2) 원유 및 유제품 검사법

1) 관능검사

① 충분히 교반한 후 깨끗한 시험관에 10 ml 정도의 시료를 취하여, 밝고 냄새가 없는 장소에서 실시

② 목적 : 관능에 의해 우유의 향, 미, 색조, 응고물, 먼지 및 이상유 등을 검사

2) 비중측정

① Quevenne's lactometer를 사용하여 측정값을 우유온도 15℃에서의 수치로 환산

② 목적 : 우유의 가수, 유지, 기타 부정유 검출에 도움

3) 지방측정

① Gerber법, Babocock법 또는 Rose-gorllieb법으로 실시

② 자동탁도측정법 : Milkotester, Anritsu Milk checker 사용

4) 산도측정

① 목적 : 우유, 유가공품의 신선도를 검사하는 방법

② 중화적정법 : 0.1N NaOH로서 적정하여 중화한 유산 %를 산출
유산(%) = 「0.1N NaOH 적정량(ml) × f0.009/시료의 채취량(g)」 × 100

5) 알코올시험

① 목적 : 우유의 가열에 대한 저항성을 보기 위하여 사용

② 10~15℃의 70%(V/V)에탄올과 시료 유를 동량으로 혼합하여 4~5초 후에 응고물의 유무 정도를 조사

6) 진애시험

일정량의 생유 중에 함유되어 있는 Sediment disc상의 이물(털, 곤충, 짚, 사료, 흙, 모래)의 유 무, 수량을 조사

7) Resazurin 시험

Resazuin(적자색)의 환원정도로서 간접적으로 우유 중 세균수를 추정하는 방법

8) TTC 시험

① 목적 : 세균 발육 억제물질 잔유량을 검출

② 방법 : 시험관에 시료 9 ml를 취한후 80℃에서 5분간 살균 후 37℃로 냉방하여 *Streptococcus thermophilus* 510 배양액 1 ml를 혼합하여 37~38℃ Water bath에 2시간 배양한후 TTC시약 0.3 ml를 혼합하여 30분간 배양

③ 판정 : 양성 (유백색), 의양성(복숭아색), 음성(적색, 방부제 함유 안된 것)

9) Phosphatase 시험

① 목적 : 생유가 정확히 가열처리공정을 거쳤는지의 여부를, 또는 가열살균유에 생유가 흘러 들어갔는지의 여부 판정

10) 세균수 검사

① SPC(표준한천평판)법에 의해 검사 (배양온도 30℃에서 72시간 배양)

② 일반 세균 추정 기준 : 1ml당 100만 이하

11) 체세포수 검사

① 직접 현미경검사, Coulter counter, Fossomatic 및 Somacount

② 허용농도 : 75만개/ml 이하

③ 대표적인 체세포 : 백혈구, 상피세포

(3) 우유 중의 생균수(SPC)

위생상태 직접 반영(유우의 위생상태, 착유 system의 청결, 유방염)

① 우군 중 유방염우의 비율

② 우군 중 비유후기우 비율

③ 착유인의 위생

④ 소와 착유기의 위생

⑤ 착유꼭지의 상태

⑥ 착유기 펌프의 밀봉상태

(4) 우유 중의 체세포(SCC)

일반적으로 불현성 유방염의 지표

① 원유의 1차오염의 지표
② 정상적인 상피세포
③ 감염시 나타나는 염증성 백혈구 등 모든 세포
④ 유방의 감염으로 염증
⑤ 생균수와 체세포숫자는 불가분의 상관관계

10. 식품첨가물

(1) 식품첨가물의 정의

식품의 상품적 가치의 향상, 기호성 증진, 보존, 영양강화 등 여러 가지 목적으로 식품에 첨가되는 물질들의 총칭.

'식품첨가물이란 식품의 외관, 향미, 조직 또는 저장성을 향상시키기 위한 목적으로 보통 적은 양이 식품에 첨가되는 비영양물질' - FAO WHO 합동전문위원회(Joint FAO and WHO Expert Commitee on Food Additives)

(2) 식품첨가물의 안전성

식품첨가물의 안전성은 동물에 대한 독성시험을 실시하여 판단한다.

① 급성독성시험 : LD_{50} 측정 및 급성중독증상
② 아급성독성시험 : 투여량 결정
③ 만성독성시험

(3) 식품첨가물의 사용기준

하루의 섭취허용량(acceptable daily intake, ADI) : 가급적 큰 동물에 대한 장기간(적어도 2년 이상)의 만성독성시험에서 완전히 무독성이 인정되는 최고섭취량으로 최대안전량(maximum no effect level, MNL, mg/kg/day)을 먼저 정하고 이 값에 FAO/WHO에서 인정하는 각 식품첨가물에 대한 안전계수(보통 100~200)로 나누어 그 양을 결정한다.

(4) 식품첨가물 각론

1) 보존제(chemical preservatives)

① 식품의 변질 및 부패를 방지하고 식품의 영양가와 신선도를 유지시켜 주는 물질

② 우리나라에서 보존제로서 사용이 허가된 화합물을 크게 분류하면 다음과 같이 나눌 수 있다.

㉠ dehydroacetic acid 및 그 유도체

㉡ 지방산 및 그 염류

㉢ benzoic acid와 그 염 및 에스테르류 등

2) 살균제(bacteriocides)

① 음료수, 식기류, 손 등의 소독에 사용된다.

② 독성 때문에 사용이 금지된 살균제 – nitrofurazone, nitrofuryl acrylamide 등

3) 착색제(coloring agents)

① 우리나라에서 허가된 착색료는 타르계 15종, 비타르계 7종

② 천연색소는 극히 불안정하여 색을 그대로 보존하기 매우 어렵다.

4) 발색제(color fixative)

① 식품에 첨가하였을 경우 식품 중의 성분과 반응하여 색을 안정화시키는 물질

② 식육제품, 어육제품, 경육 : 질산염 및 아질산염

③ 야채나 과실제품 : 황산철이 주로 사용

5) 산화방지제(antioxidants)

① 산화변질의 방지를 위하여 공기와의 접촉을 방지하는 방법과 산화방지제를 식품에 첨가

② 항산화제 : 유지의 산화속도를 억제하여 주는 물질

㉠ 자연항산화제 : 유지나 유지식품에 자연성분으로 원래 존재

㉡ 합성항산화제 : 유지성분의 산화를 억제, 유지식품의 저장성의 개선을 위한 목적으로 첨가

③ citric acid, tartaric acid, 인산, phytic acid, ascorbic acid, isoascorbic acid 등과 같은 산성화합물들은 항산화제의 효과를 증진시켜 주는 상승제가 된다.

6) 조미료(seasoning)

① 현재 우리나라에 허용되어 있는 것은 15종

② 핵산계 : sodium 5'-inosinate, disodium 5'-guanylate, disodium 및 calcium 5'-ribonucleotide

③ 아미노산계 : monosodium L-glutamate, DL-alamine, glycine

④ 유기산계 : L-주석산나트륨, DL-주석산나트륨, 구연산나트륨, DL-사과산나트륨, 호박산나트륨, 호박산

7) 감미료(non-nutritive sweeteners)

우리나라에서 허용되는 감미료 : Di-Tri-sodium glycyrrhizinate, D-sorbitol, stevioside, Aspartame

8) 산미료(acidulents)

우리나라에서 사용 허가된 산미료 : 구연산, 빙초산, 사과산, 젖산, 주석산, 초산, 푸마르산, 글루코노델라락톤, 인산, 푸마르산나트륨, 아디핀산, 이산화탄소

9) 화학팽창제(leavening agents)

① 단제식 : $NaHCO_3$, NH_4HCO_3, $(NH_4)_2CO_3$ 사용하기 간단하나 이산화탄소의 발생량이 적으며 빵이나 과자류의 풍미에 나쁜 영향을 줄 가능성이 크다.

② 복제식 : 알카리성의 중탄산나트륨에 산성물질로서 유기산류, 산성인산염, 알루미늄화합물 등을 가하여 양자에 발생되는 가스를 이용하는 것

10) 호료(점착제, pasting & binding agents)

식품의 점도를 증가시키고 교질상의 미각을 향상시킨다.

11) 유화제(emulsifiers)

서로 섞이지 않는 재료들이 잘 혼합되도록 도와준다.(=계면활성제)

12) 표백제(bleaching agents)

① 색깔이 있는 물질을 화학적으로 분해하여 무색으로 하기 위하여 사용

② 산화제를 사용하는 방법과 환원제를 사용하는 방법이 있다.

13) 소맥분개량제(flour improving agents)

밀가루의 표백과 숙성

14) 강화제(fortifying agents)

① 영양성분을 보충 및 회복시키는 첨가제

② 우리나라에 허가 : 비타민류 30종, 아미노산류 13종, 철제 8종, 칼슘제 11종, 기타 3종

15) 착향료(flavoring agents)

천연향료와 합성향료

16) 품질개량제(texture modifying agents)

식품의 탄력성, 보수성과 팽창성을 증대

17) 껌기초제 · 피막제 · 소포제 · 방충제 · 용제 · 비중조정제 등

Chapter 4 축산 식품 위생관리와 도축 위생

1. 축산 식품 위생관리

1.1 식육위생

(1) 식육위생의 중요성

식육을 섭취함으로써 일어날 수 있는 각종 위해요소에 대한 예방에 그 중요성이 있다.

직접적인 1차적 위해는 식용으로 하는 동물의 전염성 질병이 사람과 공통성의 것일 경우이고 간접적인 2차적 위해 원인은 식육의 생산, 저장, 소비라고 하는 식품 유통시스템 중에서 그 관리의 불량 등이다.

(2) 식용동물의 종류

주로 식물을 소모하여 고기를 생산하는 동물로 기술되며, 축산물가공처리법상 소, 말, 돼지, 닭, 오리 그리고 기타 동물로 사슴, 토끼, 칠면조, 거위, 메추리, 꿩 등이 있다.

(3) 식육의 이용 현황

국민 영양, 체위 향상, 국력 신장 등의 목적으로 식육 및 육제품의 생산과 그 소비가 증대되었으며, 쇠고기의 경우 1인당 6.0 kg을 소비, 돼지고기는 식육소비량의 54%를 차지하며, 1인당 14 kg을 소비한다.

(4) 도축 식육

도축검인은 도축 후, 이분 체에 한우는 적색, 육우는 녹색 그리고 젖소는 파란색 도축검인을 찍는다.

1) 소의 지육률(carcasses)

① 소의 생체 중에 대해서 머리와 내장, 혈액, 피부, 지방 등을 제거한 나머지에다 신장을 붙여서나오는 체중의 비율

② 좋은 품종에서의 지육률은 50~70% 정도

2) 소의 성별과 연령 그리고 거세의 여부와 시기에 따른 분류

① Bull : 거세하지 않은 수소(수컷소)

② Heifer : 아직 새끼를 낳지 않은 처녀 소

③ Cow : 새끼를 낳아본 암소

④ Steer or Bullock : 낳아서 6~12주 정도일 때 거세를 한 수소

⑤ Stag : 시기적으로 늦게 거세를 한 수소

3) 돼지의 지육률

① 돼지의 생체 중에 대해서 내장과 피부, 혈액 등을 제거한 나머지에다 머리와 신장을 붙여서 나오는 체중의 비율

② 좋은 품종에서의 지육률은 75% 이상

4) 돼지의 성별과 연령, 그리고 거세의 여부와 시기 따른 분류

① Boar : 거세하지 않은 수돼지

② Hog : 낳아서 6~8주 정도에 거세한 수돼지

③ Stag : 시기적으로 늦게 거세를 한 수돼지

④ Rig : 고환의 한쪽이 복강 내에 정체되어 있는 수돼지

⑤ Gilt : 아직 새끼를 가지지 않은 처녀 돼지

⑥ Sow : 새끼를 가져본 암돼지

1.2 축산식품의 위생관리 원칙

① 식육동물의 생산(질병 예방프로그램)과 도축장 수송과정(스트레스 방지)의 위생

관리

② 축산물에 존재할 수 있는 위해에 관한 정보 분석 및 활용 : 생물학적, 물리적 및 화학적 위해 분석

③ 생산, 도축, 해체, 가공, 저장, 유통에 관한 위생적인 시설과 장비 유지 : 주기적인 세척 및 소독, 적절한 환기, 해충구제

④ 도축 및 가공과정의 위생관리 : 분변오염 방지, 적정온도 유지, 위생적인 물 공급

⑤ 축산물위생 검사활동 및 검사를 위한 적절한 시설 제공 : 이상 및 부적합 축산물의 정상축산물에 오염방지

⑥ 세척 및 위생처치에 사용되는 화학물질의 안전관리 : 승인된 화학물질 사용, 안전한 농도 사용 및 보관

Monvoisin이 제시한 냉장 3원칙

① 신선원료의 초기오염을 될 수록 억제시킨다.
② 중온미생물의 발육을 억제하기 위하여는 될수록 빨리 냉각
③ 신선원료의 가공에서 제품의 소비에 이르기까지의 cold chain 지속

1.3 축산식품과 미생물

식품 중 미생물 기준은 기생충을 포함한 미생물의 유무 또는 부피, 중량, 면적 또는 롯트 단위당 미생물, 독소/대사물질의 양을 근거로 한다.

(1) 식품 중 미생물 기준의 구성요소

① 관련 미생물 및/또는 그들의 독소/대사물질과 문제가 되는 원인에 대한 설명.

② 그들의 검출 및/또는 정량을 위한 분석방법.

③ 현장에서 채취할 시료수, 분석단위의 크기를 정하는 계획.

④ 식품제조유통의 각 단계마다 식품에 적절하다고 판단되는 미생물 기준(limit) 및 이 기준에 적합한 분석단위 수

⑤ 미생물기준에는 다음 명시
기준 적용대상 식품, 식품제조유통 단계, 부적합시의 조치방법

(2) 미생물 검사방법 및 기준

① 통계적으로 설정된 신뢰도(정확도, 재현성, 실험실간 편차 등)가 있는 방법만 사용
② 기준은 해당식품에 적합한 미생물 자료를 근거로 하며, 유사한 제품에도 적용가능
③ 기준에서 특정 미생물의 검출을 허용하지 않는다면, 분석단위의 크기와 수가 제시

(3) 오염지표세균(Indicator organisms) 기준

식품 중 병원세균이 적고 오염균이 많은 경우에는 원인균 분리 및 증명이 어렵다. 따라서 식품중의 세균수를 검사하는 것은 병원균의 증식을 가능하게 하는 조건에 식품이 노출된 것을 의미하며, 오염지표세균검사를 통하여 식품의 미생물학적 품질과 안전성을 평가할 수 있다.

1) 호기성 중온세균(Aerobic mesophilic bacteria)

- 발효식품을 제외하고 식품중에 다수의 균이 존재한다면 위생적으로 불안전한 것으로 간주된다. 즉, 원료의 오염, 불만족스러운 위생관리, 생산/저장기간 동안의 부적절한 온도 및 시간조건에 노출을 의미한다.
- 만약 균종이 중온세균(35~37℃)이라면 다수의 병원균이 존재할 수 있다는 것을 의미한다.

2) 지표세균

- 총균수(Total bacteria count) : 생균/사균, 가열전 위생상태 파악
- 생균수(Total viable bacteria count) : 위생상태의 척도
- 대장균수 : 분변오염지표균
- 대장균군수 : 근본적인 분변오염을 의미하는 것은 아니며, 위생지표 로서 공정 중 오염 및 증식기회가 있었음을 의미한다.
- 장구균(Enterococcus group) : 대장균과의 상관관계가 높지 않아 분변오염지표로 많이 사용하지 않으나, 식품제조공장의 분변오염의 위생정도 지표
- *Streptococcus salivarius* : 구강오염지표
- 황색포도상구균 : 제조시 손, 피부, 코, 입, 기구로부터의 오염지표
- 클로스트리디움균 : 통조림제품의 부적절한 열처리 지표, 가열 후의 적정냉각 지표

- 살모넬라균 : 식육제품에 관련한 식중독균의 오염지표

3) 병원성 미생물

식품 중의 위해는 크게 3가지로 구분하며, 즉 화학적 위해, 물리적 위해 및 생물학적 위해이다. 이중에서도 식중독의 예방을 위한 HACCP제도 실용화에서 가장중요시 되는 부분은 생물학적 위해의 병원성미생물의 방제가 가장 중요시 되고 있다. 주요 병원성미생물로서는 *Bacillus cerus, Campylobacter jejuni, Clostridium botulinum, Clostridium perfringens, Escherichia coli* O157 : H7, *Listeria monocytogenes*, Salmonella spp., *Staphylococcus aureus, Yersinia enterocolitica* 등의 병원성 미생물이 있다.

(4) 국내 축산물 가공품별 기준 및 규격

축산물 가공품별로 기준 및 규격은 차이가 있으므로 축산물의 가공기준 및 성분규격(농림부고시)에 준하여 검사하여야 한다.

1) 유가공품(예 : 우유류)

- 세균수 : 1 ml당 20,000 이하(멸균제품의 경우 55℃에서 1주 또는 37℃에서 2주관 보관후 표준평판법에 의할 때 음성이어야 한다. 단, 유산균 첨가제품의 경우 유산균수를 제외한다.)
- 대장균군 : 1 ml당 2 이하(멸균제품의 경우 음성이어야 한다).
- 유산균수 : 1 ml당 1,000,000 이상(단, 유산균 첨가제품에 한한다).

2) 식육가공품(공통사항)

- 대장균군 : 음성이어야 한다(다만, 베이컨 및 비가열식육가공품은 제외한다).
- 세균수 : 음성이어야 한다(다만, 멸균식육가공품에 한한다).
- 대장균 O157 : H7 : 음성이어야 한다(원료용 분쇄육에 한한다).

3) 알가공품

- 대장균군 : 1 g당 100 이하(살균제품에 한하며, 피단의 경우에는 음성이어야 한다).
- 세균수 : 1 g당 10,000 이하(살균제품에 한한다).
- 살모넬라균 : 음성이어야 한다(살균제품 및 피단에 한한다).

(5) 국내 도축장(도체)에 대한 권장기준

구 분	일반세균수 (CFU/ml, cm^2)	대장균수 (CFU/ml, cm^2)	살모넬리균
소 돼지 닭	10^6 이하 10^6 이하 10^6 이하	10^2 이하 10^4 이하 10^4 이하	연속 2회 검출시 권장기준 위반

2. HACCP (위해요소중점관리기준)

(1) HACCP의 정의

HACCP이란 Hazard Analysis Critical Control Point의 약칭으로 '식품의 위해요소 중점 관리'로 번역되어진다. 이 제도는 식품제조·가공공정의 모든 단계에서 위해를 끼칠 수 있는 요소를 공정별로 분석하고, 각 과정에서 이들 위해물질이 해당식품에 혼입되거나 오염되는 것을 사전에 방지하기 위하여 이를 중점적 관리하는 예방적 위생관리 체계로서, 식품의 안전성을 최대한 확보하기 위하여 개발된 집중적 관리방식이다.

축산물의 안전성 확보를 위해서는 도축장, 축산물가공장에서의 위생관리 뿐만아니라 농장에서부터 식탁에 이르기까지 전 식품체인을 통해 위생적으로 관리되어야 한다. 이중에서도 도축장 및 축산물가공장에서의 위생관리는 안전 축산물 생산에 가장 중요하다고 할 수 있다.

우리나라는 경제성장과 국민의 소득 증가로 인하여 생활양식에 큰 변화가 일어나고 있으며 그 가운데 식생활은 핵가족화, 여성의 사회 진출 등과 관련하여 간편함과 편리성을 추구하는 방향으로 나아가고 있다. 이러한 추세에 맞추어 식품산업도 더욱 다양화되면서 급속히 발전해 가고 있으나 아직까지도 소비하고 있는 식품의 안전성을 완전히 신뢰하지는 못하고 있는 실정이다. 현재 식품위생·안전관리 체계는 정부 7개 부처로 분산되어 관리되고 있으며, 식품관련 법률의 일원화가 어려워 식품 안전성에 대한 위험성은 높은 실정이다. 또한 시설중심의 관리방식과 최종제품을 무작위 채취하여 검사하는 현행 식품위생검사 방법으로는 안전한 식품의 생산을 사전에 방지할 수 없다는 한계를 가지고 있다.

이러한 문제점을 보완할 수 있는 대안으로 HACCP이라는 개념이 식품산업에 도입되기 시작하였다.

그림 4-1. HACCP 인증 마크

HACCP은 가축의 사육, 도축, 가공, 포장, 유통의 전과정에서 축산식품의 위생에 해로운 영향을 미칠 수 있는 위해요소를 분석하고, 이러한 위해요소를 방지·제거하거나 안전성을 확보할 수 있는 단계에 중요관리점을 설정하여 과학적·체계적으로 중점관리하는 사전위해관리 시스템이다.

HACCP은 "Hazard Analysis Critical Control Point"의 약자로 「해씹」이라고 발음하고 「위해요소중점관리기준」으로 통칭하고 있다.

HACCP은 위해분석(HA : Hazard Analysis)과 중요관리점(CCP : Critical Control Point)으로 구성되어 있다. HA는 위해 가능성이 있는 요소를 전공정의 흐름에 따라 분석·평가하는 것이고, CCP는 확인된 위해 중에서 중점적으로 다루어야 할 위해요소를 의미한다. HACCP은 전 공정에서 CCP를 설정하여 각 CCP의 지점에서 설정된 기준에 따라 이를 관리하여 해당 위해를 사전에 예방하며 식품의 안전성을 확보한다.

HA 위해요소 분석

원료와 공정에서 발생·혼입 가능한 생물학적·화학적·물리적 위해요소를 파악·분석하는 과정

- 생물학적 위해요소 : O157 : H7, 살모넬라, 리스테리아 등 병원성 미생물
- 화학적 위해요소 : 동물약품, 농약, 다이옥신 등 화학물질
- 물리적 위해요소 : 털, 쇠붙이, 주사바늘 등 이물질

\+

CCP 중점관리점

위해요소를 예방·제거 또는 허용가능수준 이하로 감소시켜 축산물의 안전을 확보할 수 있는 단계·과정 또는 공정

- 제품생산시 온도관리(살균·멸균공정온도, 보관온도) 등을 통한 병원성 미생물의 증식억제·감소
- 금속검출기 관리를 통한 금속이물 혼입을 제품에서 배제

그림 4-2. HACCP의 구성요소

HACCP체계에 의한 축산물의 위생관리제도는 FAO/WHO 합동 축산물규격위원회(Codex Alimentarius Commission)의 지침서에 근거한 기본개념으로써 최근 선진국의 축산물위생관리에 활용되고 있는 종합적인 자율규제방법이다.

이 제도는 축산물의 원료관리, 처리 가공 및 유통의 각 단계에서 발생할 수 있는 위해요소를 분석하여 중점관리 할 수 있는 기준을 정함으로써 유해한 물질이 축산물에 혼입, 오염되는 것을 방지함을 목적으로 하고 있다. 모든 축산물작업장들은 HACCP제도의 실행을 위한 기초단계로 자체적인 위생관리기준(Sanitation Standard Operating Procedures : SSOP)을 선행프로그램으로 수행하여 우량제조기준(Good Manufacturing Practices : GMP)과 표준작업기준(Standard Operating Procedures : SOP)을 마련한다. GMP는 축산물을 가공·처리하는 모든 회사들에 적용 가능한 최소한의 위생적 처리과정의 요구조건이고, SOP는 작업장의 중요한 작업과정을 수행하기 위한 단계별 관리지침으로서 작업과정을 수행하고 관리하는 방법을 구체적으로 기술하여야 한다. 위생관리기준(SSOP)은 위생적으로 적절하게 적용되고 있음을 확인하기 위하여 정기적으로(예를 들면 매일) 평가되어야 하며, 또한 위생관리를 보장하기 위해서는 필요시 수정하여야 한다.

(2) HACCP 역사

HACCP 제도는 1959년 우주개발계획 중 우주인에게 무결점 식품을 공급하기 위한 美 항공우주국 (NASA)의 요청으로 식품회사에서 처음으로 도입하였다. 이후 미국에서 병원성대장균 O157 : H7에 의한 식중독이 폭발적으로 발생하고 식품에서의 위해 요인이 증가하면서 HACCP 제도가 식품위생 및 안정성 확보를 위한 대안으로 정립되어 왔다.

최근 세계 각국은 식품의 안전성 확보를 위해 HACCP을 이미 도입하였거나 도입을 서두르고 있다. 특히 1993년 7월 FAO/WHO의 CODEX(국제식품규격위원회) 제20차 총회에서 "HACCP 시스템의 적용 지침"을 채택하여 각국에 HACCP 도입을 권고함에 따라 HACCP는 전 세계에 빠른 속도로 확산되고 있다"

미국의 식품의약품안전청(FDA)는 1997년부터 자국내에서 유통되는 모든 수산식품에서 강제적 적용을 결정한 바 있으며, 1996년 7월에는 미국 농림성(USDA)의 식품안전검사국에서 식육과 가금육에서 발생할 수 있는 위해요소 예방을 위한 HACCP 제도 적용과 병원균 감소 규제에 관한 강제조항을 발표한 바 있다.

우리나라는 1997년 축산물가공처리법 개정을 통해 축산물작업장에 대한 HACCP 제도 도입 근거를 마련하였으며 1998년 세부시행기준인 축산물위해요소중점관리기준(농림부고시 제1998-49호)을 제정하여 도축장,축산물가공장에 대한 HACCP

제도 도입을 시작으로 가축의 사육단계(사료 포함)부터 축산물의 원료관리, 가공, 포장 및 유통까지 모든 분야에 확대적용하고 있다.

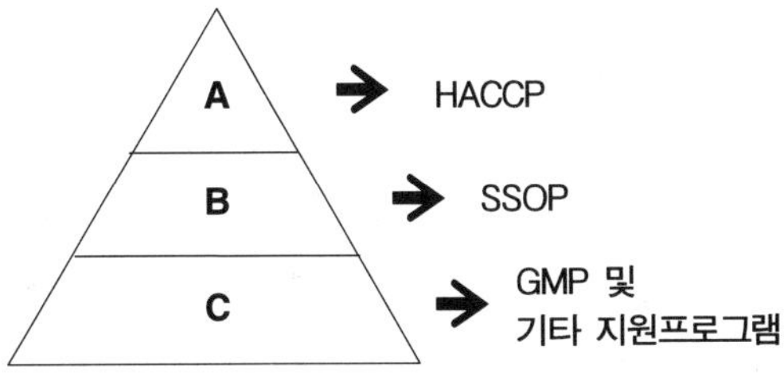

그림 4-3. HACCP 구성 체계

(3) HACCP의 특성

기존의 품질검사법과 비교했을 때 HACCP의 가장 큰 특징은 "사전예방적 감시체계"가 가능하다는 것이다. 축산식품의 원료 생산에서부터 최종 소비단계에 이르기까지 각 단계에서 발생할 우려가 있는 위해요소를 규명하고, 이를 중점적으로 관리하기 위한 중요관리점을 결정하여 자주적이며 체계적이고 효율적인 관리로 식품의 안전성을 확보하는 과학적인 위생관리체계이다.

표 4-2. HACCP 제도와 기존방식(GMP 등)의 비교

항목	기존방법(GMP 등)	HACCP 제도
특징	위해의 사후 통제	위해의 사전예방
위생관리방법	최종제품 관리, 검사	공정관리(중요관리점 관리, CCP)
위해요소관리	규정된 위해요소만 관리	분석에 의한 위해요소 관리
신속성	시험분석에 장시간 소요	필요시 즉각적 조치가능
소요비용	시험분석에 많은 비용 소요	시스템 도입 후 운영경비 저렴
공정관리	현장 및 실험실 관리	현장관리
제품의 안전성 관리	숙련공만 가능	비숙련공도 가능

※ 자료 : 국립수의과학검역원

(4) HACCP 추진절차

HACCP은 국제식품규격위원회(CODEX)에서 정한 12단계의 절차에 따라 수행되고, 전 세계적으로 이 지침에 의거 HACCP 계획을 적용하고 있다.

1~5단계는 위해분석을 하기 위한 준비단계라 할 수 있으며, 6~12단계가 본격적

인 HACCP의 실시에 해당되는 「HACCP 7원칙」이다.

1) HACCP의 준비 5단계

① 1단계 - HACCP 팀을 구성한다.

HACCP의 적용을 위하여 가장 먼저 해야 할 일은 HACCP의 확립과 운용을 주도적으로 담당할 HACCP팀을 구성하는 것이다. HACCP을 확립하고 운영하는 사람은 축산식품의 취급에 사용되는 시설, 장비 및 기술, 실제 작업환경과 실태, 그리고 작업공정에 대한 상세한 지식이 있어야 한다.

② 2단계 - 제품의 특징을 기술한다.

제품의 원료, 물리적·화학적 구성, 살균·정균 처리공정, 포장, 저장성 및 저장조건, 유통방법에 관한 안전성 관련정보 등 그 제품과 관련되는 모든 특징을 자료화 한다.

③ 3단계 - 제품의 사용방법을 명확히 한다.

제품이 어디에서, 누가, 어떠한 용도로 허용될 것인가를 가정하여 위해분석을 실시한다.

④ 4단계 - 작업 공정도를 작성한다.

작업 공정도는 제조·가공공정, 작업장 환경(기계, 시설, 공기, 배수 등), 종사자 등과 관련된 위해요소와 위해가 발생할 수 있는 모든 지점을 찾아내는데 중요한 정보를 제공해 준다. 작업공정도는 HACCP 팀에 의해 작성되어야 하고, 모든 공정단계를 포함해야 한다.

⑤ 5단계 - 작업공정도를 현장에서 확인한다.

HACCP 팀은 모든 단계 및 공정시간별로 작업공정도에 따른 가공과정을 확인하고, 필요한 경우 작업공정도를 변경해야 한다.

2) HACCP의 적용 7단계

HACCP은 다음 7단계의 적용과 실천에 의해 이루어진다.

- 위해요소분석(Hazard Analysis)
- 중점관리사항 결정(Critical Control Point)
- 한계치 설정(Critical limit)
- 감시체계 확립(Monitoring system)
- 수정방법 설정(Corrective Action)

- 기록관리(Document Records)
- 검증(Verification)

① **1단계 - 위해요소분석(HA)을 실시한다.**

위해요소분석은 각종 원재료, 가공, 제조 및 유통에서 소비시점에 이르는 각 단계별로 어떠한 위해가 존재할 것인가를 확인하고 적절한 예방조치를 강구하기 위한 과정이다.

축산물 중의 위해는 생물학적, 화학적 및 물리적 위해요소의 3가지로 구분한다. 이 중에서도 식중독의 예방을 위한 HACCP 체계 실용화에서 가장 중요시되는 부분은 생물학적 위해인 병원성 미생물 관리이다.

② **2단계 - 중요관리점(CCP)을 결정한다.**

축산물 중 위해의 발생 가능성을 예방, 제거하거나 또는 허용수준까지 감소시킬 수 있는 지점이나 단계 또는 절차를 CCP로 결정한다. 위해요소 분석을 통하여 확인된 생물학적·화학적 및 물리적 위해요소와 예방조치 방법을 목록화 한 후에는 어떤 수준으로 관리할 것인가를 결정하기 위하여 중요관리점의 결정단계를 거친다.

축산물 가공공정에서 예방조치가 취해져야할 중요관리점이 될 사례는 다음과 같다.

㉠ 미생물 성장을 최소화 할 수 있는 냉각공정
㉡ 병원미생물을 사멸시키기 위하여 특정 시간 및 온도에서 가열처리
㉢ pH 및 수분활성도의 조절 또는 배지 첨가 같은 제품성분 배합
㉣ 캔의 충전 및 밀봉 같은 가공처리
㉤ 금속검출기에 의한 금속이물 검출공정 등

③ **3단계 - 한계기준(CL)을 결정한다.**

한계기준이란 위해요소의 관리가 한계치 설정대로 충분히 이루어지고 있는지 여부를 판단하는 기준을 말하며 중요관리점에서의 위해요소를 관리하기에 적합한 한계기준을 설정한다. 한계기준의 설정을 위하여 식품위생관련 법적 규정의 기준·규격, 과학적 문헌, 연구논문, 전문가 조언, 생산공정의 기본자료, 현장조사 및 분석자료, 시험자료 등을 활용한다.

④ **4단계 - CCP에 대한 감시방법을 설정한다.**

감시란 위해요소의 관리여부를 점검하기 위하여 실시하는 일련의 관찰이나 측정수단을 말한다. 중요관리점이 한계기준에 적합하다는 것을 확인하기 위하여

각각의 중요관리점에 대한 감시절차를 확립하여야 한다. 감시방법은 간단하고 신속하며 실효성과 신속성이 있는 방법으로 확립하고 감시에 대한 기록방법은 정확성, 사실성, 기록결과 활용성이 있게 한다.

⑤ **5단계 - 감시결과 한계기준을 위반한 경우 개선조치(CA)를 설정한다.**
개선조치란 감시 결과 중요관리점이 한계기준으로 관리되지 못할 경우에 취하는 조치를 말한다. 각 CCP별로 가장 정확한 개선조치방법 파악, 개선조치내용을 이탈정도에 따라 구분, 개선조치방법 결정, 개선조치결과의 기록서식 작성 관리한다.

⑥ **6단계 - HACCP이 효과적으로 시행되는지를 검증(verification)하는 방법을 설정한다.**
검증이란 해당 업소에서 HACCP의 계획이 적절한지 여부를 정기적으로 평가하는 조치를 말한다. 목표기준 및 한계기준이 발생가능한 위해의 관리 적합성 여부, 감시방법의 적절성 및 이행성 여부, 한계기준 이탈시 개선조치절차의 효과성과 준수여부, 측정기기 등의 정도관리, 미생물 또는 항생·항균물질 등에 대한 검사, HACCP의 준수성 여부, 현장기록 확인 및 현장에서의 교차점검 실시 등이 있다.

⑦ **7단계 - HACCP 체계를 문서화와 기록유지방법을 설정한다.**
문서와 기록 관리는 HACCP 운영을 기술한 문서의 제정 및 개정과 그 책임사항을 정함으로써 문서 처리의 능률화 및 표준화를 기하는데 목적이 있다. 따라서 문서와 기록의 체계, 구성, 작성방법, 적성에서 폐기까지의 절차 등에 대한 구체적인 기술이 요구된다.

(5) 위해요소분석(HA)

1) 생물학적 위해(Biological hazards)

생물학적 위해로서 주요 병원성미생물로서는 바실러스균(*Bacillus cerus*), 캠피로박터균(*Campylobacter jejuni/coli*), 크로스트리디움균(*Clostridium botulinum* 및 *Clostridium perfringens*), 병원성 대장균(*Escherichia coli* O157 : H7), 리스테리아균(*Listeria monocytogenes*), 살모넬라균(*Salmonella enteritidis*, *S. typhimurium* 등), 황색포도상구균(*Staphylococcus aureus*), 여시니아균(*Yersinia enterocolitica*) 등의 병원성 미생물이 있다. 흔히, 이들 9종의 병원성 세균이 축산물유래 질병을 야기하며, 식육 및 가금 생산제품에 대한 위해요소를 분석할 때 반

드시 고려되어야 한다.

① **바실러스균(*Bacillus cereus*)**

바실러스균은 축산물유래에 의해 질병을 일으키며, 구토 및 설사와 관련된 2가지 유형의 독소가 있다. 이 질병과 관련되는 원인 축산물으로는 식육, 소세지, 스프, 그리고 샐러드와 같은 혼합축산물 등이 있다.

② **캠피로박터균(*Campylobacter jejuni/coli*)**

캠피로박터균에 의해 야기되는 질병은 흔히 캠피로박터 장염 또는 위장염으로 알려져 있으며, 관련 축산물로는 날 것이나 요리되지 않은 닭과 생우유 등이 있다.

③ **보툴리늄(*Clostridium botulinum*)**

축산물유래의 보툴리늄(botulism)은 이 균의 증식과정에서 생산되는 강력한 신경독소를 함유한 축산물을 섭취함으로써 발생되며, 즉각적이고 적절한 치료가 이루어지지 않을 경우에는 매우 높은 사망률을 일으킨다. 관련 축산물으로는 소시지, 부적절하게 제조된 캔류와 같은 식육 제품 등이 있다.

④ **퍼프린겐스(*Clostridium perfringens*)**

크로스트리디움 퍼프린겐스균은 아포형성기간 동안 장독소를 분비함으로써 축산물유래 질병을 일으키며, 관련 축산물은 식육, 가금육 제품과 고기 소스 등이 있다.

⑤ **병원성 대장균(*Escherichia coli* O157 : H7)**

출혈성 대장염은 *E. coli* O157 : H7에 의해 일어나는 급성 질병이며, 관련 축산물으로는 주로 요리되지 않았거나 익히지 않은 햄버거(분쇄육)이고, 산발적인 발생의 경우에는 기타 식육제품과 생우유 등이 있다.

⑥ **리스테리아균(*Listeria monocytogenes*)**

리스테리아균은 3℃정도의 저온에서 성장할 수 있어 냉장 축산물에서도 증식할 수 있으며, 관련 축산물으로는 조리된 식육 또는 가금육, 생유, 불완전하게 멸균된 우유와 치즈(특히 연성 숙성치즈류) 등이 있다.

⑦ **살모넬라균(Salmonella spp.)**

*S. typhi*와 *S. paratyphi* 세균은 패혈증을 유발하며 장티푸스 혹은 장티푸스양 열병을 일으키는 사람의 병원균이고, 일반 Salmonella spp.는 온혈동물의 장관내에 존재하며 감염시 보다 가벼운 증상을 나타낸다. 관련 축산물으로는

생고기나 조리된 고기, 가금류, 달걀(껍질), 생우유와 유제품, 소시지와 샐러드 등이 있다.

⑧ **황색포도상구균(*Staphylococcus aureus*)**

황색포도상구균 식중독은 일부의 *S. aureus*가 축산물중 장독소를 생산하여 일를 섭취시 일어나는 질병이며, 관련 축산물으로는 식육과 식육 제품, 가금류와 계란 제품, 햄, 우유 및 유제품 등이 있다.

⑨ **여시니아균(*Yersinia enterocolitica*)**

여시니아 감염증은 설사와 구토, 발열, 복통을 동반한 위장염을 일으키며, 관련 축산물으로는 식육, 우유, 그리고 돼지 곱창 등이 있다.

한편, 다음의 인수공통 병원체는 동물에서 질병을 일으킴은 물론 사람에 전파되어 역시 질병을 일으킬 수 있는 생물학적 위해요소이다.

⑩ ***Trichinella spiralis***

일종의 선충류에 해당하는 기생충으로서 유충형태로 돼지, 말, 쥐, 곰, 그리고 기타 포유동물의 평활근에 주로 낭포화되며, 사람에서 설사, 발열, 경직, 근육통, 호흡장애 등의 인플렌자 양 증상을 유발하고 중증의 경우 사망하기도 한다. 관련된 축산물으로는 날 것이나 조리되지 않은 돼지고기, 말고기 등이다.

⑪ ***Taenia saginata***

유충형태인 *Cysticercus bovis*는 사람의 편충의 일종으로 소의 조직내에서 낭포화하며, 관련 축산물은 날 것이나 조리되지 않은 소고기이다.

⑫ ***Toxoplasma gondii***

일종의 원충성 기생충으로서 돼지 등의 다양한 포유 동물의 조직에서 낭포화하며, 성인에서 인플루엔자 양 증상과 임산부의 경우 말기 유산과 소아에서 중증의 선천성 감염증을 일으킨다. 관련 축산물으로는 날 것이나 조리되지 않은 돼지고기이다.

⑬ ***Balantinium coli***

주로 돼지에서 발견되는 원충으로서 다른 동물에는 흔하지 않으며, 쇠약한 환자에서 혈액성 이질, 중증의 탈수증과 드물게는 사망하기도 한다. 관련 축산물으로는 날 것과 조리되지 않은 돼지고기(분변 오염)이다.

⑭ **Cryptosporidium spp.**

사람과 다수의 포유류의 상피세포에 감염되는 원충성의 기생충으로 사람에서 설사와 콜레라 양 질병을 일으키며, 면역부전 환자에서는 중증을 보인다. 관련 축산물은 원유와 분변에 오염된 식육제품 등이다.

2) 화학적 위해(Chemical hazards)

화학적 위해(Chemical hazards)의 종류는 아래 표에서와 같이 농약, 항균물질, 호르몬제제, 착색제, 포장용기, 축산물첨가물, 윤활물질, 표면코팅물질, 세척제 등 매우 다양하다.

표 4-3. 화학적 위해

구 분	위 해 (요 소)
원료	농약, 항균물질, 호르몬제, 톡신, 중금속, 착색제, 잉크류, 포장제
공정	축산물첨가물 : 보존료, 향료
건물 및 장비	윤활유, 페인트, 표면코팅물질
위생	농약, 소독제, 세척제
저장 및 유통	모든 종류의 화학제, 교차오염

3) 물리적 위해

물리적 위해는 매우 다양한 종류의 이물질 등이 포함되며, 이러한 위해요소는 축산물에서는 정상적으로 존재하지 않는 것이나 인체에는 유해한 질병이나 손상을 줄 수 있는 것들이다. 물리적 위해는 많은 원인으로부터 유래될 수 있으며, 오염된 원료, 잘못 설계되거나 유지 관리된 시설이나 기구, 공정 과정 중의 문제 또는 종업원의 부적절한 훈련 및 부주의한 작업 등을 들 수 있다.

표 4-4. 물리적 위해

위 해(요 소)	원 인 (물 질)
유리	병, 항아리
금속	너트, 볼트, 철사
돌	원료
플라스틱 류	포장제
뼈(골)	원료
탄알/주사바늘	동물포획 및 예방치료 시에 사용되는 물질
장신구/휴대품	펜, 연필, 단추

(6) HACCP 적용업소 지정

1) 지정절차

축산물가공장, 식육포장처리장, 식육판매장, 가축사육농장 등이 HACCP 적용업소로 지정받고자 하는 경우에는 자체적인 1개월 이상의 HACCP 운영실적 및 관련서류를 준비하여 축산물 HACCP 담당기관에 지정신청한다.

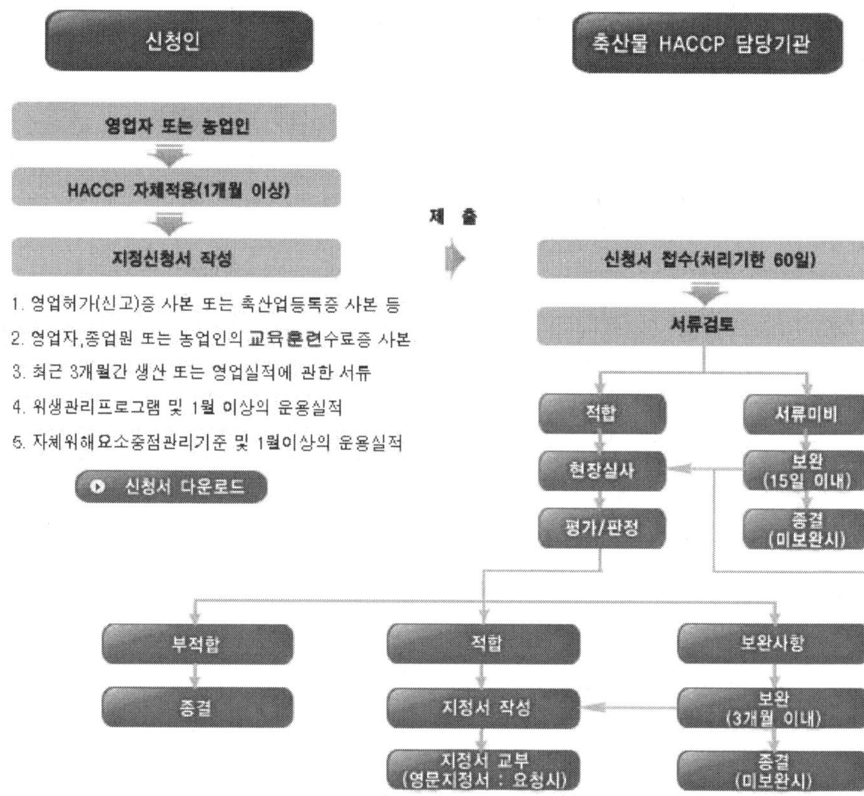

※ 자료 : 국립수의과학검역원

그림 4-4. HACCP 적용작업장 지정신청 절차

(7) 우리나라의 HACCP 적용현황

현재 정부는 HACCP의 효율적인 적용을 위하여 업종별, 전 업체에 일률적으로 의무 적용케하는 것이 아니라 업종별 적용 희망업체의 신청에 따라 시범사업을 실시하고 또한 적용업체에 대하여 우대조치를 마련함으로써 업체의 자발적인 적용을 유도하는 자율적인 지정제도의 형태로 도입하고 있다.

1) 우리나라의 HACCP 관련규정

가) 보건복지부 장관은 식품의 원료관리, 제조・가공 및 유통의 전과정에서 유해한 물질이 당해 식품에 혼입되거나 당해 식품이 오염되는 것을 방지하기 위하여 각 과정을 중점적으로 관리하는 기준(위해요소 중정관리기준)을 식품별로 정하여 이를 고시할 수 있다(식품위생법 제 32 조의 제 1 항).

나) 보건복지부 장관을제 1 항의 규정에 의하여 식품별로 위해요소 중점관리기준을 정하는 때에는 당해 식품을 제조・가공하는 영업자 중 보건복지부령이 정하는 영업자에 대하여 이를 준수하게 할 수 있다(식품위행법 제 32 조의 제 2 항).

2) 우리나라 식품위생법에 의거하여 식품산업의 HACCP 적용 및 추진현황

가) 식육가공품인 햄류나 소시지류는 1997년

나) 어육가공품인 어묵류는 1997년 하반기~1998년 상반기

다) 유가공품인 우유, 발효유 및 가공 치즈는 1998년 하반기~1999년 상반기

라) 냉동 수산식품 및 도축장, 도계장 등 축산식품 작업장에는 1999년부터 적용

마) 청량식품, 냉동식품, 빙과류 등 모든 식품에 대해 향후 HACCP을 적용하기로 추진

축산물의 위생관리프로그램은 가능한 한 미생물 오염을 제한하고 위험수준으로 증가될 가능성을 방지하여야 한다. 식품의 안전 및 위생적인 생산보급을 위하여 축산물의 생산, 처리과정 및 유통 전반에 걸쳐 위해요소중점관리기준(HACCP)이 적용되어야 하며, 도축장 및 축산물가공장의 HACCP 도입을 위하여 우선적으로 위생관리기준이 실행되어야 한다. 우리나라 축산물가공처리법에서 규정한 작업장의 위생관리기준과 적용대상(시행규칙 제6조 관련), 가축 및 착유가축에 대한 검사기준(시행규칙 제11조 관련), 축산물의 검사기준(시행규칙 제12조 제1항 관련), 영업의 종류별 시설기준(시행규칙 제29조 관련), 도축업・집유업・축산물가공업의 영업자 및 종업원의 준수사항(시행규칙 제51조 제1항 관련) 등에 적용받게 된다.

3) HACCP 작업장 등(축산물, 사료, 농장) 지정현황

2009년 6월 현재 축산물, 배합사료 그리고 농장에 대해 총 1,830개 업소가 HACCP 적용업소(작업장)로 지정을 받았으며 각 품목별 지정현황은 다음과 같다.

표 4-5. HACCP 적용작업장 지정현황(2009. 6. 24)

합계	축산물						배합사료	농장		
	도축장	유가공업	식육포장 처리업	식육 가공업	알가공업	식육 판매업		돼지	소	닭
1,830	144	46	648	190	17	121	76	289	208	91

3. 도축위생

3.1 도축장 위생관리

(1) 도축장

가축을 식육 전환하기 위하여 도살, 해체하여 사람이 식용으로 즐길 수 있도록 하는 공공의 장소

1) 도축장의 종류

도계장, 도토장, 특별도축장, 일반도축장, 간이 도축장

2) 도축장 설치

도축장을 세우려고 하는 자는 도축작업장의 설치허가서와 품목허가를 관할 시. 도지사로부터 받아야 한다. 도축장 설치의 기초적 조건은 가축의 반입이 쉽게 이루어질 수 있는 지역, 생산물의 출하에도 지장이 없고, 수량이나 전력이 풍부하게 공급될 수 있는 지역 그리고 오물이나 오수를 처치하기 쉬운 장소이어야 한다.

3) 도축장(Slaughter)의 설비

① **도축 하역장**

가축수송용 차량이 자유로이 드나들 수 있도록 충분한 면적을 확보 할 것

② **계류사**

도축장 내의 계류사는 밝고 깨끗하고 충분한 면적을 차지(대동물 1마리당 1.6~1.8 m, 중동물 1마리당 0.5~0.8 m의 면적이 필요)

③ **생체 검사실**

밝고 가축이 안정된 상태에서 검사를 받을 수 있도록 설계

4) 도축검사원

① **권한**

원료검사, 시설위생검사, 위생관리검사, 제품검사, 불합격 도축 및 축산물의 처리, 불량품의 처리, 작업원의 위생관리

② **의무**

상기 권한에 따른 이행 의무, 검사 신청시 즉시 검사, 검사받지 아니한 것은 작업장 밖으로 반출 금지, 검사 결과 합격한 것은 합격표시, 법정금지 축은 도축 허가할 수 없다.

③ **도축금지**

가축전염병에 걸려있거나 걸려있다는 의심이 될 때, 소에 강제로 물을 먹였거나 중독 증상 등으로 인체에 위해하거나 우려가 인정 될 때에도 도축허가 할 수 없으며, 종축 및 후보종축, 임신감정결과 임신축 등은 역시 금지되어 있다.

3.2 도축 종사자의 위생관리

(1) 개인위생 및 건강기준

① 작업장내에서는 음식을 먹거나 껌, 흡연을 해서는 아니된다.
② 작업장내에 불필요한 물건을 반입해서는 아니된다.
③ 작업장내에는 종업원 이외 사람의 출입을 통제하여야 한다.
- 작업장의 모든 방문객은 깨끗한 보호의류를 입어야 한다.

(2) 종업원의 건강

① 종업원은 채용시는 물론 최소한 년 1회 이상 건강진단을 받도록해야 한다.
② 종업원은 식육에 미생물을 오염시키지 않도록 건강상태 유지
- 고용전 건강검진 및 지속적 유지
- 결핵 등의 질병에 감염되거나 보균자 또는 의심되는 종업원 및 피부병, 설사병, 상처 등에 감염된 종업원은 병원성미생물을 식육에 오염시킬 가능성이

있으므로 식육을 다루는 작업에 종사시켜서는 안된다.
- 신체검사는 임상적, 역학적 필요시 실시

③ 창상이나 상처가 있는 사람은 식육의 생산, 제조, 수송, 포장 등의 작업에 종사해서는 안된다. 상처는 포도상구균의 오염 원인이 될 수 있다.

(3) 교육 및 훈련

위생관리자는 식육 및 식육제품을 취급하는 종업원에 대한 취급위생과 오염을 사전에 예방하기 위한 개인위생 등에 관하여 지속적인 훈련을 실시해야 한다.

(4) 손 세척

작업장에 종사하는 사람은 자주 손을 세척해야 한다. 작업시작전, 화장실 사용후, 오염물질을 만진후, 기타 필요한 경우에 손을 세척해야한다.

(5) 개인청결

① 사용하는 장갑은 항상 청결하게 유지하여야한다. 장갑은 작업 용도상 적합하지 않는 경우를 제외하고 불침투성 재질. 1회용 장갑은 신속히 교체할 수 있어야 한다.

② 장갑은 적어도 휴식시간마다 교체할 수 있어야 하고, 하루에 한 번씩 세척, 살균해야하며, 오염되었을 경우마다 세척해야한다.

③ 종업원은 작업복, 장화, 위생모 등을 착용. 청결 유지와 위생적으로 관리.

④ 보석, 시계 등은 작업 중에 착용하지 말고, 개인 사물함 관리를 철저히 한다.

3.3. 도축동물의 사육, 수송위생관리 등 요구조건

축산물의 안전하고 위생적인 축산물 생산을 위하여 농장에서는 동물의 건강관리에 관한 모든 측면을 고려하여 동물사양관리지침을 준수해야하며, 항생제의 무분별한 오남용은 금기되어야 한다. 동물은 생산농장이 증명되어야 하며, 심하게 오염되거나 스트레스를 받아서는 안되며, 안락한 상태에서 수송되는 것이 필요하다. 먼저 사육위생관리 측면을 보면 다음과 같다.

1) 질병예방프로그램

공중보건 및 동물질병의 예방을 위한 사항

- 가축전염병예방법에 의한 브루셀라, 탄저, 결핵 등의 질병 예방
- 병원균이 감염될 가능성이 있는 사료 급여 금지

2) 잔류물질 방지프로그램

화학물질(동물약품, 살충제, 기타 농업용 화학물질) 및 환경오염물질(다이옥신, PCB등) 방지를 위한 사항

3) 위생적인 동물 사양관리

배설물의 위생적인 처리

4) 농장의 출하동물에 대한 관리

사고, 질병, 약물이나 화학물질의 투여 또는 치료 시에는 출하금지

5) 수송위생관리

① 수송차량의 구조와 유지

- 수송차량은 동물을 쉽게 싣고 내릴 수 있어야하며, 손상의 위험을 최소화할 수 있어야 함
- 수송 중 동물상호 간에 상처를 줄 수 있는 경우에는 물리적으로 분리시켜야 함
- 차량 바닥의 배설물에 의해 오염되는 것을 방지하기 위해 바닥을 경사 또는 이의 방지를 위한 장치가 필요함
- 충분한 환기가 될 수 있도록 수송
- 2층 이상으로 된 수송차량은 바닥을 불 침투성 재료로 사용
- 수송차량은 동물이 하역된 후 가능한 빨리 세척하고 소독해야 함

② 도축동물의 증명

- 동물에 대한 생산농장의 증명이 가능하도록 수송 및 유지되어야 함

6) 도축동물의 요구조건

① 동물의 확인

- 계류동안에 도축동물의 생산농장을 확인할 수 있도록 유지
- 해체검사나 사후검사에서 특별한 주의가 요구되는 동물의 확인 및 표식

- 질병에 걸렸거나 이상이 발견된 동물은 교차오염을 방지하기 위하여 다른 동물로부터 격리 수용

② **도축장내의 정보전달 체계유지**

도축동물에 대한 각종 정보가 작업과정 중 검사를 수행하는 검사원에게 전달될 수 있는 체계 확립

③ **충분한 휴식**

- 도축되기 전 계류장에서 충분한 휴식
- 연령, 사육체계 등 완전히 다른 사육 기준으로 생산된 동물은 분리된 라인에서 도축 및 해체 작업 실시
- 분변 등, 오염된 동물은 축산물 오염을 줄이기 위하여 도축 전에 깨끗이 세척 및 건조

3.4 건물 및 설비 위생관리

1) 입지

① 시설의 주변에는 악취, 매연, 먼지의 발생이 없고
② 상수, 지하수 등 물이 충분히 공급되고
③ 홍수가 발생하지 않고, 배수처리가 용이한 장소

2) 주위환경

① 주위 부지는 물이 고이지 않고 먼지가 발생하지 않도록 정지되어 있을 것
② 시설의 부지내에는 곤충이 생기지 않도록 정리, 정돈되어 있을 것
③ 부지내를 통과하는 배수구 및 지하수로는 곤충이 생기지 않도록 암거로 되어 있을 것

3) 설계 및 구조의 원칙

① 건물과 모든 시설은 청소와 세척이 용이해야 함
② 적절한 감독을 할 수 있도록 설계 및 설비
③ 조류, 설치류와 다른 해충의 침입과 은신처를 막도록 구조물을 설치
④ 가식부위와 비가식부위를 처리하는 작업실은 분리되어 있어야 함
⑤ 바닥 및 벽은 방수, 비독성, 비흡수성 재질로 구성, 평활한 상태

⑥ 바닥은 배수가 잘되게 적절히 경사지고, 미끄러지지 않고 갈라진 틈이 없어야 함
⑦ 벽과 바닥의 모서리는 곡선으로 처리
⑧ 천장은 먼지의 농축을 방지
⑨ 식육이 바닥, 벽, 고정된 구조물과 접촉하지 않도록 설계 및 건축

4) 시설 위생

① 폐기물처리시설은 축산물 작업실과는 완전히 분리된 장소에 설치
② 모든 폐기물은 음용수에 오염을 막을 수 있도록 처리
③ 계류실에는 도축전 생체검사를 위한 보정시설과 충분한 물 공급
④ 오염 및 비오염 구역 구분
- 탕박, 박피 시설은 다른 작업실과 분리된 지역에 위치
- 위장관의 내용물을 비우거나 세척하는 장소 분리
- 가식용 장기 및 식용지방을 작업하는 장소는 위장관 처리실과 분리
- 가죽, 뿔, 발굽, 비가식용 지방을 처리하는 장소는 분리

⑤ 작업장에 설비된 장비는 식육이 바닥에 닿지 않도록 설치

5) 설비 위생

① 음용수 공급 설비
- 82℃ 이상의 뜨거운 음용수
- 손 등을 세척하기 위한 뜨거운 물과 찬물을 동시 공급
- 반자동 또는 자동 수도꼭지
- 비음용수는 음용수의 공급으로부터 분리

② 전구 등은 식육 위쪽에 설치하고, 안전한 형태이거나 깨어질 경우에 식육오염을 막을 수 있도록 보호 장치
③ 가식 부위를 취급하는 장소의 문은 효과적인 공기차단막을 설치하거나 이중 작용 형태로 설치
④ 기구의 세척과 소독을 위한 적절한 시설
⑤ 도체, 이분도체 및 식용 부산물 등을 냉장 또는 냉동보관하는 장소에 온도기록계 설치
⑥ 식육위쪽에 냉장코일이 설치된 경우에 적절한 물받이 설치
⑦ 식육을 절단하거나 발골하는 장소는 온도조절을 할 수 있어야 하며, 포장실 및 다른 작업실과 분리

⑧ 수세시설에는 따뜻한 물 공급, 비수동형 수도장치, 액상비누 등의 손세척액, 손을 말릴수 있는 적절한 위생방법 구비

6) 장비 및 기구 위생

① 식육과 직접 접촉하는 모든 장비, 기구 및 도구는 세척이 용이하게 설계되고 제작
- 매끄러운 불침투성 표면
- 내부식성, 무독성 및 냄새 또는 맛이 투과되지 않는 재료로 제작
- 균열이 없고 반복적 소독에 저항성

② 불가식 및 폐기물을 다루는 기구 및 도구는 구별하여 사용

7) 조명의 광도

① 세부검사 및 손질 장소 : 540럭스
② 일반작업실 : 220럭스
③ 기타 장소 : 110럭스

8) 쓰레기 및 폐기물처리

① 쓰레기와 폐기물은 덮거나 적절히 보관하여 냄새 발생 방지
② 식육에 오염방지
③ 해충발생 및 유인 방지

9) 작업 위생관리

위생작업은 가능한한 미생물이 위해수준으로 오염되지 않도록 하여야 하며 생산공정관리시스템은 HACCP체계에 의해 기초되어야 한다.

3.5 도축 제한의 예외 규정

1) 기립불능 가축 중 도축금지 대상의 처리

기립불능 가축에 대한 도축은 다음과 같다.

① 부상, 난산, 산욕마비, 급성고창증의 경우 도살·처리하여 식용으로 사용하거나 판매할 수 있다.
② 부상, 난산, 산욕마비, 급성고창증을 제외한 기립불능 소는 도살·처리하여 식

용으로 사용하거나 판매하여서는 아니된다.(축산물가공처리법 신설 2009.5.8)

③ 기립불능 소에 대하여는 소해면상뇌증 검사를 위하여 뇌조직을 채취하여 검사하며 소각·매몰의 방법으로 폐기하거나 식용 외의 다른 용도로 전환하여 처리한다.(축산물가공처리법 신설 2009.5.8)

④ 소해면상뇌증의 감염이 확인된 경우에는 소각·매물 등의 방법으로만 폐기한다.

2) 도축장 이외의 장소에서의 도살

가축의 도살 및 처리는 허가를 받은 작업장에서 행해야 하지만, 다음에 해당하는 경우에는 예외로 할 수 있다.

① 학술연구용에 사용하기 위하여 도살·처리하는 경우

② 특별시장, 광역시장 또는 도지사가 정하여 고시하는 지역 안에서 소, 말을 제외한 가축을 자가소비에 사용하기 위하여 도살·처리하는 경우

③ 시·도지사가 정하여 고시하는 지역 안에서 소, 말, 돼지 및 양을 제외한 가축을 그 소유자가 당해 장소에서 소비자에게 직접 조리하여 판매하기 위하여 도살·처리하는 경우

3) 도살금지 가축

① 다음의 가축질병에 결렸거나 걸렸다고 믿을만한 역학조사, 정밀검사결과 또는 임상증상이 있는 가축

㉠ 우역(牛疫), 우폐역(牛肺疫), 구제역(口蹄疫), 탄저(炭疽), 기종저(氣腫疽), 블루텅병, 리프트계곡열, 럼프스킨병, 가성우역(假性牛疫), 소유행렬, 결핵병(結核炳), 브루셀라병, 요네병(전신증상을 나타낸 것에 한한다), 스크래피, 소해면상뇌증(海綿狀腦症, BSE), 소백혈병(임상증상에 나타낸 것에 한한다), 아나플라즈마병(아나플라즈마 마지나레에 한한다), 바베시아병(바베시아 비제미나 및 보비스에 한한다), 타이레리아병(타이레리아 팔마 및 에눌라타에 한한다)

㉡ 돼지열병, 아프리카돼지열병, 돼지수포병(水泡炳), 돼지텟센병, 돼지단독, 돼지일본뇌염

㉢ 양두(羊痘), 수포성구내염(水疱性口內炎), 비저(鼻疽), 말전염성빈혈, 아프리카마역(馬疫), 광견병(狂犬病)

㉣ 뉴캣슬병, 가금콜레라, 추백리(雛白痢), 조류인플루엔자, 닭전염성후두기관염, 닭전염성기관지염, 가금티프스

㉤ 현저한 증상을 나타내거나 인체에 위해를 끼칠 우려가 있다고 판단되는 파상풍, 농독증, 패혈증, 요독증, 황달, 수종, 종양, 중독증, 전신쇠약, 전신빈혈증, 이상고열증상, 주사반응(생물학적제제에 의하여 현저한 반응을 나타낸 것에 한한다.)

② 강제로 물을 먹였거나 먹였다고 믿을만한 역학조사, 정밀검사결과 또는 임상증상이 있는 가축

4) 조건부 도살

① 해부검사 및 장기의 실험실검사에 의해서 확진의 필요성이 있는 수축에 한하여 허용

② 건강 도축 완료 후 완전 소독하 실시

③ 해체 후 실험실 검사를 통한 정밀검사 실시

3.6 도축검사 방법

도축검사는 사전에 청결유지 등의 준비를 철저히 한 뒤 망진 - 체온 측정 - 전방에서 안검, 비강 및 구강을 개검 - 좌측으로 돌면서 하악부, 경부, 구간 및 전지를 망진 및 촉진 - 후방으로 와서 항문 및 생식기와 후지를 검사 - 우측으로 돌면서 동일 방법으로 검사 순으로 시행한다.

(1) 관찰 항목

1) 망진에 의한 일반 상태의 관찰 사항

안검, 동공, 원기, 안모, 체격자세, 보행상태, 영양상태, 천연공의 분비물, 체표의 변화

2) 촉진 등에 의한 일반 상태의 관찰 사항

피모 및 피부, 피온, 종창, 종류

(2) 국소변화와 질병

1) 생체 검사에서 주의하여야 할 질병

① 소 : 우역, 우폐역, 구제역, 탄저, 기종저, 악성수종, 요네씨병, 렙토스피라병, 피로플라즈마병, 유행열, 전염성비기관염, 결핵, 백혈병, 브루셀라병, 패혈증, 파상풍, 기타 열성질환

② 송아지 : 제대염, 관절염, 폐염, 열성질병

③ 말 : 탄저, 비저, 가성피저, 파상풍, 전염성 빈혈

④ 돼지 : 돈콜레라, 돈단독, 톡소플라즈마병, 수포병

2) 파행 및 기립상태

① 지속적인 기립자세 : 폐염, 파상풍 등을 의심

② 산통, 보행창랑, 운동 실조 등 : 뇌질환을 의심

③ 돼지에서 보행상태와 질병과의 관계

- 기립불능 : 골절, 탈구, 신경마비, 내장 농양질환
- 전후지가 좌우로 크게 비틀거림 : 중독, 중증감기
- 전후지가 좌우로 약간 비틀거림 : 돈콜레라, 돈단독, 돈적리, TGE, 폐염, 기타.
- 후지가 비틀거림 : 유행성 호흡기질병이며, 발톱을 세워서 비틀거리는 것이 특징 임.
- 비틀거리지 않으나 약간 흔들거리는 걸음 거리 : Toxsoplasmosis, 돈단독(심마진형), 위축성 비염, SEP

3) 영양상태 판정

① 특 A 급 : 늑골이 근육으로 피복되어 있어 잘 보이지 않는 상태

② A 급 : 늑간이 긴장하고 늑골이 막연하게 보이는 상태

③ B 급 : 늑골이 그 본래의 크기로 보이는 상태

④ C 급 : 늑간이 함몰하고 늑골이 튀어나온 듯이 보이는 상태

⑤ D 급 : 견갑연골 상단에서 제1 요추돌기에 이르는 부위가 함몰된 상태

4) 품성

① 과민 시 : 뇌염과 급성열성전염병에서 볼 수 있음

② 둔할 때 : 각종 질병의 말기에서 볼 수 있음

5) 피부, 피모

① 돼지

- 수세 후에도 피모가 지저분한 것은 대체로 질병에 걸렸을 경우가 많음
- Corynebacteriosis, 돈단독에 관심을 두고 볼 것
- 피부에 발적이 잘 나는 경우 : 열성질병의 증세

② 소

- 기종 : 유행열, 기종저, 폐기종에서 나타남
- 부종 : 하복부와 사지에 호발
- 송아지 : 하악부에 냉성부종이 호발

6) 비경

① 비경의 변화는 소에서 주의

② 비경이 건조하고 조잡한 것은 가축이 병에 걸렸다는 신호

7) 비강

대부분의 질병에서 비강 점막은 조홍이 나타남.

① 비루

- 일측성인 것은 부비강의 염증일 경우가 많음
- 양측성인 것은 전염병 비기관염 , 우역, 우폐역, 유행열, 폐염 및 호흡기성질병을 주의

② 결절 : 소에 있어서 Papular Stomatitis, Actinomycosis

③ 궤양 : 가성피지, Infectious Rhinitis

④ 천공, 미란, 반흔 : Atrophic Rhinitis, 구제역, 비저, 탄저, 우역

8) 구강

가축이 질병에 걸리면 타액분비감소, 유연, 악취, 점막의 물리적 변화, 출혈반염증 등이 출현

① 유연 : 구내염, 구제역, 우역, 중독, 제 1위질환, 식도경색

② 분비감소 : 열성질병, 산통, 중독(atrophine 등)

③ 연하곤란 : 인두염, 식도질환, 유행열(Ibaraki 병)

④ 점막출혈 : 패혈증, 혈반병

⑤ 구내염

㉠ 수포성 - 구제역

㉡ 디프테리성 – 우역, Vesicular Stomatitis, Papular Stomatitis, 돈콜레라 등

㉢ 농성 – Actinomycosis, Actinobacillosis 등

⑥ 악취

㉠ 향취 – 젖소에서 Ketosis, Ammonia

㉡ 취 – Rumen Alkalosis

㉢ 악취 – 열성질병

9) 안검

① 전염병에서 결막염의 결과로 삼출물이 나와 눈이 지저분함

② 소 : 상피 암이 호발, 안충 등의 기생충 유의

③ 돼지 : 열성전염병이 잘 나타남

10) 결막

① 창백 : 출혈성질환, 빈혈성질환, 결핍증

② 충혈 : 열성전염병, 패혈증, 호흡기장애 등

③ 황색변화 : 황달, 주혈흡충증, 주혈원충성질병, 급성빈혈을 수반하는 열성전염병

④ 출혈반 : 패혈증, 중독증, 혈반병

11) 체표 림프절

비저, 가성피저, 결핵, 백혈병, 방성균병 등이 있으면 악하, 이하, 미간, 슬벽의 림프절이 종창된다.

12) 항 문

① 탈장 : 돼지에서 빈발

② 종양 : 개에 가이식성 종양이 호발

③ 설사 : 전염성 및 기생충성 위장염

④ 변비 : 열성질병, 파상풍, 미주 신경장해(산통)

⑤ 선혈변 : 직장파열, 대장염

⑥ 흑색변 : 소장염

⑦ 녹색변 : 장카타르

13) 생식기

① 삼출물유출 : 자궁염, 질염, Brucella, Trichomonas

② 부종 및 요저류 : 전염성 빈혈(말), 돈콜레라(돼지), 요석증(비육우, 개), 요독증(개)

③ 음낭 및 고환 : Brucella, 결핵, 백혈병

14) 제 대

송아지에서 다발, 제대염으로 농혈증이 다발

15) 관 절

① 송아지의 관절기형은 도살을 금지

② 관절강직 : 광견병, 파상풍, 마그네슘 결핍증

16) 호 흡

① 정상적인 호흡수(1분간)

소 : 10～30, 말 : 8～16, 돼지 : 8～22, 양 : 12～30, 개 : 10～30

② 흉식호흡은 횡경막, 복막 등의 동통성 질병에서 볼 수 있음

③ 복식호흡은 흉강장기의 질환에서 관찰됨

17) 체 온

① 정상 체온

- 소 : 1세 이상은 37.5～39.5℃, 1세 이하는 38.5～40.0℃
- 돼지 : 성숙 돈은 38.0～39.0℃, 자돈의 경우는 38.5～40.5℃

18) 맥 박

① 빈혈성 질병과 심장질환에서 맥박수가 많아짐

② 정상 맥박수

- 소 : 성우는 38～52(1분간), 어린소는 50～68(1분간)
- 돼지 : 50～95(1분간)

3.7 생체검사 결과에 따른 조치

생체검사에서 이상이 없는 것은 합격으로 하고 그 이외의 것은 결과에 다음과 같은 조치를 취해야 한다.

1) 도살금지 해야 할 수축

전염병 및 질병에 이환되었다고 판단된 수축은 도살 금지 조치를 취하고 즉시 수축을 격리한 후 병원체에 오염되었다고 인정된 장소, 기물, 시설을 철저히 소독하고 청결히 하여 병원체의 확산을 방지한다.

2) 도축 금지 대상 전염병

우역, 탄저, 기종저, 우폐역, 비저, 구제역, 마전염성빈혈, 브루셀라병, 우 유행열, 유행성뇌염, 타이레리아병, 아나플라즈마병, 돈단독, 블루텅병, 아프리카 돈콜레라, 출혈성패혈증, 돈콜레라, 돈수포병, 톡소플라즈마병, 광견병, 가성 광견병, 뉴캣슬병, 가금콜레라, 가금인플루엔자, 추백리, 닭전염성 후두기관염, 부저병, 파상풍, 요네씨병

3) 도살 금지 대상 질병

① 강직증, 농독증, 패혈증, 요독증, 황달, 수종, 농증, 백혈병, 선모충병, 낭충증, 포충증, 방사균병, 중증의 영양실조, 각종 중독증, 중증의 염증, 변성 및 위축변화가 있는 수축

② 돼지 : 체온이 41℃ 이상시

③ 소, 말, 양, 개 : 40.5℃ 이상의 체온시

4) 조건부 도살

① 생체검사 결과 확실한 진단을 내릴 수 없고 해부검사 및 장기의 실험실 검사에 의해서 진단이 확정될 필요성이 있는 수축

② 조건부 도살 수축은 해체 후에 소정의 요구된 정밀검사를 실시

5) 생체검사 결과에 따른 표식

결과에 따라 합격 불합격 조건부 도살에 대한 명확한 표식을 하여야 함

3.8 도살 해체시 검사

(1) 일반 사항

1) 도축검사는 생체검사, 해체후 검사를 실시하는 것이 중요한 것이지만 도살해체하는 동안 내장 적출 후에 발견하기는 어려운 병상 또한 병상의 상호 연관성이 불명한 것을 병성 감정하는데 매우 중요하다.

2) 도살해체과정의 3단계

① 도살 방혈은 전문구획에서
② 박피(탈모), 해체를 특정구획에서
③ 해체 후 지육은 즉시 타구획으로 이동

3) 3단계 작업중 지육오염방지를 위해서 엄수 사항

① 지육이 오염되지 않도록 박피
② 내장적출 중 위장을 손상하여 내용물이 노출되지 않도록 함
③ 자궁, 방광, 유방은 그 내용물로 지육을 오염하지 않도록 함
④ 박피후 지육세척은 청결한 유수로 하여야 하며 많은 양의 물을 사용해서는 안됨
⑤ 작업장은 항상 청결하고 오물은 그때 바로 제거, 작업장 바닥을 수세할 때 물이 튀어서 지육에 묻지 않도록 할 것

(2) 도살 방혈후의 주의사항

1) 기 절

① 우리나라에서는 선두골을 천공하는 타격법을 이용
② 타격 후 천공부에 Wire lope 또는 Wooden stick을 삽입하여 척수를 파괴함으로써 방혈 중 사지의 반사적 경련을 방지함

2) 방 혈

① 가사 상태하에 있을 때 즉시 경동맥 및 정맥을 절개하여 방혈함
② 전혈량은 체중의 8%정도이지만 실제 방혈량은 4~5% 정도
③ 경부, 정맥에서의 방혈로 방혈이 충분하지 못하면 지육이 흑색육과 혼동하기 쉬움

3) 이상이 초래되었을 때의 조치

해체작업 중 오염되었다는 사실이 발생되었을 때의 조치

① 즉시 해체 중지
② 해체 중지된 도체는 별도 구획에 이동
③ 건전 도체의 해체작업이 완료한 후
④ 해체 중지된 도체를 해체하고
⑤ 정밀 검사결과에 따라 폐기처분을 결정

3.9 해체 후 검사(post-mortem Inspection)

(1) 일반 사항

① 검사에 있어 자연광선이든 인공광선이든 충분한 광선이 있는 장소에서 해야된다.
② 인공광선을 사용할 때에는 자연광선에 가까운 조명시설을 갖추어야 하며, 특히 돼지의 악하 림프절, 편도선 등을 검사할 때는 소형의 HEAD LIGHT를 이용하는 것이 바람직하다.
③ 병변부와 접촉한 바 있는 칼이나 기구는 즉시 1% 탄산나트륨이 함유된 끓는 물에 소독한다.

(2) 검사 방법

1) 두부 검사

① 소
- 악요(顎凹)의 중앙부를 종방향으로 절개
- 좌우의 악하림프절의 성상을 관찰하면서 세절하여 검사
- 좌우의 외교근 및 매교근을 하악골에 평행해서 절개 그 할면을 검사
- 혀는 설근부를 절단하고 좌우의 인배림프절을 세분하면서 검사

② 돼지 : 혀는 식도 및 기관이 붙은 채로 두부에서 떼어냄

2) 흉강 장기검사

① 기관, 식도, 폐 및 심장을 일괄하여 적출

② 폐의 전면을 면밀히 촉진, 다음 폐문림프절 및 종결막을 세절하면서 검사
③ 폐장의 상엽, 심엽, 하엽에는 적어도 1도(刀) 이상 기관지의 주행에 직각으로 절개하여 검사
④ 심장은 심외막을 검사한 다음 좌우 양심실 및 심방을 종구에 평행하여 절개

3) 복강 장기 검사

① 간장
- 내장면을 망진 및 촉진으로 관찰
- 간문림프절을 세절하여 검사
- 좌엽에서 우엽으로 향하여 문맥주행에 따라 수직으로 절개
- 담관의 단면이 노정되도록 옆으로 절개

② 비장 : 비장표면을 촉진하고 비문림프절을 절개
③ 췌장 : 2개소 이상 절개하여 관찰
④ 신장
- 신장주위 지방조직의 색조, 경도를 관찰
- 신장피막을 박리하여 보고
- 그 박리의 난이도와 신피질 표면을 관찰
- 이상이 발견되면 신우까지 절개하여 병변 유무를 검사

⑤ 위장
- 소, 양에 있어서 1, 2, 3, 4위의 장막의 이상유무를 관찰, 부속 림프절을 세검
- 대소장을 촉진하고 장간막 림프절을 절개 검사

⑥ 유방, 난소, 자궁, 질, 고환, 음경
- 유방림프절을 세절
- 고환은 부고환과 함께 종축으로 할면을 냄
- 음경은 요도를 절개

3.10 지육(근육)검사

체표부 및 피하직의 성상을 관찰 후 흉강벽, 복강벽, 신장주위 지방을 검사하고 가식부 각부 림프절을 검사한 뒤 근육은 해체시의 절단면을 관찰한다. 돼지에 있어 복근, 횡격막, 각근, 경부의 각근육과 심근 및 설근에서 육편을 채취하여 선모충의

정밀검사를 실시한다.

(1) 출혈(hamorrhage)

Bruise는 타박상에 의한 출혈, 도축 과정에는 주로 해체과정에서 나타나며, 해당부위 제거 후 식용으로 제공 가능하다. 비육 돈의 경우는 손실이 많다.

1) 출혈성 타박상(Hemorrhage bruise)

약품 주사(鐵劑 注射)에 의한 피하 및 근육 출혈을 말한다. 호발부위는 천자형 출혈로서 경부, 견부, 둔부가 호발 부위이다. Tetracyclin제는 근육의 괴사와 황색내지 호박색을 나타낸다.

2) 빈사기 출혈(Agonal hamorrhage)

비육우에서 다발, 적색 및 흑자색 출혈반(針頭大에서부터 7 cm)이 나타난다. 횡문근 전체이며, 특히 심장, 횡격막, 경부 근육, 배요부근육, 저작근에서 많이 출현한다. 근육간질과 근육섬유에 용혈되지 않은 적혈구가 출현하고 근육조직에 아무런 변성 및 괴사 변화가 없다. 빈사기에 근육이 강렬하게 연축하므로서 그 부위의 모세혈관이 순간적으로 파괴되어 출혈된다.

(2) 퇴색육(PSE)과 DFD(Dark, Firm, Dry)

1) PSE(Pale, Soft, Exudative muscle)

식용으로 지장이 없으며, 수송 중에 고온 또는 저온상태에서 장기간 노출되거나 도살 전 돼지들이 심하게 소란을 일으키는 등의 심한 스트레스를 받은 돼지에서 흔히 발생한다. 도살시 탈모를 위한 숙탕조에서 오래 지체된 도체에서도 나타난다. Watery pork는 현미경상으로 근육섬유가 팽창되었을 뿐 병변을 발견할 수 없는 것이 보통이다. 굳어지고, 보수성, 풍미, 첨착성이 없어지게 되어 경제적 손실이 많으므로 식육검사에서 매우 중요하게 취급된다. 원인은 근육 중의 glycogen이 분해되어 lactic acid가 증가하기 때문이다.

2) DFD : Dark, Firm, Dry(일명 Back muscle necrosis)

생육 또는 가공육으로 적당치 않다. 돼지의 배최장근에 응고괴사가 일어나는 것으로 비육돈에서 호발하는데, 원인은 도축 전에 장기간자극으로 도살시의 근 glycogen의 보유량이 대단히 낮아져서, 사후에 pH가 높은 가운데 근육의

glycogen이 완전한 소실로 해당작용이 정지된다.

3) 질식육(Suffocated meat)

생육인데도 불구하고 삶은 모양과 검푸른 외관을 나타내며, 심한 냄새를 나타난다. 원인은 도축 후 내장 적출 및 이분체로 분할하기까지의 공정이 길어서 냉각을 충분히 하지 못한체 수송, 저장하면 내부에서 변질이 생기고 고기 빛은 검은색으로 변한다.

표 4-6. 근육 변질의 종류와 원인

원인 \ 종류	P S E (pale Soft, Exudative)	D F D (Dark, Firm, Dry)	S M (Suffocated meat)
특 징	창백, 부두럽고, 보수성	검고, 단단하며 검조한 상태	검푸른 외관
형 태	스트레스 받은 돼지에서 - 붉은 살이 많은 돼지 (Landrace, Yorkshire)	Muscle necrosis	변질
원 인	- 수송 중에 고온, 저온 자극 - Glycogen이 분해되어 lactic acid가 증가해서	도축전의 자극으로 glycogen의 완전한 소실	냉각 불충분과 장시간 수송

4) 지방과다(Steatosis, fatty muscular dystrophy)

지방성 근육 위약증, 노령우, 비육우에서 빈발하고 돼지와 양에서도 빈발하며, 병적인 병변 없이 근육섬유부에 지방세포가 대체되어 있는 경우이다.

5) 백근병(White muscle disease)

골격근 및 심근에 변성과 괴사가 나타나는 질병으로 특히 유약한 동물에서 많이 나타나며, 병변 호발 부위는 둔부와 고부이다. 원인은 어분성 사료의 과다 투여, 불포화 지방산이 Vitamine E의 이용을 방해함으로써 일종의 Vitamine E 부족증과 Selenium 부족으로 발생된다. 백근병은 폐충혈, 폐수종 및 흉수 증가 등이 수반되며, 이런 도체는 폐기 처분해야 한다.

6) 호산구성 근염(Eosinophilic myositis)

골격근과 심근에 호산구가 침윤한 근염인데 그 원인은 명확치 않으나, 국소적으로 육아조직성 염증과 호산구 침윤을 수반한다. 육안적으로 황록색 내지 방추형의 반점이 산재한다(포자충과 혼돈하기 쉽다).

7) 혈액점철(Blood splash)

근육 속에 작은 암적색 출혈점이 다수 발생하는 현상으로 후지에서 호발되며, 혈액으로 충만한 모세혈관이 파열된 것이 나타난다. 원인은 전류가 근육에 흘러들어가면 혈압이 상승하고 근육이 수축되어, 그 속에 있는 모세혈관에는 거의 혈액이 없어진다. 그 다음에 근육 수축이 풀릴 때 근육을 절단하면, 혈압이 저하되어, 공허했던 모세혈관에 혈액이 재 침입하여 하는데, 이때 압력이 강하므로 모세혈관은 파열되어 혈액이 근육에 스며들게 되는 것이다. 예방법은 전기도살한지 5초 이내로 방혈하는 것이 좋다.

8) 이상육

어박이나 어내장을 급여한 돼지에서 육색이 황색조가 되며, 또한 어취육이 난다. 잠분, 번데기로 사육한 돼지에서는 육색이 보다 강한 황색이 된다. 폐기처분한다.

9) 기종(emphysema)

근육간질에 기포가 존재하는 것을 말하며, *Clostridium chovoei*, Pseudomonas, Lactobacilus, Staphylococcus속 등의 세균감염으로 일어난다. 기종저 발생은 근육이 암갈색내지 흑색으로 변색되고 종창, 혈액성 삼출물 및 기포가 반드시 수반하며, 병변근육에 감신취가 나타난다.

3.11 각종 지육의 특성 및 감별

1) 쇠고기

Veal은 한 살 미만의 비육된 고기라 하며, 일반적으로 담적색의 육색이 특징이다. 한우, 육우, 젖소 고기의 구별법은 면역혈청반응법(매우 특이성이 높은 방법임), Ouchterlony의 이중면역확산법, 효소면역측정법(ELISA), F-항혈청법(Forssman's antiserum은 동물의 장기, 적혈구에 분포하는 sphinpgoglycolipid 의 일종으로 내열성이 있어서 가열하여도 항원성이 상실되지 않기 때문에 이를 갖고 있는 축종을 구분; F-항원 보유 동물 : 기니픽, 말, 개, 고양이, 쥐, 닭), 기기분석법(IR spectrometry Mass spectrometry, NMR), 지질분석법, N-화합물 분석법(Nitrogen factor(Nf)측정법; 육종별 nitrogen factor가 다르다) 등이 있다.

2) 양과 염소고기

stearic acid가 많아 융점이 높다.

3) 닭고기

근육내 지방이 많으며, 가열조리하면 지방은 근육 중으로부터 쉽사리 분출한다(1/2).

4) 말고기

glycogen량이 2~3배 많다. Linolenic acid가 많고 요오도가 높다. 끓이면 포립한다.

3.12 사후 식육의 변화 (Postmorterm change)

부패라 함은 유기물질이 부패성세균에 의하여 식육으로서 부적당한 물질을 생산할 때의 작용을 말한다.

1) 사후강직(rigor mortis)과 단축(Shortening)

근섬유 단백질인 actin과 myosin 근섬유간에 불가역적이고 영구적인 상호결합이 형성되기 때문이다(irriversible and permanent crossbridge). 이렇게 수축된 고기를 가열하면 경도(toughness)가 증가되는데 이때 보수력(water holding capacity)의 저하와 같은 변화가 일어난다. 즉, 사후강직 상태의 고기를 조리하면 단단하게 느껴진다.

ATP는 수축된 근육을 이완(relaxation)시키는데 필수적이다. 머리와 경부같은 근육에서부터 시작하여 체구, 사지로. 도살후 일정한 시간동안 강직열(rigor heat)때문에 식육의 온도가 상승했다가 하강. (Glycogen의 분해 - 젖산의 생성 - 산도의 상승)

① 사후강직과 관계 있는 것

- actomyocin bridge, adenosin triphosphate, 근육속의 Glycogen이 분해되어 lactic acid 반출
- 젖산 : 도살 직후 6~10 mole/g정도, 사후 24시간 경과시 최종농도가 10배에 달한다. 초기산도 pH 7.08~7.34, 사후 최종산도 pH 5.4~7.34

② **사후강직에 미치는 영향인자**

- 가축의 영양상태 : Stress(영양불량, 과로, 기아) 때는 식육속의 glycogen 함량이 줄어듦으로 강직이 빠름
- 온도 : 여름에는 빠르게 일어나고 빨리 끝난다(부패되기 쉽다.)
- 약물 : alcohol, ether 등을 도살 전에 사용하면 강직이 빠름
- 가축의 질병 : 농독증, 패혈증, 열병, 허탈증 등에 걸렸던 가축은 강직성이 약하며 오랫동안 지속, 산성반응을 나타내지 않아 부패 용이
- pH의 영향 : pH 6.0 이하 때는 일반 부패세균의 발육억제

2) 저온단축과 해동강직

단축속도는 고온보다 저온에서 심하며, 붉은 색의 근육의 동물에서 현저. 이것을 Cold shortening이라고 하며 보통 11℃ 이하의 온도에서 둔근육에서 발생한다. 최대강직에 도달하지 않은 근육을 동결하면 해동시에 남아있던 glycogen의 분해와 ATP의 소비가 다시 활발하여져서 최대강직에 이르게 된다. 강직에 도달하는 속도는 동결하지 않은 근육보다도 훨씬 빠르다. 또한 수축은 심하여 경도(딱딱한 정도)는 높고 다량의 drip(물방울이 맺히는 현상)도 삼하다. 이것을 해동강직(Thaw Rigor)이라 한다. 그러므로 최대 강직기 이후에 동결하여야 한다.

3) 사후강직 해제(숙성전기, Resolution)

① 2~4℃의 닭, 3~4시간에 강직완료, 2일 후 강직해제 끝
② 보통 가축, 1~2일에 강직완료
③ 돼지 및 말의 경우 3~5일에 해제
④ 소 7~20일에 해제

4) 자가융해(autodigestion)

가축이 도살 → 근육 속의 글리코겐 분해 → 유산이 산출되는 동안은 사후강직이 존속 → 식육은 산성반응을 보임 → 시간이 경과 → 서서히 부드러워짐

5) 숙성(숙성 후기, ripening)

① 자가소화 다음에 옴
② 숙성 온도 : 0~4.4℃
③ 숙성 습도 : 80~90%

④ 숙성 기간 : 충분한 환기를 조절한 냉각실에서 10~14일간 보존
- 단백질의 자가융해(autodigestion, 자가효소에 의한 발효)
- 아미노산과 올리고펩타이드의 증가를 일으킨다.
- 식육은 육질이 부드럽고 풍미가 좋게 된다.
- 완전한 숙성 : 80~90%의 습도, 0~4.4℃의 온도, 충분한 환기, 10~14일간 보존
- 육축의 종류, 근육의 종류, 숙성온도에 따라 기간이 달라진다.

6) 사후강직에 미치는 영향인자

① 가축의 영양상태

도살 전 영양상태가 좋지 못하다든가, 과로를 시켰을 경우 강직이 아주 빨리, 그리고 강하게 시작됨

② 온도의 영향

여름철에는 사후강직이 빨리 일어나고 빨리 끝나므로 부패되기 쉬움

㉠ 온도가 높으면 pH의 저하 시간이 단축된다.

㉡ -7℃에서는 pH 5.5에 달하는데 소요되는 시간은 20시간이 소요되며, 17℃에서는 약 16시간이 소요된다.

㉢ -37℃에서의 pH 저하속도는 가축별로 균등히 저하되며, pH 5.5 정도에 달할 때까지의 소요시간은 약 7시간 정도 소요된다.

③ 약물의 영향

알코올, 에테르 등을 도살 전에 사용하면 사후강직이 촉진된다.

④ 가축의 질병

농독증, 패혈증, 열병 또는 허탈증 등에 걸렸던 가축 : 강직성은 약하지만 오래 지속된다.

⑤ pH의 영향

pH 6.0 이하는 부패세균이 발육을 못하며(식육의 보존이나 가공품의 내구성에도 영향이 있음), 사후 강직은 pH 5.5 정도로 저하시킨다.

3.13 식육의 부패

① 유기물질이 부패성 세균에 의하여 식육으로서 부적당한 물질을 생산할 때의 작용

② 단백질과 함질소화합물의 퇴화분해현상

(1) 지방변패(Deterioration, spoilage)

식육 중의 지방이 공기 중의 산소, 광선, 효소 등의 작용에 의해서 풍미의 변화, 변색, 산패, 점질화 등의 복잡한 변화를 일으키는 것을 변패(deterioration) 또는 변질(spoilage)이라 한다. 특히 지방의 자동 산화(autooxidation)에 의해서 생성된 과산화물(peroxide)이 저급지방산이나 aldehyde로 분해되어 불쾌한 자극취를 일으키게 될 때를 산패(rancidity)라 한다.

1) 이취의 흡수

식육의 지방조직은 취급 및 보존 중에 환경주변의 취기를 흡수하여 오취를 일으킴

2) 지방의 풍미변화

산도가 이상적으로 높은 경우는 불량한 원료의 사용으로 다량의 유리산을 산출하게 하였거나 가공육이 변패된 것으로 위생상 좋지 않다. 산도 또는 미생물의 작용으로 다량의 free acid를 산출한다.

3) 황색현상(yellowing)

식육 중의 지방이 산화과정에 의하여 황색현상을 일으킨다.

4) 어 취

지방의 이취로서 물이나 함질소 유기화합물이 불순물로서 지방 중에 혼입 시 미생물 또는 화학적 작용이 Trimethylamine 또는 Trimethylamine oxide가 생산되는 결과 어취를 일으킨다.

3.14 식육과 미생물

1) 식육을 오염시키는 병원미생물

① 식육의 1차적 오염병원체

- 식육을 섭취함으로써 감염, 발병될 수 있는 병원체와 그 감염동물
  Salmonella(거의 모든 가축), *Campylobacter jejuni*(거의 모든 가축, 가금), *Staphylococcus aureus*(거의 모든 가축), *Clostridium botulinum*(소, 말, 양, 가금), *Bacillus anthracis*(소, 말, 양, 돼지), *Mycobacterium tuberculosis*, *bovis*(돼지·소), Brucella spp.(산양, 소, 돼지, 개), *Clostridium perfrigenes*(거의 모든 가축) 등
- 해체과정에서 사람이 창상감염되는 예
  Bacillus anthracis, *Erysipelothrix insidiosa*(돼지), *Francisellar tularensis*(산토끼), *Actinobacter mallei*(말), *Leptospira pomona*(돼지) 등
- 어떤 형태로든 사람에 오는 병원체
  Listeria monocytogenes(소, 양, 닭), *Chlamydia psttaci*(닭) 등
- 사람에는 감염되지 않는 병원체
  Rinderpest(소), Cow influenza virus(소), *Mycobacterium mycoides*(소), *Mycobacterium paratuberculosis*(소), Equine infectious anemia virus (말), Hog cholera virus(돼지) 등

② 식육의 2차적 오염병원체

- 원래 사람의 병원체인데 어떠한 원인에 의해 즉, 직접보균자의 오염된 손 등으로 취급했을 때나, 또는 체표에 병원체를 부착한 쥐나 위생 곤충류가 식육에 접촉할 때 식육을 오염
- 이질균, 장염비브리오균, *Streptococcus faecalis*, Infectious hepatitis A virus 등

2) 식육을 변질시키는 미생물

일반적으로 중온 세균군과 저온 세균군으로 구성된 부패세균군 및 곰팡이들

3) 식육 중의 미생물증식에 영향을 미치는 요인

① 오염미생물의 종류와 양

호냉균의 Pseudomonas와 Achromobacter가 많으면 냉장 중에서도 변패가 빠르다.

② 식육의 물리적 성질

공기 중에 접하는 부분이 많으면 오염이 증가하고, 호기성 균이 번식하기 쉽다.

③ 식육의 화학적 성분

- 수분 : 약간 습하면 곰팡이, 그보다 더 습하면 세균이 우세
- 단백질이 많으면 단백질 및 그의 분해산물을 이용하는 세균이 증가
- Glycogen 함량에 따라서 육의 pH는 5.2~7.2, pH가 높으면 미생물의 발육이 좋고, 낮으면 늦어지며, 효모가 생성된다.

④ 산소

- 호기적인 표면은 곰팡이, 효모, 호기성 세균의 증식이 적당
- 내부는 혐기적으로 혐기성 균의 증식이 적당하다.

⑤ 온도

- 식육의 냉장은 -1~-2℃에서 실시되지만, 호기성균, 곰팡이, 효모 등이 서서히 증식
- Clostridium에 의한 본래의 부패는 15℃ 이상의 실온에서 일어나며 중온균인 coli form group과 Bacillus도 증가한다.

3.15 식육과 곰팡이

1) 저온 저장육의 곰팡이에 의한 특이적 악변

① whisper : 수송중의 냉장, 냉동육의 표면에 발생하여 색소형성, 육색변화

② mould spot : 식육의 표면에 발육

③ black spot : 저장수육, 냉동육의 표면에 생기는 변색, 장거리 수송 중의 식육에 흔하다.

2) 위생상 곰팡이의 발생방지에 주의해야 할 점

① 곰팡이의 오염

식육을 취급하는 환경, 특히 냉동, 냉장실 및 부속 기구류의 소독과 청결 유지

② 곰팡이의 발육조건

㉠ 온도 : psychrophiles : 15~20℃, mesophiles : 25~37℃, thermophiles : 50~60℃

㉮ 저온, 특히 0℃ 부근에서 잘 발육하는 것도 있으므로 주의

㉯ -10℃ 이하에서는 거의 발육이 정지.

㉡ 열저항성 : 대부분 60℃, 30분으로 파괴

㉢ pH : 일반적으로 산성에서 잘 발육(pH 4~6)하며, 발육범위도 넓다.

㉣ 산소 : 대부분 강한 호기성

㉤ 약물저항성 : 보통의 살균제, 소독제에 매우 강한 저항성

㉥ 습도 : 대부분의 곰팡이는 75%의 관계습도에서 발육을 정지

3) 곰팡이의 발생방지

① 위의 각종요인 제거와 식육을 취급하는 환경에서의 오염방지

② 오염된 곰팡이의 파괴 또는 발육을 저지하기 위해

- 열처리, 소금절이기, 설탕절이기, 통조림 및 포장, 자외선 조사 등

③ 특히 식육저장 중 습도와 환기상태는 곰팡이의 발육상 매우 중요하므로 각별한 주의

3.16 식육과 기생충

근육 중의 기생충은 거의 모두 -20℃ 이하로 일정 기간 냉동하면 사멸된다.

3.17 식육 및 육가공품의 특이적 변화

1) 특이적 악변

① Slimy 발생

냉장육을 갑자기 따뜻하고 습기가 많은 공기에 접촉시키면 육의 표면에 수분이

응고하고, 이 부분에 미생물이 부착하여 발육, 증식하여 발생한다.

② **Sour hip 발생**

큰 부분육을 냉동할 때, 그 온도가 깊숙이 미치지 못하게 되면, 부패성 미생물이 발육, 증식하게 됨으로써 고기가 시큼하게 된다.

③ **Sour spot 발생**

햄에 부패한 세균이 증식함으로써 생기는 부패성 오점으로 냉동작용이 불충분하거나 가공용 첨가물이 불완전하게 침투될 경우 식육이 부분적으로 농도차이를 보이게 되어 그 부위에 부패세균이 증식함으로써 산패를 일으키는 것

④ **spongy 상태의 발생**

우육의 슬관절의 안팎으로 부착되었던 세균이 가공시에 침지(curing), 훈연(smoking)작업 중에 식육 속으로 침투하면 아포상태로 생존한 균체는 훈연 중에 적당한 발육조건이 되었을 때 증식하게 된다. 이들의 세균이 다량의 gas를 생성함으로써 spongy모양의 변화를 가져온다.

⑤ **골수에서의 부패성 변화**

햄의 골수 중에 부패성 변화를 일으켜 일종의 불쾌한 악취를 수반하는 경우

⑥ **식육의 곰팡이 냄새**

식육 및 육제품이 가공공장에서나 보존중에 곰팡이 냄새나 흙냄새 등의 이상취를 나타내는 경우. 곰팡이 냄새의 식육은 인체에 장애는 없으나, 식품위생상 식품으로서 부적당하므로 주의를 요한다.

3.18 식육 및 육가공품 보존

(1) 저장

1) 염지(curing or salting)

식염에 의한 보존원리 : 탈수작용

① **염지에서의 위생**

- 처리과정 중 최초의 조건을 일정하게 유지
- 침지액은 반드시 자불소독하여 사용하며, 4.5℃ 정도가 가장 적당하다.
- 식염 중의 미생물이나, 불순물(Ca,Mg 등)에 의한 부패를 일으키는 경우가

있다.
- 식염의 방부작용은 살균작용이 아니고 세균에 선택적으로 작용해 발육을 억제시킨다.
- Botulinum균은 8%의 농도에서 발육이 저지
- 탄저균, 결핵균, 돈단독균 및 대장균군 등은 수개월의 염지과정 중 서서히 사멸
- 대부분의 효모는 15% 농도에서도 발육
- Trichinella와 Cysticercosis(돼지, 소, 산양의 낭충)는 25%에서 14일 이내 사멸
- 원료육은 도살직후의 신선육으로서 냉각한 것을 사용
- 염지시설 : 소독, 세척, 급수, 배수, 청결, 건조 등의 위생조치를 철저히
- 아미노산 결정은 오래 건조한 염지 햄의 살코기부분에서 흰 작은 결정체로 관찰된다.

2) 훈연(smoking)

특유의 풍미(flavor)를 부여하여 기호성을 높이는 것에 중점

① 보존효과에 대한 훈연의 원리
- 훈연에 의한 일정한 탈수
- 연기 속의 살균성, 항균성 물질을 육질 속에 침투
- 지방에 대한 항산화작용
- 49℃(120°F) 정도의 온도가 미생물에 미치는 열작용

② 기호성에 대한 훈연의 원리
- 연기성분에 의해서 관능적인 변화를 부여
- 자가소화효소의 활성을 증가시켜 식육을 연화(15℃ 이상)
- 훈연실 내의 적당한 온도와 습도에 의해서 연화작용을 부여
- 연기성분 중의 aldehyde phenol수지가 식육의 표면에 일정한 광택을 부여하며, grease의 엷은막을 형성한다.

③ 살균작용

연기성분 중 formaldehyde류가 살균작용

3) 냉장(chilling)

① 식육의 신선도를 유지시키고 식육을 숙성시켜 기호성을 높이는데 목적이 있다.

② 부패미생물의 증식을 어느 정도 저지할 수 있으나 장기간 보존은 불가능

4) 냉동(freezing)

① 신선도 유지와 장기간 저장이 가능하므로 식육의 수송 및 비축에 많이 사용

② 실험적으로 -70℃의 온도에서 급속하게 냉동하면 더욱 좋은 품질의 냉동육을 얻을 수 있으나 경제적인 이유에서 실현이 불가능하고 실제로는 -33℃ 정도의 온도에서 식육의 중심온도를 가급적 신속히 -20℃까지 저하시키는 것이 일반적인 방법으로 실시

③ 근섬유내의 용액은 단백질 등을 포함하고 있기 때문에 0℃에서는 얼지 않지만 -1.7℃ 이하로 되면 얼기 시작한다

5) 가열(heating)

① 가장 효과적인 살균법

② 식육의 중량감소와 이에 수반되는 영양물질의 손실, 단백질의 변성과 응고, pH의 변화, 효소 및 비타민류의 파괴, 탄수화물의 분해 등을 일으킨다.

③ botulism(*Clostridium botulinus*)의 독소는 70℃에서 60분간의 가열에 불활성화

6) 통조림(canning)

① 식육을 함석통에 넣고 → 탈기(공기제거) → 밀봉(sealing) → 가열살균

② 통조림의 가열처리 : 121℃, 30분 이상 가열

통조림의 저장 중의 변질

[겉모양의 변화]

① 팽창 : 살균불충분, 밀봉 불완전하여 세균이 번식, 가스 발생에 의함
② 수소팽창 : 내용물이 용기의 함석판과 작용하여 수소가스가 발생하여 팽창
유기산이 많은 과실통조림에서 볼 수 있다.
③ 팽창의 종류 : 경팽창, 연팽창, 탄성팽창, 초기팽창
④ 새어나오기(leaks) : 작은 구멍으로 내용물이 새어나온는 경우

[내용물의 변질]

① 쉰맛(flat sour) : Thermophiles의 존재에 의하여 발생
② 변색(discoloration) : 여러 가지 화학반응과 산패에 의하여
③ 풍미와 조직 변화 : 가열에 의함
④ 단백질의 변성 : 가열에 의함

(2) 방부의 원리

① 미생물의 오염방지

② 존재하는 미생물을 위생적으로 안전할 정도로 발육과 증식을 억제 또는 저지

③ 육질에 어떠한 변화를 일으켜 미생물의 발육에 부적당한 조건을 부여

④ 미생물을 사멸시켜 재오염을 방지한다.

1) 식품에 첨가해도 좋은 방부제(antiseptics, aseptics)

dehydroacetic acid(DHAO), sodium dehydroacetate, salicylic acid, sorbic acid, sodium sorbate, potassium sorbate 등

3.19 계란의 규격기준

1) 외부난질

① 크기(size) : 닭의 품종, 산란기와 영양상태에 따라 다르다.

② 외형(type) : 길이와 폭의 비율이 4 : 3 정도되는 전형적인 난원형이 좋다.

③ 각질(shell quality) : 난각의 강도는 3.61~5.20 kg이 정상

④ 건전도(soundness) : 어느 정도의 거친 취급에도 견딜 수 있는 것이 좋다.

⑤ 청결도(cleanliness) : 난각 표면에 계분, 혈액, 기타 오물이 없는 것

2) 내부난질

① 기실(air cell) : 크기(깊이)에 따라 등급을 가리는 데 이용

㉠ 특급란 - 기실 높이 4 mm(1/8 inch) 이내로서 그 위치가 정상인 것

㉡ 1급란 - 기실 높이 8 mm(3/8 inch) 이내이며 그 위치가 약간 이동한 것

㉢ 2급란 - 기실 높이 8 mm(3/8 inch) 이상으로 기포를 함유하고 그 위치가 크게 이동한 것

*기실의 높이 = (h1 + h2) / 2

〈여기서, h1 : 기실 낮은 곳 높이, h2 : 기실 높은 곳 높이〉

② 난백(egg white) : 난백이 진하고 점도가 높으며 투명하고 혈점이 없는 것이 좋다.

*난백계수 : 농후난백의 높이를 난백의 최장경과 최단경의 합으로 나누어 2를 곱한 것 (신선란 : 0.16, 오래된 난 : 0.1 이하)

$$\text{난백계수} = \frac{\text{농후난백높이}}{\text{난백최장거리} + \text{난백최단거리}}$$

③ 난황(egg yolk)

㉠ 신선한 난황의 조건

- 원형이며 중앙부위에 위치해야 한다.
- 난황막은 건전, 난황은 흩어지거나 커지지 않고 탄력감을 주며 높고 좁은 것.
- 혈점,혈반이 없고 이물질의 부착이 없어야 한다.
- 투광검란시 난황의 그림자가 희미하게 보여야 한다.

㉡ 난황계수-난황의 높이 (h mm)를 난황의 지름으로 나눈 것

(신선란 : 0.422-0.361, 오래된 난 : 0.3 이하)

$$\text{난황계수} = \frac{\text{난황의 높이}}{\text{난황의 지름}}$$

Chapter 5 사료 위생

1. 곰팡이독소

곰팡이독소는 옥수수, 수수, 보리, 밀, 쌀, 면실박, 땅콩 그리고 기타 콩과식물과 같은 사료 원료에서 정상적으로 발견된다. 대부분은 비교적 안정된 화합물이므로 사료의 가공공정을 통하여 파괴되지 않으며, 제분(분쇄하여 가루로 만듬)을 통하여 더욱 농축되어질 수 있다. 각 각의 동물 종들이 다양한 방법으로 곰팡이독소를 대사 한다. 예를 들어 오크라톡신 A(ochratoxin A)는 가금에서는 빠르게 배설되지만, 돼지에서는 간(肝)에서 순환을 거쳐 매우 서서히 배출된다. 휴모니신(Fumonisins) 같은 극성의 곰팡이독소는 빠르게 배설되는 경향을 보인다. 곰팡이독소 또는 그 대사물질들은 고기와 내장, 우유와 계란에서 검출될 수 있다. 식품중의 농도는 동물들이 섭취하는 사료에 존재하는 양보다 매우 낮아서 사람에서 급성 중독증상을 일으키지는 않는다. 그러나 축산물에 아플라톡신 B1(aflatoxin B1)과 M1, 그리고 오크라톡신 A(ochratoxin A)와 같은 발암성 곰팡이독소들의 잔류는 사람의 건강을 위협하게 됨으로, 이들의 잔류수준은 조사되고 통제하여야 한다.

표 5-1. 곰팡이독소에 자연적으로 오염된 축산식품의 예

곰팡이독소	인체에의 영향 가능성	출현부위	검출최대수준(ppp)
아플라톡신 B1	간 암	계란 돼지 간 돼지 근육 돼지 신장	0.4 0.5 1.04 1.02
아플라톡신 M1	*	젖소 우유	0.33
오크라톡신 A	신장 손상	돼지 간 돼지 신장 쏘세지	98 89 3.4
제랄레논	여성화(estrogenic)	돼지 간 돼지 근육	10 10

* Aflatoxine M1 은 비록 설치류에는 강력한 발암물질로 작용하나, 인간에게는 발암성을 나타내는 충분한 증거가 없음.

2. 병원체

1) 전염성 해면상뇌증(Transmissible Spongiform Encephalopathies, TSE)

전염성 해면상뇌증는 비 발열성 신경질환이다. 이것은 오랜 잠복기를 가지며 결국에는 치명적이다. TSEs는 사료와 식품의 일반적인 열처리에 저항성이 있는 프리온(prions)으로 명명된, 아직까지 완전하게 알려지지 않은 원인체와 관련이 있다. 식품생산 동물에서 확인된 TSEs는 소 해면양 뇌증(BSE)과 스크래피(scrapie)이다. 양의 스크래피는 이미 250년 이상 알려져 왔었다. BSE는 1986년 영국에서 처음으로 발견되었다. BSE병원체는 병원체의 농도를 무력화시키는 양으로 충분하게 열처리하지 않은 상태에서 처리(rendering)된 감염[주로 중추신경계(central nervous system)와 망상내피계(reticuloendothelial system)]조직을 통하여 일차적으로 사료에 혼입된다.

2) 살모넬라(*Salmonella enterica*)

살모넬라(Salmonella)는 2,000 가지 이상의 혈청형이 있고, 이들은 임의적으로 크기가 같지 않은 세 개의 그룹으로 구분할 수 있다.

① *S. dublin*(소), *S. gallinarum*(가금) 및 *S. pullorum*(가금)과 같은 종 특이성 혈청형

② 일부 동물 종에서 패혈증을 일으키는 침투성(invasive) 혈청형(예 : *S. enteritidis*와 *S. typhimurium*).
③ 패혈증을 일으키지 않는 비 침투성(non-invasive) 혈청형.

첫째 그룹의 세균은 사료 유래 병원균으로 간주되지 않는다. 셋째 그룹은 가장 많으며 가축에서 준 임상적 감염과 관련이 있을 수 있다. 때때로 이들은 질병을 일으키거나 사람의 식중독과 관련되어 있다. 사람의 살모넬라증의 주요 증상은 위장염이다. 패혈증은 환자 수에 비례하여 발생한다. 치사율은 젊은 사람에서는 낮지만, 노인이나 면역성이 약한 사람들은 감수성이 가장 높다. 살모넬라는 자연계에 널리 존재하며, 가축들에게는 사료가 많은 오염원중의 하나일 뿐이다. 비록 사람을 포함한 동물에서 만연되어 있는 혈청형은 아니지만 동물성이든 식물성이든 사료원료는 흔히 살모넬라에 오염되어 있다.

3) 톡소플라스마(*Toxoplasma gondii*)

포자원충류인 *Toxoplasma gondii*는 고양이가 종숙주이며, 혈청학적 조사에 따르면 조류와 면양, 돼지, 산양, 말 등의 가축에서도 발견된다. 동물에서 중요한 감염원은 고양이 똥에 오염된 사료이다. 고양이는 사람에게 있어 중요한 감염원이며, 날고기 취급이나 섭취도 관련이 있다. 감염된 임산부는 유산이나 조산을 할 수도 있으며, 유아는 종종 중추신경계 질환 및 안질환을 앓게 된다. 면역이 저하된 환자는 특히 위험하다.

4) 선모충(*Trichinella spiralis*)

선모충은 포유류, 특히 돼지의 내장에 기생하는 선충류이다. 유충은 날고기나 충분히 조리하지 않은 고기를 먹은 사람에게 감염원으로 작용하는 조직, 특히 근육내 포낭에 싸여있다. 임상증상으로는 발열, 근육통, 뇌염, 뇌막염, 심근염 등이고 아주 드물게는 사망한다. 포낭은 감염된 도체를 -18℃에서 20일간 동결하면 죽일 수 있다. 또한 열에 민감하여 통상적인 렌더링(rendering) 온도에서 사멸한다. 날고기와 음식찌꺼기를 가축에 급여하기 전에 효과적으로 조리하면 이러한 위험을 제거할 수 있다.

3. 수의약품

수의약품들은 동물사료에 투여될 수 있다. 만약 사용한 농도가 축산식품에 설정된 최대잔류허용한계(Maximum Residue Limits, MRLs)를 초과하여 잔류를 일으킨다면 사람의 건강에 잠재적 위해 요인이 될 수 있다. 사용된 양이 정확하고, 휴약기간이 준수되어야 한다.

4. 농약 및 기타 화학물질

잠재적 위해는 제초제, 살충제, 살균제 그리고 수은, 납 또는 카드뮴을 포함하는 중금속과 폴리염화비페닐(Polychlorinated biphenyls, PCBs)과 같은 산업용/환경 유래 기타 외인성 오염물질의 과잉 잔류를 포함하고 있다. 곡물류와 처리된 종자는 이들 오염물질의 가장 가능성이 있는 오염원들이다.

위험의 평가(Assessment of the Risk)

위험분석은 위험평가(risk assessment), 위험관리(risk management) 및 위험정보교환(risk communication)의 3가지 요소들이 통합되어 구성된다. 위험평가는 사람이 식품유래 위해요인에 노출됨으로 인해 발생하는 알려진 또는 잠재적인 부작용(adverse effect)을 과학적으로 평가하는 것으로 정의하고 있다. 위험평가과정은

① 위해요인 확인(hazard identification)
② 위해요인 특성규명(hazard characterization)
③ 노출평가(exposure assessment)
④ 위험 특성규명(risk characterization)의 단계로 이루어진다.

5. 사료

1) 사료의 일반적인 관리

① 사료는 오염과 변질을 방지할 수 있도록 보관되어야 한다.

② 가공된 사료(완제품)는 가공되지 않은 원료 성분과 구분되어 있어야 한다.

③ 운반, 저장, 이동, 취급과 계량에 사용된 용기와 장비는 청결하게 유지되어야 한다.

④ 교차오염을 방지하기 위하여 조성(배합비율)이 상이한 뱃치(제조단위)간에는 깨끗한 사료물질로 장비를 씻어주어야 한다.

⑤ 저온살균 같은 병원체를 방제하기 위한 공정이나 또는 곰팡이의 발육을 억제하기 위한 유기산의 첨가는 필요한 경우에만 사용되어야 하며 그 결과를 모니터 되어야 한다.

⑥ 사일리지나 맥주박과 같은 수분이 많은 사료는 별문제로 하고, 원료성분과 사료는 곰팡이 및 세균의 발육을 제한하기 위하여 건조 상태를 유지하여야 한다.

⑦ 폐기물과 판매가 불가능한 물질(불량품)은 분리하여 구분되어야 하며, 위해성 오염이 없다는 것이 확인된 후에만 사료로 재활용될 수 있다. 위해 수준의 수의약품, 오염물질 또는 기타 위해요인을 함유하는 폐기물과 판매가 불가능한 물질(불량품)은 적절한 방법으로 그리고 관련 법규에 의해 처리되어야 하며 사료로 사용되어서는 아니 된다.

⑧ 위해로운 오염물질이 없다는 것이 확인될 수 없다면, 그 물질은 폐기되어야 한다.

⑨ 포장재료는 사료유래의 위해가 없다고 확인되지 않았다면 새로이 제조되어야 한다.

⑩ 상표(표시사항)는 법적 요건에 일치하여야 하며 사료(사료의 품명, 원료명 및 배합비율 등)를 표시하고 사용방법(설명서)을 포함해야 한다.

⑪ 사료는 제조 후 가능한 한 빨리 배달하고 사용하여야 한다.

2) 사료의 종류

① 첨가제(additive)

특정한 필요를 충족시키기 위하여 기초사료의 배합 또는 그 일부에 첨가하는 예비배합물(premix, 이하 프리믹스라 함) 이외의 성분이나 성분조합. 통상 미량이 사용되며 취급과 혼합에 주의를 요함

② **완전사료**(complete feed)

특정 배합에 의하여 단독 사료로 급여하도록 배합하여 물 이외에는 다른 물질을 섭취하지 않고서도 생명을 유지하거나/ 또는 생산을 증진할 수 있도록 동물에 영양학적으로 적합한 사료

③ **혼합사료**(compound feed)

자연상태로서 신선하거나 보존 처리된 식물성, 동물성, 또는 이들의 공업적 가공에서 유래한 제품, 또는 유기물이나 무기물질의 혼합물로서 첨가물의 함유여부에 관계없이 완전사료 형태의 경구 급여할 혼합제품(배합사료 참조)

④ **농후사료**(concentrate)

전체적인 영양 균형을 증진시키기 위하여 다른 것과 함께 사용되는 사료로서 보충사료나 완전사료를 생산하기 위하여 희석되거나 혼합되는 사료

⑤ **사료**(Feed ; feeding stuff)

동물이 섭취하기 위한 가공, 반가공 또는 원료상태의 물질

⑥ **배합사료**(formula feed)

특정 규격에 따라 두가지 이상의 원료성분을 혼합 가공한 것

⑦ **원료성분**(ingredient)

(상업용)사료를 생산하기 위한 조합이나 혼합의 구성성분

⑧ **약제처리사료**(medicated feed)

사람 이외의 동물의 질병치료 또는 예방을 위하여 약품성분을 함유한 사료 (주 : 성장촉진제로 사용된 항생물질은 일반적으로 사료첨가제(feed additives)로 간주됨).

⑨ **예비배합물**(premix, 프리믹스)

하나 혹은 그 이상의 미량성분을 희석제 또는 부형제와 함께 균일하게 배합한 것. 프리믹스는 사료의 제조에서 대량혼합, 첨가제의 혼합, 하나 또는 그 이상의 첨가제와 부형제의 혼합에서 미량성분이 균일하게 분산되는 것을 촉진하기 위하여 사용된다.

⑩ **순수사료**(straight feeding stuff or straights)

자연상태의 신선하거나 보존 처리된 식물성, 동물성, 또는 이들의 공업적 가공에서 유래한 제품, 그리고 단일 유기물이나 무기물질로서 첨가물의 함유여부에 관계없이 경구 급여할 제품

⑪ **보충사료(supplement)**

영양균형이나 전체적인 성능을 개선하기 위하여 다른 사료와 함께 사용되는 사료로서 다음의 목적으로 사용된다.

- 다른 사료에 보충제로서 희석시키지 않고 급여
- 별도로 확보할 수 있는 사료의 다른 부분으로서 자유로운 선택을 제공
- 완전사료를 생산하기 위하여 추가로 희석 및 배합

⑫ **조사료(목초)(forage)**

이삭과 씨앗을 포함하는 녹색 식물로서, 신선, 건조(예 : 건초류) 또는 발효(예 : 사일리지)한 상태로 가축에게 소비될 수 있는 것

3) 사양과 관련된 가축의 병원체

사양과 관련된 가축의 병원체는 표 5-2와 같다.

표 5-2. 사양과 관련된 가축의 병원체

전염 특성	사료(사료성분)	건초(발효목초)	초지(방목지)	부산물
1. 가축을 통하여 사람에게 전파될 수 있는 전염성 요인 (인수공통감염병)	•탄저균 아포 •광우병 •살모넬라균 •뉴캣슬병 바이러스*	톡소플라스마	•탄저균 아포 •야생동물 유래 결핵균 류 •촌충류의 알 (예 : 우낭충)	
2. 가축과 사람 모두에게 질병을 유발할 수 있는 비 인수공통전염성요인 혹은 이러한 것들의 생성물		•보툴리즘독소 •리스테리아		
3. 사람에게 건강상 문제를 유발할 수 있는 가축에 있어서의 유행성 질병 유발요인	•아프리카 돼지콜레라 •구제역, 돼지콜레라를 일으키는 바이러스			•아프리카 돼지콜레라 •구제역, 돼지콜레라를 일으키는 바이러스
4. 가축과 사람에게 질병을 유발 하는 비 전염성 요인	알레르기를 유발 하는 곰팡이 균사와 포자	알레르기를 유발 하는 곰팡이 균사와 포자		
5. 가축과 사람에게 질병을 유발 하는 비 전염성 요인에 의한 생산물	곰팡이독소	곰팡이독소	곰팡이독소	

* 뉴캣슬병의 바이러스는 사료를 통하여 가금류 전파되며 공기를 통하여 조류에서 사람으로 전파될 수 있다. 감염의 위험은 매우 낮다. 사람에서 이 바이러스는 수일간 가벼운 결막염과 코감기 증상을 보인다. 가금육으로부터 사람에게 전염될 위험은 없다.

6. 무기질과 가축의 질병

가축의 체조직 내에 필요한 무기물은 대사과정에 필요한 물질인데 이는 사료를 통하여 공급되어야 한다. 무기물의 생리적 기능은 첫째, 골격과 치아 등의 경 조직을 구성(Ca, P, Mg), 둘째, 단백질 및 지질의 구성(Fe, P. S. K. Cl. I) 그리고 셋째 생체기능 조절 작용으로서 혈액 및 기타 체액의 가용성 염류로서 존재하며, 혈액, 조직액, 분비액의 pH, 삼투압, 신경의 자극 감수성, 근육의 탄성 유지, 효소 작용.

1) Calcium 결핍증

- 구루병
- 유열(Milk fever) : Calcium 량과 부갑상선의 기능 관계. 임신 말기 Ca 공급과다로 부갑상선 기능 저하가 유발되어 저혈당증(hypoglycemia)으로 호흡마비, 근 허약, 경련 등의 증상으로 악화시 혼수상태로 사망에 이른다.

2) P의 결핍증

- 지방과 당대사에 관여
- 근육의 수축과 에너지 전환
- 식욕 감퇴, 철편, 목편, 모발을 핥아 먹는다.
- 만성 결핍시에는 관절부가 연화된다.

3) Mg 결핍증

- Mg은 신경의 흥분 억제 기능이 있음
- 결핍 : 혈관확장, 신경의 자극 감수성의 항진, 부정맥, 경련

4) K 결핍증

- 발육저해
- 위세포의 염산 분비가 감소되는 것과 혈압저하

5) Fe의 결핍증

- 빈혈

6) Mn 결핍증

- 닭에서 perosis, 사롱란(死籠卵)

7) I(요드)의 결핍증

– 부족하면 갑상선종이 된다(사산, 허약, 無毛豚) : 통풍(Goiter)

비타민 이야기

비타민은 1880년 루닌이 최초로 발견하였으며 영국의 홉킨스가 비타민의 존재를 실험적으로 정리하여 노벨상을 받았다. 자연 식품 내에는 동물의 생명을 유지하고 성장을 시키는데 필요한 소량의 영양소가 존재한다는 것을 알게 되었다. 이 물질을 처음에는 식품 호르몬이라고 불렀다. 맥컬럼은 버터에 들어있는 물질을 발견하고 지용성 A라고 불렀고 유청에 들어있는 것을 수용성 B라고 불렀다.

1912년 풍크는 쌀겨에서 아민에 속하는 물질을 분리하여 동물에 먹여본 결과 효과가 커서 이 물질이 동물의 생명에 필요한 아민이란 뜻에서 바이탈과 아민(vital amine)을 합쳐 비타민이라 명명하였다. 비타민 A, B, C, D, E 등은 발견 순서에 따라 붙인 이름이다. 비타민 K만 혈액응고 작용이 있어 독일어의 응고라는 뜻의 머리글자인 K를 따서 이름을 지었다. 비타민은 적당량을 섭취하면 건강 유지에 큰 도움을 준다. 그러나 지용성 비타민은 과량 섭취 시 부작용을 유발한다.

7. 산업동물에서 항생제 오남용

(1) 항생제 오남용 관리필요성

최근 국내외적으로 약제 내성을 가진 슈퍼박테리아의 출현이 증가됨에 따라 적절한 치료제 부재 등 동물에서의 항생제 사용이 사회적인 문제로 대두되고 있다. 대표적으로 널리 알려진 MRSA(Methicillin–Resistant *Staphylococcus aureus*)는 세칭 '초강력 균(Super bug)'으로 항생제에 강한 저항성을 가지고 있다. 내성균의 출현과 항생제의 적절한 유통 및 사용, 내성관리에 대한 문제는 동물, 축산식품, 환경 및 사람 등을 포함한 전 국가적인 관심의 대상이 되고 있다. 축산농가에서 항생제 오・남용은 심각한 수준으로 알려지고 있으며, 이에 따른 사람에게 내성균이 전파될 것이 우려됨에 따라 축산물의 안전관리대책 수립과 체계적인 항생제 관리 시스템 구축이 매우 시급한 실정이다.

외국에서는 동물용 항생제의 사용은 반드시 수의사의 처방에 의하여 사용토록 하고 있으나 우리나라는 수의사의 처방에 의한 투여는 7.5%밖에 되지 않는다. FAO(세계식량기구)/OIE(세계동물보건기구)/WHO(세계보건기구)는 동물약품의 안전사용을 위하여 지속적으로 인체용과 동물용으로 사용되는 항생제의 종류를 구별하여, 수의사의 처방에 따라 필요한 곳에 최소한의 유효수량만을 사용하여야 함을 강조하고 있다.

(2) 항생제 내성문제

항생제 내성문제는 국민의 건강 및 생명과 직결되어 있다. 최근 FAO, OIE, WHO에서도 다양한 항생제로 인한 내성세균의 출현이 사람은 물론 농, 수, 축산 및 환경에까지 광범위한 피해를 줄 수 있다는 우려에 따라 내성세균의 발현을 억제할 수 있는 다각적 노력을 시도하고 있다.

1) 항생제 사용 및 내성균 안전관리

항생제 내성 문제가 사람은 물론 농, 수, 축산 및 환경에 까지 광범위한 피해를 줄 수 있다는 우려에 따라 FAO, WHO 및 OIE 공동으로 농, 수, 축산 및 인체용으로 사용되는 모든 항균 물질에 대한 내성 발현 문제를 검토하여 항균물질의 과도한 사용으로 인한 내성 세균의 발현을 최대한 억제하기 위한 관리 방안, 국제 가이드라인 개발과 항생제 내성 안전관리를 위한 과학적이고 체계적인 조사가 이루어지고 있다. 이미 미국 등 선진국에서는 국가적인 차원에서의 항생제 내성 모니터링 사업을 실시하고 있으며, 세계적으로 항생제 내성 문제에 대처하고 있다. 향후 국내에서도 내성균 문제는 소비자안전 뿐만 아니라 국민건강을 위협하는 심각한 상황으로 발전할 가능성을 지니고 있다. 미국 FDA(Food and Drug Administration)에서는 21세기 공공보건에 가장 큰 위협을 끼치는 항생제 내성 세균 출현문제를 다루기 위해 이미 1996년부터 체계화된 연구를 실시하고 있다. 일본에서도 1999년도부터 동물유래 식품매개성 병원세균 및 지표세균에 대해 전국적인 약제 내성 조사를 시작하였으며 2000년도부터는 축산진흥 종합 대책사업에 근거하여 전국적인 약제 내성 네트워크를 구축하고 있다.

2) 국내 동물용 항생제 안전

우리나라에서는 동물용 항생제를 안전하게 사용하도록 하기 위하여 「배합사료제조 동물용의약품 첨가 사용기준」, 「동물용의약품 안전사용기준」 등을 정하여 농가에 대하여 동물 약품 안전사용 수칙에 대한 교육·홍보를 실시하고 있다. 아울러 배합사료제조용 동물용의약품에 대하여 내성 및 안전성이 우려되는 아보파신 및 스피라마이신, 아프리노시드, 스펙티노마이신, 올라퀸독스, 플루벤다졸 등을 사용금지 조치(03.1) 한 바 있고, 니트로퓨란계 약품에 대해서 제조 및 수입금지 조치(03.2.1)하고, 기 허가된 니트로퓨란계 137품목을 허가 취소한 바 있다. 최근 우리나라에서도 축산물을 통한 인체에 미치는 영향이 우려됨에 따라 동물에서의 항생제 사용을 절감하는 추세이다. 이러한 추세에 따라 우리나라 정부에서도 배합사료 첨가용으로 사용할 수 있는 항생제 종류를 현재 54종에서 일본의 수준인 25종으로 감축하는 등 항생제 사용을 절감하는 방안을 추진하고 있다.

(3) 축종별 항생제 사용량

우리나라의 축, 수산분야에서 사용되고 있는 항생(항균)제 판매실적(수출포함)을 살펴보면, 01년도는 1,595톤, 02년도는 1,541톤, 03년도는 1,439톤으로 판매실적이 조금씩 줄어드는 추세이다. 용도별 항생(항균)제 사용추이를 살펴보면, 축산용(소, 돼지, 닭)의 경우 자가 치료 및 예방용 등의 용도로 판매되는 항생제가 수출용을 제외한 전체 축산용 항생(항균)제 판매량의 50% 정도로 가장 높고, 배합사료제조용(42~56%), 수의사처방용(6~7%) 순이다. 축종별 항생(항균)제 사용추이는, 소, 돼지, 닭 및 수산용 등 주요사육가축에 한정하여 판매량 비율은 돼지에서 약 55~58%로서 항생(항균)제가 가장 많이 사용되고 있었으며, 닭은 22~24%, 수산용 11~16%, 소는 6~9%의 순이었으며 이러한 축종별 사용량의 차이는 국내 축종별 사육두수와 비례한다. 국내 항생제 종류별 사용량은 Tetracyclines 계열이 2004년 484톤으로서 전체 사용량의 약 50% 정도를 차지하고 있으며, 다음이 Sulfonamides 약 115톤, Penicillins 약 101톤이 사용되었으며, 이외 Aminoglycosides, Macrolide, Quinolone, Polypeptide 순으로 많이 사용되고 있고, Cephalosporins계열은 동물에서 상대적으로 가장 적게 사용되었다.

(4) 축산용 항생제 관리와 향후 과제

전체적으로 국내 축산용 항생제의 사용은 축산 선진국에 비해 사용량이 많다. 또한 사용에 있어서 질병에 대한 직접적인 치료용 보다는 사료 첨가제나 축산 농가에서 약품 도매상 등을 통해 항생제를 직접 구입하여 자가치료 및 예방용도로 대부분이 사용되고 있다. 전체적으로 Tetracyclines 계열이 전체 판매량의 절반 이상을 차지하고 있으며, 내성균 분리율에 있어서도 축산용으로 많이 사용하는 항생제에 대한 내성율이 높은 것으로 나타나고 있다.

항생제의 사용시에는 국제적으로 공동인식인 「신중사용의 원칙」에 따라 약물동태, 원인균의 약제 감수성 조사 자료 등에 근거하여 항생제의 신중한 선택이 요구된다. 특정 질병에 대응하는 용법·용량 및 상용상의 주의를 준수하여 적정사용을 철저히 하고 사료 첨가용 항생제에 대하여도 정해진 사용의 방법의 기준을 준수하는 것이 요구되고 있다. 그러기 위해서는 의사의 진단과 처방에 의해 동물용 항생제를 사용토록 관련 법규를 마련하여 항생제의 올바른 사용을 유도하여, 결과적으로 항생제 오・남용을 줄이는 것은 중요하다.

국가 항생제 내성 안전관리사업은 앞으로 전국수준에서의 축산분야 각종 세균의 항생물질 감수성 실태조사를 지속적으로 확대 실시하여 내성균 관리대책 수립에 활용할 것이 요구된다. 아울러 현재 가축에서 사용되어지는 항생제 중 사료첨가용 항생제의 비율이 50% 이상으로 사용되고 있어 추후 이들 사료첨가용 항생제에 대한 내성균 분포조사에 의한 평가도 필요할 것으로 생각된다. 가축유래 내성균주의 사람의 의료에 미치는 영향에 관한 위험도에 대한 분석 및 평가를 실시하여 불필요한 조치나 우려를 불식시키는 것도 하루 빨리 풀어야 할 숙제이다. 또한 축산물중 잔류항생제 모니터링을 실시하고 위반 농가에 대해서 잔류방지를 위한 홍보와 계도를 강화하고, 아울러 축산농가에 대해서는 "동물용의약품 안전사용수칙" 등을 철저히 준수토록 교육, 홍보를 강화하여 철저한 위생관리로 안전한 축산물이 생산되고 소비자에게 공급 되도록 한다.

Chapter 6 역학 및 전염병 관리

1. 역학 및 전염병관리

역학(Epidemiology)은 군집 내 발생하는 질병에 대한 조사와 발생 원인에 대한 연구로서 어원은 그리스어로 Epi(=upon), demio(=people) 그리고 logy(=discussing)에서 유래하였다. 좀 더 포괄적인 차원에서 역학은 군집 내 발생하는 모든 생리적 상태 및 이상 상태의 빈도와 분포를 기술하고, 그 빈도와 분포를 결정하는 요인들을 원인적 연관성(causal association) 여부에 근거를 두고 그 발생원인을 규명하여 효율적인 예방법을 개발하며, 집단에서의 질병 발생을 결정하는 요인을 연구하는 학문으로서 그 핵심은 집단이다. 수의역학은 동물 집단에 대한 건강과 관련된 사건을 관찰하고 추론하며, 생산성에 대한 평가를 포함하는 것이 오늘 날의 추세이다.

(1) 역학

1) 역학이 추구하는 목적

① 발생원인이 알려진 질병의 기원을 규명
② 알려지지 않은 질병을 조사하고 관리
③ 질병의 자연사에 대한 정보를 획득
④ 질병예방 프로그램을 계획하고 감시

⑤ 질병으로 인한 경제적인 평가 및 질병관리 프로그램 결정을 위한 경제적 손익을 분석

2) 역학의 유용성

① 질병발생의 원인 규명 역할
② 질병발생과 유행의 감시 역할
③ 원인을 알지 못하는 질병의 조사와 관리
예 : 소의 흉막폐렴은 그 원인 균이 분리되기 전에 전염성 성질을 이해함으로서 근절되었고, Rinderpest는 도살정책으로 원인 균이 밝혀지기 전에 근절, 천연두의 경우는 virus가 분리되기 전에 예방효과로 박멸하는 것처럼 괴질에 대해 적절히 대책을 세우고 관리하게 한다.
④ 보건사업의 기획과 평가자료 제공역할
⑤ 질병의 생태학과 자연사에 대한 정보 획득
⑥ 질병관리 프로그램의 계획, 관찰 및 감시
⑦ 질병의 경제적 영향 평가로 질병관리 프로그램의 비용과 경제적 편의 분석
⑧ 모형화

3) 질병발생의 역학적 인자

① **삼각형 모형설**

질병발생이 숙주, 환경, 병인의 3대 요인의 상호작용에 의하여 발생

- 병인적 인자(agent factors) : 질병발생의 병인적 인자로서 ① 생물학적 인자인 세균, 바이러스, 기생충과 ② 물리화학적 인자인 계절, 기상, 대기, 수질 및 각종 유독성 물질 등이 중요한 병인으로서 작용하지만, ③ 미지의 어떤 요인이 될 수도 있다. 이들 병인적 인자는 질과 양 그리고 상태에 따라서 그 작용이 다르기 때문에 이것은 질병 발생에 있어서 무한한 변수로서 작용한다.
- 숙주적 인자(host factors) : 숙주로서의 주체적 특성은 병인에 대한 감수성이나 저항력이 다양한 변수로 작용한다. 인간숙주의 역학적 특성은 ① 숙주의 생물학적 인자로서 성별, 연령별 특성과 ② 인구집단의 사회적 요인 및 형태적 요인으로 종족, 직업, 사회경제적 계급, 결혼 및 가족상태 등의 특성과 ③ 숙주의 체질적 요인으로 선천적 인자, 면역성 및 영양상태 등 다양한 특성에 따라 질병발생에도 다양한 변수로 작용하게 된다.
- 환경적 인자(environmental factors) : 질병발생을 좌우할 수 있는 환경적

인자로서는 ① 생물 환경(병원소, 활성 전파체인 매개곤충, 기생충의 중간숙주의 존재), ② 물리적 환경(계절의 변화, 기후, 실내외의 환경), ③ 사회적 환경(인구밀도, 직업, 사회풍습, 경제생활의 형태 등)이 있으며, 이들은 질병 발생과 유행에 있어서 큰 변수로서 작용하게 된다.

② **수레바퀴 모형설**

질병발생 요인이 인간숙주를 둘러싸고 있는 ① 생물학적 환경, ② 물리화학적 환경 및 ③ 사회적 환경과 ④ 인간숙주의 내적 요인인 유전적 요인의 상호작용에 의해서 발생된다고 보는 질병 발생설이다. 유전성 질병은 유전적 요인이 크게 작용할 것이고, 생물학적 요인에 의한 전염병은 물리적 요인이나 사회적 요인보다 생물환경이 더 크게 작용하게 될 것이며, 유전적 소인의 작용은 적을 것이다.

③ **거미줄 모형설**

질병발생의 요인이 어느 특정한 요인에 의해서 이루어지는 것이 아니라, 다원적 요인이 선행되는 여러 가지 요인들과 연결되어서 발생되어, 마치 거미줄 모형과 같은 복잡한 상호관계로 얽혀져서 발생된다는 설이다. 질병발생의 원인을 찾아보면 그 발생의 선행요인이 있고, 또 그 선행요인은 다른 선행요인과 연결되어 있으며, 횡적으로도 다른 요인과 상호관계가 있어서 다양한 상호관계 속에서 질병이 발생된다는 설이다.

4) 역학조사 방법

역학적 연구를 위한 조사의 실제적 접근방법은 ① 관찰적 연구와 ② 실험적 연구로 나누어 생각할 수 있다. 관찰적 연구란 어떤 조사대상에 대해서 실험적 처리나 자극을 가하지 않고, 자연상태 그대로 비교하고 평가하며, 분석해 보는 간단한 관찰과 통계적 처리에 이르기까지의 관찰적 연구를 말한다. 실험적 연구는 실험실 내의 화학적 또는 기계적 처리에 의한 조사가 아니고, 인간집단을 대상으로 하는 실험이기 때문에, 화학요법에 의한 투약효과 판정이나 예방접종 결과가 비처리군에 비해 어떤 효과가 있는지 등을 조사하는 아주 제한된 방법만이 이용될 뿐, 인간집단을 직접 실험대상으로 할 수는 없다. 역학조사는 조사내용과 성격에 따라서 ① 기술역학(記述疫學)적인 조사, ② 분석역학(分析疫學) 또는 실험역학(實驗疫學)적인 조사 및 ③ 이론역학(理論疫學)적 조사 등으로 구분하기도 하지만, 이는 하나의 역학조사환으로 이해될 수 있다. 역학조사환(epidemiologic study cycle)이란 기술역학적 조사를 통해서 얻어진 자료를 수집 분석하여 질병발생에 대한 가설을 설정하고,

이 가설이 옳은지 그른지를 확인하기 위해, 분석역학적 조사로 더욱 상세히 분석하여 가설을 입증한 결과를 근거로 수식화하는 이론역학으로 이어지는 일련의 연구이다.

분석역학적 조사방법으로서는 ① 단면 조사 연구, ② 환자와 대조군의 비교 연구, ③ 코호트 연구, ④ 전향성 및 후향성 연구 등이 있다.

(2) 질병 빈도의 측정

집단 내의 질병 발생을 조사하기 위해서는 기본적으로 정량화, 즉, 질병 빈도의 측정이 이루어져야 한다. 질병빈도를 측정하는 각종 지표는 유병(prevalence)과 발생(incidence)의 개념에 근거를 두고 있다. 질병의 빈도를 측정하기 위해서는 연구대상이 되는 집단의 수를 정확하게 측정하는 것이 중요하다. 연구하고자 하는 질병에 걸릴 가능성이 있는 집단만을 그 연구대상으로 삼아야 한다는 것이다. 예를 들어 전립선암의 빈도를 측정하는 경우 전립선암이 발생하지 않는 여자는 측정에서 제외되어야 한다.

특정질병에 걸릴 위험성이 있는 인구집단을 위험인구(population at risk)라고 한다. 위험인구는 대상인구의 인구학적 특성이나 환경적 요인에 의해 구분된다. 예를 들어 브루셀라증의 경우 감염된 동물에 접촉한 경우에서만 질병이 발생하므로 동물과 접촉이 있는 사람만이 위험인구 연구대상이 된다고 볼 수 있다.

1) 비율(rate)

$$\frac{A}{A+B}$$ (A : 특정사건의 구성원 동물, B : 비특정 구성동물)

변수별 총계백분율(percent total)과 비율을 혼돈해서는 안된다. 이는 모집단 없이 특정사건을 가진 동물만으로 구성된 비율을 뜻한다.

① 분모의 단위

사건의 집단내 발생이 집단 크기에 비해서 수가 적은 경우 계산된 비율은 소수점 이하가 된다. 동물이므로 소수점 이하 단위는 의미가 없으므로 일정단위의 10χ을 곱하여 사건의 비율을 나타낸다. (예, 인구 200만명의 도시에서의 15명의 맹인의 비율 : $15/200\times10^5$으로 표시할 수 있다) 즉, 첫째, 비교하고자 하는 자료에 표시된 단위를 선택한다. 둘째, 정해진 기준 없이 임의로 정할 때는 가장 작은 빈도를 분모로 나누어 소수집단이 되지 않도록 조정한다.

② **시간개념**

산출된 비율이 어느 기간에 발생한 사건인지 또는 어느 시점의 것인지를 명시하지 않으면 의미가 없다.

③ **지역개념**

동물집단의 특성과 속성을 표시하는 것이다.

2) 발생률(Incidence rate)

새로 발생한 환축 수 산정시 환축의 발병일 기준을 증상의 첫 발현, 확진 일자, 신고 일자 등으로 동일하게 적용하고 이를 명시하여야 한다.

3) 유병율(Prevalence rate)

어느 시점 또는 일정 기간 동안의 집단에 존재하는 환축의 비율을 의미한다.

위험에 폭로된 집단 중에서 어떤 질병에 걸린 것을 나타내는 발생률과는 달리 그 당시 존재하던 집단내 환축의 비율을 산출하는 개념이다.

① 시점유병률(point prevalence rate) : 주어진 시점에서 집단 중의 환축 비율이다.

② 기간유병률(period prevalence rate)

4) 발생률과 유병률의 관계

이환기간이 긴 질병은 이환기간이 짧은 질병 보다 단면조사에서 검출될 확률이 더 높다.

P(유병률) = I(발생률) × D(이환기간)

① 유병률과 항생제의 관계에 영향을 미치는 것은 : 항생물질의 치료는 치명률을 낮추지만, 환축의 생명 연장으로 인한 회복기의 환축이 많아서 유병률이 높아짐.

② 반대로 치료 기술의 발전은 질병의 회복 속도를 촉진시켜, 이환 기간을 단축시키고 유병률을 감소시킨다는 분석도 있음.

- 사망률 : 일정기간 내 발생한 사망 건수를 측정하는 것이므로 개념상 사망 발생률과 같다.
- 치사률 : 집단 내 그 질병으로 인한 동물의 사망 규모를 표시함

- 사망 : 자연사망인 경우는 사망으로 표시하고
- 폐사 : 인위적으로 도태시킬 경우는 폐사로 구분 사용함

5) 비율(ratio)

어떤 사건을 측정할 때 비율로 표시하는 것보다는 대비로 표시하는 것(가장 흔히 사용되는 경우가 性比이다.)

예 : 사산율 = 사산수/총출산수(산 것 + 죽은 것)
사산비 = 사산수/총출생수(산 것과 죽은 것의 비)
위험비 = 비폭로군/폭로군

만약, 위험비가 1이라면 폭로군과 비폭로군의 특정 질병발생률이 동일함을 뜻함. Odds(가능성)란 모집단이 없는 경우 환축과 대조군에 발생확률과 비발생확률의 비를 뜻함. Odds의 비는 대상 질병의 발생확률이 매우 낮을 때에만 위험 비에 근사값이 된다.

① **비교위험도(relative risk ratio; RRR)**

Cohort 연구에만 사용이 가능한 원인적 연관성의 가능성 추정에 도움이 되는 대비.

위험에 폭로된 집단에서의 발생률에 위험에 폭로되지 않은 집단의 발생률의 대비로 구한다.

예 : 수의사의 암발생률이 16.59%(A), 일반국민의 암발생률이 16.39%(B)
비교위험도 = A/B = 1.01222
∴ RRR = 1.01이 된다.

② **기여위험도(attributable risk ratio; ARR)**
위험에 폭로된 집단(A)에서의 발생률 위험에 폭로되지 않은 집단(B)의 발생률과의 차이로 어떤 위험 요인 자체가 질병 발생(B)에 관여하는 기여도를 나타낸 것이다.
ARR = A - B = 16.59 - 16.39 = 0.2%(기여위험도)

6) 총계백분률(Percent total)

상대빈도(relative frequency) : 특정집단을 100으로 보았을 때 어떤 변수를 가진 소집단의 상대적 비중이 얼마나 되느냐로 표현하는 것이다.

$$\frac{\text{그 기간 안의 새로 발생된 환축 수}}{\text{일정기간 동안 질병이 확인된 환축이 포함되는 동물집단}}$$

예 : 내원 환축 100두당이라고 해도 발생률이 될 수 없으며, 내원한 환축 100두당 특정질병의 비율(proportion)이라고 표시하여야한다. 내원 환축의 어떤 질병의 발생률로서 표시할 수 없다.

(3) 측정의 정확도와 신뢰도

생물의 현상을 간접적인 방법으로 측정하여 결론을 유도하는 역학연구에서 측정의 정확성은 매우 중요하다.

1) 정확도(validity)

측정의 정확도를 다음 세 가지로 평가할 수 있다.

① **민감도(Sensitivity)**
알고자 하는 참값을 이 측정이 얼마나 반영해 주는가의 정도
종합검진으로 확진된 질병을 어떤 측정도구가 그 질병이라고 판단해주는 능력을 의미

② **특이도(Specificity)**
이 측정도구가 그 질병이 아닐 것을 아니라고 판단해 주는 능력

③ **예측도(Predictability)**
측정도구가 그 질병이라고 판단해 낸 환축 중에서 실제로 그 질병을 가진 환축들의 비율이다. 측정도구 자체의 예측력을 의미함

※ 새로 개발된 검사방법도 정확도가 확인되어야 그 가치를 인정받을 수 있으며, 따라서 민감도와 특이도를 표기하여야 한다.

표 6-1. 측정도구에 의한 결과 평가 방법

<table>
<tr><th colspan="5">종합검진에 의해 확인된 질병</th></tr>
<tr><td rowspan="3">측정결과</td><td colspan="2">(질병 유)</td><td colspan="2">(질병 무)</td></tr>
<tr><td>(양성)</td><td>(a) 진양성</td><td>(b) 가양성</td><td>a + b</td></tr>
<tr><td>(음성)</td><td>(c) 가음성</td><td>(d) 진음성</td><td>c + d</td></tr>
<tr><td colspan="5">1) 민감도 $= \frac{a}{a+c} \times 100$ 2) 특이도 $= \frac{d}{b+d} \times 100$</td></tr>
<tr><td colspan="5">3) 예측도(검사양성) $= \frac{a}{a+c} \times 100$ 4) 예측도(검사음성) $= \frac{d}{c+d} \times 100$</td></tr>
</table>

2) 신뢰도(reliability, repeatability, reproducibility)

측정도의 정밀성을 의미한다(Precision). 동일한 대상을 동일방법으로 측정했을 때 그 측정값이 얼마나 일정성을 보이느냐의 정도이므로, 기술적인 숙련도와 관련이 있다. Zetterberg에 의하면 신뢰성을 다음과 같은 유형으로 설명하고 있다.

① 동일대상을 여러 번 여러 가지 다른 방법으로 측정했을 때 그 결과의 일치여부
  - 빈혈 정도 : 헤모글로빈 값, 적혈구수, 혈구용적 등의 일치여부

② 동일인이 동일 대상을 여러 번 측정했을 때 동일한 측정값을 얻는가 여부 이때 생기는 오차는 관측자내 오차이며, 측정도구의 잘못과 관측자의 기술적 오차가 작용한다.

③ 여러 사람의 관측자로부터 동일한 결과를 얻을 수 있는 측정의 객관성 여부

(4) 역학에서 사용되는 통계 공식

1) 가축의 출생통계

① 조 출생률 $= \frac{\text{축종별 출생 두수}}{\text{동종가축의 총 두수}} \times 100$

② 암컷 가축의 출생률 $= \frac{\text{축종별 출생 두수}}{\text{동종 임신가능 암컷 가축 두수}} \times 100$

2) 가축의 사망 통계

① 조 사망률 $= \frac{\text{축종별 가축 사망 두수}}{\text{동종 가축의 총 두수}} \times 100$

② 임신가축의 사망률 $= \frac{\text{임신 가축의 사망 두수}}{\text{임신 가축의 총 두수}} \times 100$

③ 치명률 $= \frac{\text{어떤 질병의 원인으로 사망한 총 두수}}{\text{그 질병에 이환된 환축 두수}} \times 100$

3) 가축의 질병 통계

① 발생률 $= \frac{\text{일정기간 위험에 폭로된 동종의 가축 중 새로 발생한 환축 두수}}{\text{일정기간 위험에 폭로된 동종 집단의 가축 두수}} \times 100$

② 유병률 $= \frac{\text{일정기간 위험에 폭로된 동종의 가축 중 환축 두수}}{\text{일정기간 위험에 폭로된 동종 집단의 가축 두수}} \times 100$

③ 발병률 $= \frac{\text{동종의 감수성 가축 중 이환 두수}}{\text{위험에 폭로된 동종의 감수성을 가진 가축 두수}} \times 100$

④ 2차발병률 $= \frac{\text{환축과의 접촉으로 이환된 환축 두수}}{\text{환축과 접촉한 가축 두수}} \times 100$

2. 질병발생과 예방

질병(疾病)이란 사람과 동물이 그들을 둘러싸고 있는 내적·외적 환경의 영향에 대응해서 더 이상 평형을 유지할 수 없는 상태를 말한다. 질병 발생의 원인은 독립된 단일개념으로 받아들이기보다는 복합개념(연관성)으로 인식해야 한다. 이러한 질병의 원인을 규명함으로서 예방적인 수단을 확립할 수 있다.

2.1 질병발생 및 유행의 생태학적 개념

여러 가지 환경에 둘러싸여 복잡하게 얽힌 숙주와 병원체간의 상호 작용에 의한 질병 발생 또는 유행의 발생 기전을 개념적으로 쉽게 표현하고 있다.

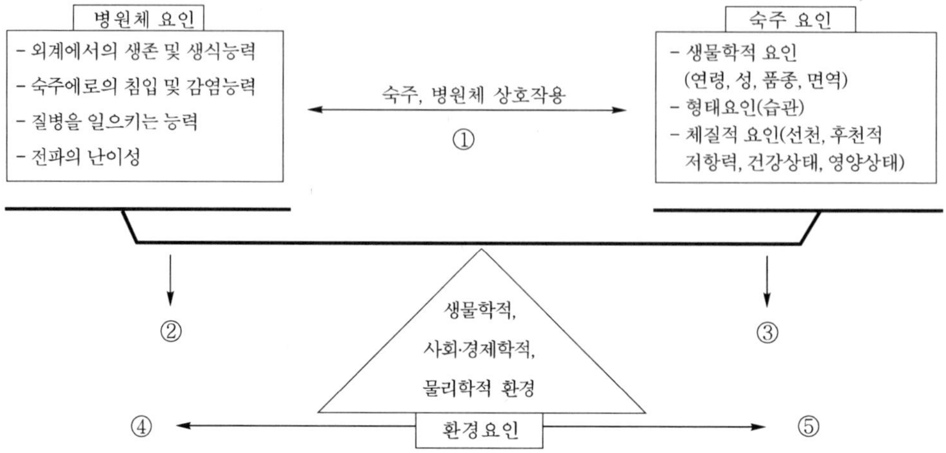

①의 예는 동물개체나 병원체, 숙주, 환경요인들이 평행을 이루고 있을 경우
②의 예는 병원체 요인에 변화가 있을 때 : 인플루엔자 virus가 항원성 변이를 일으켜 감염력과 병원성이 증가되어 유행이 발생하는 경우
③ 면역 수준이 떨어져 숙주의 감수성이 증가하는 경우
④, ⑤의 예는 환경이 이동하였을 때 초래되는 불균형 상태이다.
(평상시 일정 장소에 갇혀 있던 병원체가 이러한 환경의 변화로 여기저기 유포되어 전파가 용이하게 될 경우)

그림 6-1. 질병 발생 및 요인

2.2 감염병

(1) 감염성 질환의 정의

미생물이 숙주 내로 침입하여 증식(multiplication)하는 상태를 감염(infection)이라고 하고, 그 결과 숙주의 생리상태를 변화시켜 이상상태로 나타내는 것을 증상의 발현이라고 한다. 병원체의 감염으로 인해 발병되었을 경우 이것을 감염성 질환(infectious disease)이라고 하며, 이 감염성 질환이 전염성(communicability)을 가지고 새로운 숙주에게 전염시키는 것을 전염병(communicable disease)이라고 한다.

전염성 질환이란 감염된 사람 혹은 동물 등의 병원소(reservior, 병원체가 증식하면서 다른 숙주에게 전파될 수 있는 장소를 제공하는 사람, 동물, 식물 및 흙 등을 말한다)로부터 새로운 숙주로 병원체 혹은 병원체의 산물이 전파되어 발생하는 병을 말한다.

그러나 감염성 질환이라고 해서 반드시 전염병을 일으키는 것은 아니다. 또한, 병원체가 있다고 해서 반드시 감염이 이루어지는 것도 아니다. 병원체의 특성에 따라 기생관계를 이루기도 하고, 공생관계를 유지하면서 숙주의 영향을 유지해 주거나 외부로부터 또 다른 균의 침입을 막아주기도 한다. 어쨌든 감염은 병원체와 숙주의 상호반응의 결과로 성공과 실패가 좌우된다.

병원체가 숙주 내에 침입하면 감염에 일단 성공하거나, 실패하게 된다. 병원체의 양이 숙주를 감염시키기에 불충분하거나, 침입로가 부적당한 경우, 숙주가 면역되어 있는 경우에 병원체는 숙주를 감염시키지 못한다. 이런 전염성 때문에 인간은 끊임없이 감염병으로 인한 고통을 받고 있다. 현대의 과학과 의학의 발달, 생활수준의 향상으로 전염병 발생이 현저히 감소하긴 했지만 여전히 보건상의 많은 문제점을 남겨 두고 있다.

(2) 감염성 질환의 변천과정

1) 종교설 시대(religious era)

오늘날의 종교적 이념의 종교설이 아니라 원시적인 사고방식에 의한 선악신설시대라고 할 수 있으며, 사람들이 선신과 악신의 두 신에 의한 초자연적인 신의 작용에 의존하던 시대이다. 전쟁의 승리, 종족의 영광이나 번영, 무병한 생활 등은 선신의 덕이라 믿었고, 반대로 질병의 유행, 폭풍우, 패전, 기아, 불행, 사망 등은 악신(귀신) 때문이라고 생각했던 신벌설 시대를 말한다.

2) 점성설 시대(astrology era)

이 시대에는 신벌설을 전혀 믿지 않은 것은 아니지만 자연에 대한 인식이 점점 높아짐에 따라 질병의 발생이 환경과 어떤 물리적 상태와 관계가 있다고 믿게 되어 여러 설이 출현하였다. 그 대표적인 것이 별자리의 이동에 따라 질병, 기아, 전쟁 등이 발생한다고 믿는 점성설이었다.

3) 장기설 시대(miasma theory era)

전염병의 전파는 나쁜 공기나 공기 중의 유독물질 때문에 발생된다고 믿던 시대이다. 말라리아(malaria)에서 보는 바와 같이 모기가 매개한다는 사실을 증명할 수 없었던 당시에는 나쁜 공기가 전파한다고 생각했기 때문에 질병 발생 가옥에 대한 연기소독법이 시행되기도 했다.

장기설은 질병관리 방법으로서 오염된 공기를 정화시키는데 대포를 발사하든가 불을 지르는 방법 및 연기소독법(fumigation)이 사용되었다. 이 설은 병인을 설명하는 데에는 미치지 못하였지만 환경위생을 향상시키는데 공헌을 하였다.

4) 접촉 전염설 시대(contagious communicable theory era)

질병 발생에 관해 점성설이나 장기설이 지배적이었으나 질병에 대한 경험이 많아짐에 따라 한 사람으로부터 다른 사람으로 전염할 수 있다고 믿는 접촉 전염설이 나타나게 되었다. 고대 기록에서 보면, 이미 Aristoteles는 페스트 환자의 부근에 있는 건강한 사람에게도 전염된다는 것을 지적하고 있다. 그리고 16세기 초에 매독이 유럽 전역에 만연하였다는 사실도 이 설을 뒷받침하는 근거가 되었다.

5) 미생물 병인론 시대(bacteriological era)

Anton van Leeuwenhook(1676)가 렌즈를 발견함으로써 미소동물(微小動物)을 확인할 수 있게 되어 미생물이 질병 발생의 원인체라는 사실이 인정되기 시작하였으며, Louis Pasteur(1822～1895) 시대에는 특히, 미생물 병인론의 연구가 많이 진전되었다. 질병의 발생은 현미경적 미생물에 기인한다는 것을 증명하였으며, 질병의 우연 발생설은 1860년대에 전복되었다. 그 후 Koch의 탄저균, 결핵균의 발견 및 콜레라의 병원체(Vibrio cholera) 발견으로 미생물의 병인설을 확인하는 등 많은 학자들에 의해서 병원체의 발견이 있었다. 그리고 세균학의 발달로 면역학도 발전하기 시작하여 질병을 예방하는 백신을 개발하게 되어 전염병 예방에 크게 공헌하였다. 오늘날 미생물학, 면역학 등의 기초의학은 많은 발전을 했으며, 질병 예방, 치료, 관리방법 등이 학술적 체계를 갖추게 되었다.

(3) 감염성 질환의 생성과정

감염성 질환의 시간적인 변화는 두 가지 측면으로 살펴볼 수 있다. 그 첫번째는 병원체의 발현을 중심으로 본 변화과정인데, 병원체가 숙주에 침입하여 감염이 일어난 뒤 이동하여, 다른 장기에서 증식하기까지는 시간이 필요하며, 이 기간 동안에는 인체 내 혹은 분비물에서 병원체가 발견될 수도 있고, 발견되지 않을 수도 있는데 이 기간을 잠재기간(latent period)이라고 하며, 이 개념은 전염병 예방에 매우 중요하다. 균이 발견된다는 사실은 인체로부터 균 배출이 시작되었다는 것을 의미하므로, 이 기간을 전염기간(period of communicability)이라고 부른다.

증상이 발현하는 과정을 중심으로 본 변화과정을 살펴보면 다음과 같다. 병원체가 숙주에 침입하여 증상이 발현되기까지는 시간이 필요한데, 이 기간을 잠복기(incubation period)라고 한다. 이 잠복기가 경과되어 충분한 병리적 변화가 일어나게 되면 증상을 나타내게 되고, 점차 숙주의 방어력이 증가하면서 증상이 없어지고 감염은 종결되게 된다. 이 전염병을 질병의 중증도에 따라 분류해보면, 감염되었음에도 불구하고 증상이 전혀 나타나지 않는 불현성 감염(inappartent infection, 예; 소아마비)과 증상이 나타나는 현성감염(apparent infection)으로 구분할 수 있다. 물론 증상이 점차 심해지면서 회복되지 못하고 사망으로 끝나는 경우도 있다.

감염성 질환의 생성과정은 6단계를 거처 이루어진다고 설명할 수 있다. 이 6단계는 병원체, 병원소, 병원소로부터 병원체의 탈출, 전파, 새로운 숙주로의 침입, 숙주의 감수성 등으로 구성되어 있다.

① **병원체(causative agent)**

병원체란 숙주에 침입하여 특정한 질병을 일으키는 데 필요한 미생물로 이들의 독력(virulence), 독성(toxicity), 병원체의 작용양식에 따라 감염자에게서 나타나는 병의 양상은 각기 다르다. 일반적으로 병원체의 분류는 bacteria, virus, rickettsia, protozoa, metazoa, fungus 등으로 나눈다.

표 6-2. 코흐의 가정

Koch's Postulates

1. The specific organism should be shown to be present in all cases of animals suffering from a specific disease but shold not be found in healthy animals.
2. The specific microorganism should be isolated from the diseased animal and grown in pure culture on artificial laboratory media.
3. This freshly isolated microorganism, when inoculated into a healthy laboratory animal, should cause the same disease seen in the original animal.
4. The microorganism should be reisolated in pure culture from the experimental infection.

---

* 어떤 병원체가 그 질병을 유발한다는 것을 증명하려면 위에 열거한 코흐의 가정 4가지를 충족하여야한다. 노벨의학상을 받은 베리 마셜 박사는 위궤양 환자로부터 분리한 헬리코박터를 직접 자신이 먹어 자신의 위에서 재분리를 함으로서 코흐의 가정을 충족시켰고 헬리코박터가 위궤양을 유발한다는 것을 증명하였다.

병원체에는 세균, 바이러스, 곰팡이(진균), 기생충, 리케치아 등이 있을 수 있으며, 병원성 세균, 리케치아, 클라미디아와 바이러스의 특성을 비교하면 다음 표와 같다. 세포 내 기생하는 특성은 리케치아, 클라미디아, 바이러스가 같지만, 바이러스는 DNA 또는 RNA 하나 만을 가지고 있다.

표 6-3. 병원성 미생물의 특징

특성	세균	리케치아	클라미디아	바이러스
세포내기생	−	+	+	+
세포벽	+	+	+	−
이분열	+	+	+	−
세균여과기통과	−	−	+	+
DNA/RNA 공존	+	+	+	−
ATP대사	+	+	−	−
리보좀	+	+	+	−
항생제감수성	+	+	+	−
인터페론감수성	−	−	−	+

㉠ 세균

세균은 모양에 의하여 구균, 간균, 나선균 등으로 나눌 수 있다.

㉡ 바이러스

바이러스는 DNA 또는 RNA 하나 만을 가지고 있어 혼자 생존할 수 없는 상태의 특성을 가지고 있다. 반드시 생존을 위하여 숙주 세포 안에 들어가야 하고 숙주의 핵산을 이용하여 자신에 필요한 물질을 만들게 하여 증식하는 기생 형태의 특성을 가지고 있다.

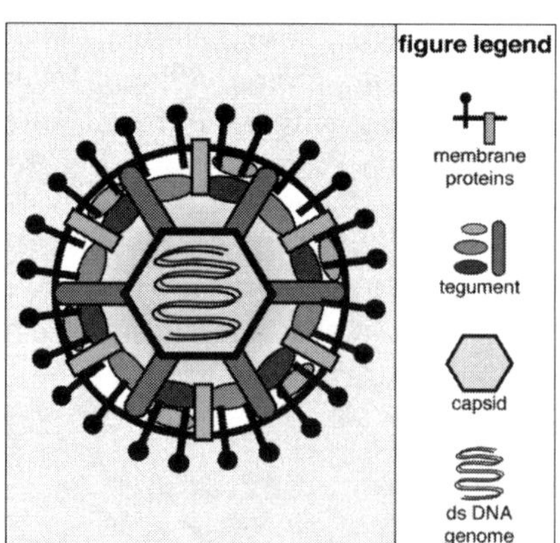

그림 6-2. 바이러스의 구조

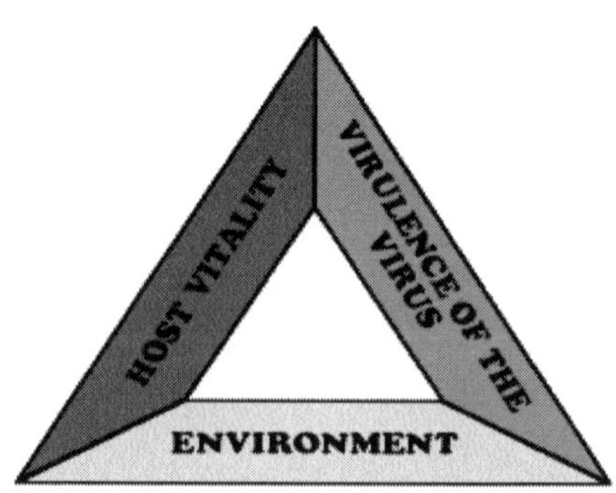

그림 6-3. 숙주, 환경, 병원체 병독성의 관계

㉮ 감염성(感染性, infectivity)

감염성이란 병원체가 숙주 내에 침입 증식하여 숙주에 질병 혹은 면역 등 반응을 일으키게 하는 능력을 말한다. 역학적인 방법으로 감염성의 평가는 한 지역사회 전체 주민을 대상으로 역학조사를 시행하여 각 구성 요소들을 파악하면 가능하게 되는데, 감염성은 다음과 같은 공식을 사용하여 산출할 수 있다.

$$\text{감염성} = \frac{\text{불현성감염자} + \text{현성감염자수} + \text{사망자수}}{\text{주민총수}}$$

㉯ 병원성(pathogenicity)

병원성이란, 병원체가 질병을 일으키는 힘을 말하는 것으로, 보다 구체적으로는 감염된 모든 사람들 중에서 현성 증상을 발현하게 하는 정도를 말한다.

$$\text{병원성(병인성)} = \frac{\text{환자수(발병자수)}}{\text{총감염자수}}$$

㉰ 병독성(virulence)

병독성이란, 임상적으로 증상을 발현한 사람들 중에서 매우 심각한 임상 증상이나 장애를 초래하게 하는 힘을 말하는 것으로, 사망은 가장 심각한 질병의 결과로 독성을 평가하는데 포함된다. 사망으로 인한 경우 치명률(case-fatality rate)이라는 자료를 사용하는데 치명률은 다음과 같은 공식을 이용하여 산출할 수 있다.

$$\text{병독성} = \frac{\text{중환자수} + \text{사망자수}}{\text{총발병자수}}, \quad \text{치명률} = \frac{\text{사망자수}}{\text{총발병자수}}$$

② 병원소(reservior)

병원소란, 병원체가 생활하고 증식하면서 다른 숙주에 전파시킬 수 있는 상태로 저장되어 있는 장소로서 궁극적인 전염원이라 할 수 있다.

병원소의 종류에는 인간병원소, 동물병원소, 토양 등이 있다.

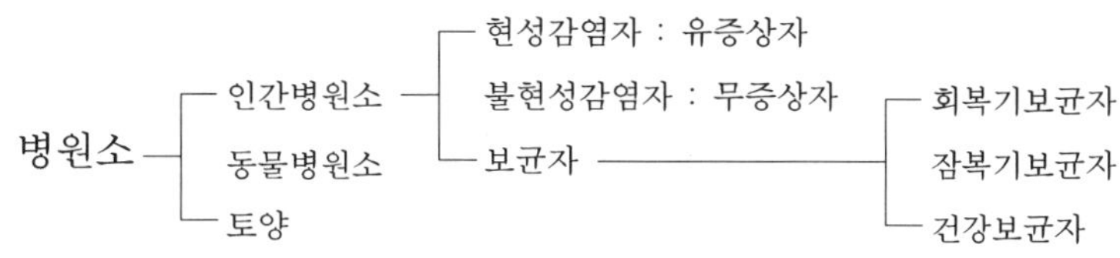

그림 6-4. 병원소의 종류

㉠ 인간 병원소(human reservoir)

㉮ 현성감염자(apparent infection), 유증상자(frank case)

병원체에 감염되어 자각적 또는 타각적으로 임상증상이 있는 사람으로서 흔히 우리가 환자라고 한다. 역학적인 측면에서는 은닉 환자(hidden case), 간과 환자(missed case), 전구기 환자, 현성환자 등이 있으며, 전염병관리라는 측면으로 보면, 현성 환자보다는 은닉 환자나 간과 환자 및 전구기 환자의 경우가 더욱 중요하며, 또한 중증 환자에 비해 경증 환자는 행동이 자유롭고 행동영역이 넓기 때문에 전염원으로서 의미가 크다.

㉯ 불현성 감염자(inapparent infection), 무증상자(subclinlcal infection)

병원체에 감염되었으나 임상증상이 아주 미약하여 본인이나 타인이 환자임을 간과하기 쉬운 환자로서 행동이 자유롭고 행동영역도 제한이 없어 전염병 관리상 중요 관리 대상이 된다. 불현성 감염 보균자로 분류하기도 하나 임상증상이 어느 정도 있어 건강 보균자와는 구분되어 보균자의 분류에서 독립되었다. 무증상 감염을 일으키는 질병으로는 장티푸스, 세균성 이질, 콜레라, 성홍열 등이 있다.

㉰ 보균자(carrier)

자각적, 타각적으로 임상증상이 없는 병원체 보유자로서 전염원으로 작용하는 감염자를 말한다. 보균자는 환자보다도 역학적으로 더욱 중요한 병원소가 되는 경우가 많기 때문에, 전염병 관리상 중요한 대상이다. 즉, 보균자는 자유로이 활동하기 때문에 전염시킬 수 있는 영역이 넓으며, 자타가 경계하지 않기 때문에 전파기회가 많고, 보균자수는 일반적으로 환자수보다 많기 때문에 보균자의 전염원으로서의 역할이 크므로 전염병 관리상 중요한 대상이 되고 있다.

▩ 보균자의 종류

ⓐ 병후 보균자(회복기 보균자) : 전염성 질환에 이환하여 그 임상증상이 완전히 소실되었는데도 불구하고 병원체를 배출하는 보균자로서 세균성이질, 디프테리아 등이 있다.

ⓑ 잠복기 보균자 : 어떤 전염성 질환의 잠복기간 중에 병원체를 배출하는 감염자로서 디프테리아, 홍역, 백일해 등의 감염자가 있다.

ⓒ 건강 보균자 : 감염에 의한 임상증상이 전혀 없고, 건강자와 다름없지만 병원체를 보유하는 보균자로서 디프테리아, 폴리오, 일본뇌염 등에 감염된 보균자에서 볼 수 있다.

그 밖에 병원체가 숙주로부터 배출되는 지속기간에 따라 일시적 보균자, 영구적 보균자, 만성 보균자 등으로 구분되기도 한다.

㉡ 동물 병원소(animal reservoir)

동물이 병원체를 보유하고 있다가 인간숙주에게 전염시키는 전염원으로 작용하는 경우로서 이런 전염병을 인수공통감염병(zoonosis)이라고 하는데, 해당 동물과 전염병은 다음과 같다.

- 소 : 결핵, 탄저(anthrax), 브루셀라(brucellosis), 살모넬라증(salmonellosis)
- 돼지 : 살모넬라증, 브루셀라, 탄저, 일본뇌염
- 양 : 탄저, 브루셀라
- 개 : 광견병(rabies), 톡소플라스마증(toxoplasmosis)
- 말 : 탄저, 유행성 뇌염, 살모넬라증
- 쥐 : 페스트(pest), 발진열(murine typhus), 살모넬라증, 렙토스피라증(leptospirosis), 발진티푸스(typhus)
- 고양이 : 살모넬라증, 톡소플라스마증

㉢ 토 양

토양은 진균류의 병원소로서 작용하는데, histoplasmosis, blatomycosis, sporotrichosis와 파상풍 등이 해당된다.

③ **병원소로부터 병원체의 탈출(escape from reservoir)**

병원소로부터 병원체의 탈출로는 병원체의 종류 또는 숙주의 기생 부위에 따라 다르며, 다음과 같이 분류할 수 있다.

- 호흡기 계통으로 탈출
- 소화기 계통으로 탈출
- 비뇨생식기 계통으로 탈출
- 개방병소(炳巢)로 직접 탈출
- 기계적 탈출

④ **전파(transmission)**

병원소로부터 탈출한 병원체는 다른 숙주에게 감염을 시켜야만 성장 및 증식이 가능하다. 탈출한 병원체가 새로운 숙주에게 감염시키기까지의 전파형태는 크게 직접전파와 간접전파로 나누어진다.

㉠ 직접전파

병원체가 매개체 없이 새로운 숙주로 직접전파되는 것으로 환자의 기침, 재채기 등에 의해서 발생하는 호흡기계 질병(감기, 결핵, 홍역 등)이나 신체적 접촉에 의해서 발생하는 질병(성병과 피부병 등)이 여기에 속한다. 기침, 재채기, 대화시 입안에서 나오는 비말(droplet)인 경우 2 m 이내는 직접전파로 간주한다.

㉡ 간접전파

배출된 병원체가 어떤 매개체를 통해 새로운 숙주에게 운반되는 과정을 말하며, 이 간접전파가 성립하려면

- 병원체가 병원소 밖에서 오랫동안 생존할 수 있어야 하며,
- 매개체가 있어야 한다.

매개체에는 활성 매개체, 즉 생물체인 매개 곤충(animated vehicle, 또는 vector)과 물, 우유, 식품, 공기, 토양과 같은 비활성 매개체가 있으며, 병원체를 운반하는 수단으로만 작용하는 손수건, 의복, 책 등의 비활성 매개체를 개달물(formite)이라고 한다.

간접전파에는 활성 매개체에 의한 것, 비활성 매개체에 의한 것, 공기로 인한 전파가 있다.

㉮ 비활성 매개전파

식품, 물, 생활용구, 완구, 수술기구 등 무생물 전파를 말하는데 이들을 구분하면 식품이나 물과 같이 섭취를 하는 것과 매개체 자체는 숙주의 내부로 들어가지 않고 병원체를 운반하는 수단으로서만 작용하는 개달물(介達物, formite)이 있다. 식품은 이질, 장티푸스, 파라티푸스, 유행성 간염, 폴리오, 콜레라 등 소화기계 전염병의 전파체로서 식품의 관리는 전염병 관리에 있어서 매우 중요하며, 기생충 질환도 식품을 매개로 하여 대부분 전염되고 있다. 물도 수인성 전염병 관리에 대단히 중요하다. 개달물에 의한 전염병의 전파를 개달물 전염이라고 한다.

㉯ 활성 전파

활성 전파란, 생물에 의한 매개로 전파되는 것을 말하는데, 절지동물(arthropod)에 의한 것과 중간숙주에 의한 것이 있다.

절족동물에 의한 전파(vector born disease, 주로 매개 곤충에 의한 전파)는 기계적 전파와 생물학적 전파가 있다.

⑤ **병원체의 신숙주 내 침입(entry into new host)**

병원체의 침입 방식은 병원체의 탈출 방식과 대체로 일치하여 주로 호흡기 계

통, 소화기 계통, 비뇨기 계통, 점막, 피부 및 태반 등을 통해 침입한다. 병원체에 따라 침입 경로가 정해져 있고, 그 경로가 달라지면 감염이 안 되는 것이 보통이다.

호흡기관을 통한 병원체의 침입은 병원소로부터 배출되는 미세한 비말이나 비말핵(飛沫核, droplet nuclei)을 흡입함으로써 이루어지며 때로는 음식물과 함께 입으로 들어간 병원체가 호흡기관으로 침입하기도 한다. 위장관을 통한 병원체의 침입은 오염된 음식물을 섭취함으로써 이루어지는 것이 보통이나 흡입된 병원체가 위장관으로 들어오는 경우도 있다. 점막을 통한 침입은 생식기의 직접 접촉으로 이루어지는 성병이 대표적인 예이고, 그 외 눈의 결막을 통해 이루어질 수도 있다. 피부를 통한 침입은 피부에 병변이 있을 때 접촉을 통한 침입과 동물의 교상(咬傷), 전염병 매개 곤충의 자상(刺傷), 오염된 주사침, 오염된 혈액의 수혈, 구충의 감염기, 유충의 경피침입(經皮侵入) 등을 들 수 있다.

⑥ 숙주의 감수성 및 저항성(susceptibility or immunity of new host)

㉠ 감수성

숙주 체내에 병원체가 침입하였다고 해도 반드시 감염 또는 발병되는 것이 아니고, 그 숙주가 감수성 상태에 있을 때 감염 또는 발병이 일어난다. 병원체가 숙주 체내에 침입했을 때의 방어 작용을 저항력(抵抗力, resistance)이라고 하고, 저항력과 면역(免役, immunity)의 차이는 전자는 비교적인 의미를 가지고 있는데 대하여 후자는 절대적인 의미를 가지고 있다. 즉, 저항력이 충분히 클 때 면역이라고 하고, 이것은 절대적인 방어를 의미하는 것이라고 할 수 있다. 침입한 병원체에 대항하여 감염 또는 발병을 막을 수 있는 능력에 미치지 못하는 방어력 상태를 감수성(感受性, susceptibility)이라고 한다.

㉡ 면역(immunity)

면역은 선천면역(inherent immunity)과 후천면역(acquired immunity)으로 크게 나눈다. 선천면역에는 종속 저항력(species immunity), 인종 저항력(racial immunity) 및 저항력의 개인차(individual immunity)가 있는데 이것을 자가 방어력이라고 한다. 후천면역은 능동면역(active immunity)과 수동면역(passive immunity)으로 구분되며, 능동면역은 자연능동 면역과 인공능동 면역으로, 수동면역은 자연수동 면역과 인공수동 면역으로 구분된다.

㉮ 능동면역

숙주 스스로가 면역체를 형성하여 면역을 지니게 되는 것으로 어떤 항원

(antigen)의 자극에 의해서 항체가 형성되는 것을 말한다. 항원(면역원)이란 간단히 말하면 생체 내에 들어가서 항체를 생산하는 물질이라고 말할 수 있는데 vaccine은 생균(生菌)이나 사균(死菌) 모두, 즉 균 자체가 항원으로 작용할 수 있는 것을 말한다. 능동면역에는 자연능동 면역과 인공능동면역이 있다.

- 자연능동 면역 : 각종 질환에 이환된 후 형성되는 면역으로서 그 면역의 지속 기간은 질환의 종류에 따라 다르다. 즉, 영구면역이 되는 경우도 있으며, 지속 기간이 아주 짧은 경우도 있다.
- 인공능동 면역 : 인위적으로 항원을 체내에 투입하여 항체가 생성되도록 하는 방법으로 생균 vaccine, 사균 vaccine, 순화독소(toxoid) 등을 사용하는 예방접종으로 얻어지는 면역을 말한다.

㉯ 수동면역(피동면역)

수동면역은 이미 면역을 보유하고 있는 개체가 가지고 있는 항체를 혈청 또는 기타의 수단으로 다른 개체에게 주는 방법을 말한다.

- 자연수동 면역 : 자연수동 면역은 태아가 모체로부터 태반을 통해서 항체를 받거나 생후에 모유를 통해서 항체를 받는 방법을 말한다.
- 인공수동 면역 : 면역혈청, 즉 γ-globulin이나 anti-toxin 등 인공제제를 인체에 투입하여 잠정적으로 질병에 대한 방어를 할 수 있도록 하는 것을 말한다. 수동면역은 인공면역에 비하여 면역 효력이 빨리 나타나는 반면에 효력 지속기간이 보통 2~4주 정도로 짧은 것이 특징이다.

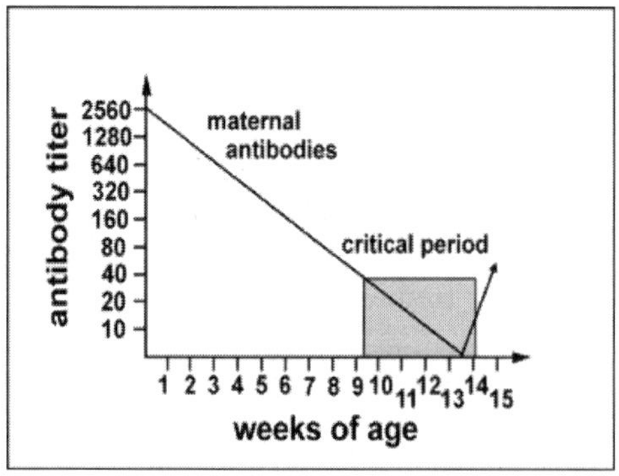

그림 6-5. 모체이행 항체의 소실

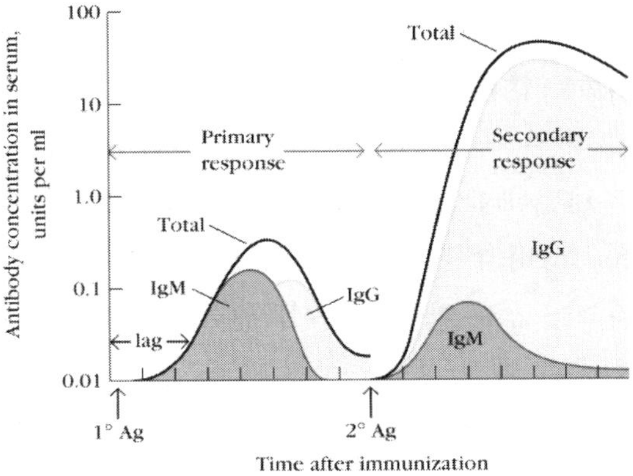

그림 6-6. 백신에 의한 항체가 상승

(4) 감염성 질환의 관리

전염병의 생성 과정은 병원체, 병원소, 병원소로부터 병원체의 탈출, 전파, 병원체의 신숙주내 침입, 숙주의 감수성 등 6개 요소의 연쇄적 작용에 의하여 이루어진다고 하였다. 이들 6개 요소들은 전염병의 생성 과정상 필수 요소가 되며, 위에 적은 순서에 따라 연쇄적으로 작용하기 때문에 6개 요소 중 어느 한 가지라도 결여되면 나머지 다른 요소들이 존재한다고 해도 전염병은 발생하지 못한다.

일반적으로 전염성 질환의 예방과 관리 방법에는 ① 전파과정의 차단, ② 면역증강, ③ 예방되지 않는 환자에 대한 조치 등 세 가지로 요약할 수 있다.

1) 전파 과정의 차단

① 병원소의 제거

동물병원소로 되어 있는 인수공통감염병(광견병, 우형결핵, 페스트, 탄저 등)은 감염된 동물을 제거함으로써 전염병의 전파를 예방할 수 있으며, 인간이 병원소인 전염병은 외과적인 수술이나 약물요법으로 치료해서 환자나 보균자를 없애도록 한다.

② 감염력의 감소

적당한 치료를 하면 환자가 완전히 치유되기 전부터 전염력이 감소하여 전염성 질환의 전파를 막을 수 있다. 매독 환자에게 페니실린을 2~3회 주사하거나 개방성 폐결핵 환자에게 항결핵제를 투여하면 완전히 치유되지 않는 상태에서도 전염력은 줄어드는 것이 그 예이다.

③ **병원소의 검역과 격리**

격리는 다른 사람에게 전염시킬 우려가 있는 환자나 보균자를 그 상태가 해소될 때까지 격리하는 환자 격리(isolation)와 전염성이 있는 전염병 환자와 접촉한 사람이나, 유행 지역에서 들어온 사람, 기타의 경로를 통하여 전염병의 감염을 받았을 가능성이 있는 사람들에 대하여 일정 기간 동안 이동을 제한하여 격리하는 건강 격리 혹은 검역(quarantine)으로 나눈다.

우리나라에서 상주하지 않고 해외에서 유입되지 않으면 질병의 발생이 생기지 않는 외래 전염병의 경우 근본적으로 병원체의 유입을 차단하는 것이다. 이 방법의 가장 중요한 것은 검역을 철저히 하는 것이다.

④ **환경위생 관리**

전염병을 예방 및 관리하기 위한 가장 일차적인 노력은 환경을 관리하는 것이다. 즉, 환경조건을 개선하여 전파 과정을 차단하는 것이 효과적인 전염병 관리 방법이다. 하수 및 폐기물 처리, 물의 정화, 소독, 매개충 관리, 식품 및 우유 위생이 그 내용이 된다.

2) 숙주의 면역증강

감염원과 전파 과정에 대한 철저한 관리를 하더라도 병원체가 숙주에 도달하였을 때 숙주의 감수성이 높을 때는 질병에 걸리게 되므로 감수성이 있는 사람에게 예방접종을 실시함으로써 저항력을 증가시키는 것은 전염병 관리상 매우 중요한 일이다. 그리고 일반적으로 저항력 증강을 위해 영양 관리, 적절한 휴식과 운동, 충분한 수면 등의 관리도 필요하다. 인위적으로 면역을 증가시키는 방법에는 능동면역과 피동면역 두 가지가 있다.

3) 환자에 대한 조치

전파방지나 면역증강의 방법으로도 예방되지 못하고 질병이 발생하였을 때는 가능한 한 최소의 피해로 이를 막도록 노력해야 한다. 일단 질병이 발생하였을 때는 조기진단과 조기치료로서 질병의 경과를 가볍게 하거나 합병증을 줄이고 희생자를 적게 하는, 즉 제2차 예방이 필요한 것이다.

(5) 법정전염병의 종류

신종 전염병의 출현과 전염병 발생 양상의 변화에 대응하기 위하여 2009년 현재 법정전염병 종류는 다음과 같이 분류하고 있다.

표 6-4. 사람의 법정전염병 종류

전염병 분류	전염병 종류	특 성
제1군(6)	콜레라, 페스트, 장티푸스, 파라티푸스, 세균성이질, 장출혈성대장균감염증(O-157)	발생 즉시 환자 격리 필요
제2군(9)	디프테리아, 백일해, 파상풍, 홍역, 유행성 이하선염, 풍진, 폴리오, B형 간염, 일본뇌염	예방접종 대상
제3군(18)	말라리아, 결핵, 한센병, 성병(매독, 임질, 기타), 성홍열, 수막구균성수막염, 레지오넬라증, 비브리오폐혈증, 발진티푸스, 발진열, 쯔쯔가무시증, 렙토스피라증, 브루셀라증, 탄저, 공수병, 신증후군출혈열, 인플루엔자, 후천성면역결핍증(AIDS)	모니터링 및 예방홍보 대상
제4군	황열, 뎅기열, 마버그열, 에볼라열, 바베시아증, 라싸열, 리슈마니아증, 아프리카수면병, 크립토스포로디움증, 주혈흡충증, 요오스, 핀타, 중증급성호흡기증후군, 두창, 보툴리누스중독증	보건복지부령으로 지정
지정 전염병	A형간염, C형간염, 반코마이신내성 황색포도상구균 감염증, 샤가스병, 광동주혈선충증, 유극악구충증, 사상충증, 포충증, 크로이츠펠트-야콥병(CJD)	보건복지부 장관이 지정

3. 질병 발생 3대 요인

(1) 병인체

질병 발생에 직접 관여하는 생물 병원체의 특성에 따라 숙주와의 접촉 양식, 접촉 후의 감염, 그리고 질병 발생 여부가 결정한다.

1) 병원체의 특성

① 감염력 : 병원체가 숙주에 침입하여 알맞은 기관에 자리 잡고 증식하는 능력을 말한다(감염을 일으키는 데 필요한 최소값으로 측정한다).

② 병원력 : 감염된 숙주 내에 현성 질병을 일으키는 능력

③ 독력(Virulence) : 질병의 위중도와 관련된 개념으로 환축의 영구적인 후유증이나 치명률을 측정한다.

2) 병원체의 감염과정

감염은 병원체 ⇒ 숙주 내 침입 ⇒ 정상적인 방어 기구를 누르고 ⇒ 친화성 장기조직으로 침입 ⇒ 발육 증식 ⇒ 발병 된다.

잠재감염(潛在 感染, latent infection)은 병원체가 숙주내에 존재하면서도 숨어

있어 발견할 수 없는 상태를 말한다. 개방감염(開放 感染, patent infection)에서는 병원체가 숙주 체내의 기도 분비물, 분변 등지에서 발견할 수 있다.

전염기란 병원체가 숙주 체외로 배출해 보내는 시기로 다른 개체에 감염을 일으킬 수도 있는 상태를 말한다. 불현성 감염은 임상증상이 없는 감수성 동물이 감염 상태로 병원체를 숙주체 밖으로 배출하는 것으로 공중보건학적으로 매우 중요하다고 할 수 있다.

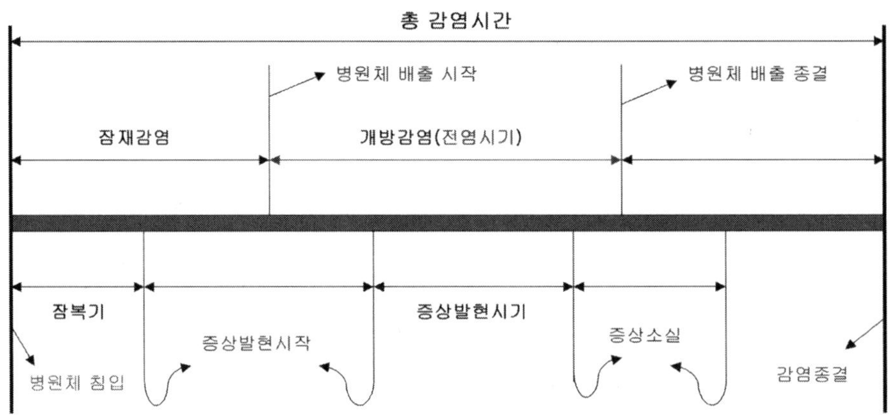

그림 6-7. 병원체 감염의 경시적 변화 과정

표 6-5. 병원체 감염의 경과에 따른 변화

① 병원체 발현에 따른 변화과정 : 감염시작에서 균 배출이 가장 많아 감염력이 제일 높은 시점까지의 기간인 세대기(generation time)
② 임상증상 발현에 따른 변화과정 : 병원체가 숙주에 침입하여 증상이 발현되기까지 표적장기까지 이동, 증식 및 병리적 변화를 야기하는데 필요한 시간인 잠복기(latent period)
③ 잠복기를 알면 감염된 시점을 추정할 수 있고, 이 시점을 중심으로 가능했던 감염원(병원체)을 파악할 수 있다.

(2) 숙주(host, 宿主)

사육방식과 환경의 영향으로 질병에 대한 감수성 차이를 보이며, 이에 관여하는 숙주와 관련된 역학적 요인은 다음과 같다.

1) 연령(年齡)

기생충성, 리켓치아성, 종양 질병은 나이든 동물에서 많고 세균성, 바이러스성은 나이 어린 동물에 많다.

2) 성(性)

호르몬, 사회적, 행동적, 유전적으로 다르다. 암캐의 발정기 동안 인슐린 요구량 증가 영향으로 당뇨병과의 상관관계가 있다.

3) 종과 품종

감수성에 차이가 난다.

(3) 환경

1) 지역

지형, 식물군, 기후는 동물과 질병의 공간적 분포에 영향을 준다. 도시 거주는 대기 오염으로 비특이적 만성 폐질환이 많이 발생한다. 소음·진동 발생 지역은 부신피질호르몬의 분비가 증가되고, 고사리 분포가 많은 지역은 소의 고사리중독이 많다.

2) 기후

① 기온 : 저 체온으로 항상성 상실

② 바람 : 병원체의 매개

③ 습도 : 습도가 높으면 호흡기 질환 위험이 증대(환기 필요성)

3) 스트레스

스트레스는 체내의 내분비기계나 면역체계의 항상성(恒常性)을 무너뜨리는 역할을 한다. 스트레스는 육체적, 정신적인 모든 자극을 의미하며 경고 반응, 저항기, 반응기의 세 가지 증후군을 나타낸다.

4. 질병의 예방대책

질병발생을 궁극적으로 억제하는 것은 좁은 의미의 질병예방이며, 넓은 의미의 예방은 다음 3단계로 구분된다. 즉, 1차적 예방은 건강증진, 환경위생, 영양 등을 통에 사전에 질병을 예방하고자 하는 적극적 예방과 예방접종, 환경정리, 안전관리 등을 통해 사전에 질병발생을 차단하고자 하는 소극적 예방으로 구분된다. 다음 2차적 예방이란 질병초기 또는 임상질환기에 적용되는 것으로 결핵이나 기생충 검진 등과 같이 건강을 해쳐서 질병상태에 있는 사람은 물론 어떤 질병에 걸릴 가능성이 있는 집단에 대하여 개별적으로 질병을 조기에 발견하여 치료, 중증예방 및 재감염을 방지하는 것이다. 마지막으로 3차적 예방은 재활을 위해 의학적 및 직업적인 활동이 가능하도록 최대한 기능을 회복시키는 것이다.

5. 질병의 전염 양식

(1) 접촉 감염(Contact infection)

1) 직접접촉 감염(Direct contact infection)

전염원이 감수성자와 직접적으로 접촉하여 감염되는 것을 말하며, 일반적으로 병원체는 외계에 대한 저항성이 극히 약한 것이 대부분이다(예 : 성병). 신생아의 안질염, 광견병, 서교증, 도살업자의 탄저, 비저 등이 이에 속한다. 이외에도 저항성이 강하면서 이 양식을 취하는 것은 파상풍, 가스괴저 등이 있다.

2) 간접접촉 전염

물건이나 손에 의하여 감염되는 것을 의미한다. 성홍열, 유행성 이하선염, 디프테리아 등이 이러한 전파 양식을 취한다. 두창(痘瘡)의 경우 시간적, 거리적으로 상당히 떨어져서 있음에도 불구하고 두창 환자의 편지를 받고 감염이 된 경우도 있는데 이러한 감염을 개달(介達, Fomites infection)감염이라고 한다. 이외에도 피혁이나 동물의 털에 의한 탄저 감염 등이 있다.

3) 비말전염(Droplet infection)

환자의 기침, 재채기, 말할 때에 미세한 비말에 의하여 감염을 일으키는 경우를 말하며 주로 호흡기증상이 이러한 전파방식을 취한다. 주로 디프테리아, 성홍열, 백일해, 결핵, 폐 페스트, 두창, 폐렴, 비저 등이 있다.

4) 공통 전파체에 의한 전염(Common vehicle infection)

오염된 전파체가 동시에 많은 감수성자에게 전염할 기회를 주어 거의 동시에 폭발적으로 환자가 많이 발생하는 예가 많으나(holomiantic epidemic) 유행의 정점에 도달한 후에는 2차 환자의 속발이 있으며 유행 곡선은 점차 감소하는 경향을 나타낸다.

① **물에 의한 유행(Water - borne epidemic)**

㉠ 경구 감염 : 오염된 음료수에 의한 소화기 전염병으로 세균성 이질, 장티푸스, 파라티푸스, 콜레라, 유행성 간염, Weil's Disease, 야토병, 브루셀라병 등이 있다.

㉡ 경피감염 : 오염된 물에 접촉하여 작업할 때 감염

㉢ 기타 : 임균성 질병, 유행성 안염

② **수계유행의 역학적 현상**

환자의 지리적 분포, 오염된 장소로부터 수계하류에 환자가 발생, 급수지역과 관계가 있다. 환자발생의 일시적 분포, 오염기회가 있은 후 폭발적으로 환자의 발생하며, 2차 감염자가 적다. 잠복기가 길며 사망률이 낮다. 병원체의 침입량이 적으므로 사망률이 낮고 잠복기가 길다. 유행초기에는 환자의 성별, 연령에 차이가 없다(유아는 제외). 오염사실이 증명, 추리된다.

③ **우유에 의한 유행(Milk borne epidemic)**

오염된 우유에 의한 유행은 중증 예가 많다. 환자의 발생이 우유의 배달지역과 일치하고, 잠복기가 짧고, 발병률과 치명률이 높은 것이 수인성 전염병과 다른 점이다. 성홍열, 이질, 장티푸스, 결핵, 유행성 간염, 브루셀라병, 구제역 등이 있다.

④ **식품에 의한 유행 (Food - borne epidemic)**

소화기 점염병이 집단적으로 발생한다. 세균성 이질, 콜레라, 살모넬라, 식중독, 장티푸스, 탄저 등이 있다.

⑤ **수혈 또는 주사기에 의한 전염**

매독, 말라리아, 혈청간염, 유행성 간염

(2) 공기 전염(Air-borne infection)

1) 비말핵 감염(Infection by droplet nuclei)

환자에게서 배출된 병원체가 부착된 비말에서 수분이 증발하여 미세한 비말핵이 되어 공중에 날아다닐 때 감수성자가 흡입하여 전염하는 형식이다. 홍역, 병독성 신생아의 폐렴, 인플루엔자, Q 열, 앵무병 등이 이에 속한다.

2) 절족 동물의 매개에 의한 감염(Anthropod-borne infection)

절족동물에 의한 전염병의 전파는 기계적 전파와 생물학적 전파로 구분된다. 기계적 전파란 매개곤충의 다리나 몸통에 병원체를 부착하여 아무런 변화 없이 다른 동물에게 병원체를 전파하는 방식이며, 생물학적 전파는 병원체가 매개곤충의 몸속으로 들어가 생물학적으로 변화를 거쳐 감염을 일으키는 경우를 말한다.

① 파리 : 장티푸스, 파라티푸스, 이질, 콜레라, 살모넬라
② 바퀴 : 장티푸스, 파라티푸스, 이질, 콜레라, 살모넬라
③ 등에류 : 야토병
④ 쇠파리 : 아프리카 트리파노소마병, 피부라이슈매니아, 내장라이슈매니아
⑤ 각다귀 : 웅코셀카증
⑥ 모기 : 말라리아(Anopheles), 필라리아(*Culex fatigans*, *C. pipiens*), 뎅기열(*Aedes aegypi*), 황열(*Aedes aegypi*), 일본뇌염(*Culex pipiens*, *Aedes togi*), 독성뇌염 및 기타(*Culex tarsalis*, *C. tritaeniorhynchus*), 야토병(*Aedes cinereus*)
⑦ 벼룩 : 페스트, 발진열
⑧ 이 : 발진티프스, 이매개성 회귀열
⑨ 침노린재 : 아메리카 트리파노소마증(Tratoma, Rhodnius, Panstrongylus)
⑩ 진드기 : 츠츠가무시병, 칠도열, 출혈열, 야토병, 홍반열, 리케차 두창, 리케차성 아프리카 진드기열

6. 질병의 유행양식

(1) Endemic

어느 지역에 특정 질병이 항상 존재하고 비교적 오랜 기간 동안 발생수준이 일정한 경우를 말한다.

1) 고수준(high grade)의 endemic

사람의 HBV(B형 간염바이러스), 개의 파보장염, 디스템퍼 감염처럼 발생수준이 높은 경우

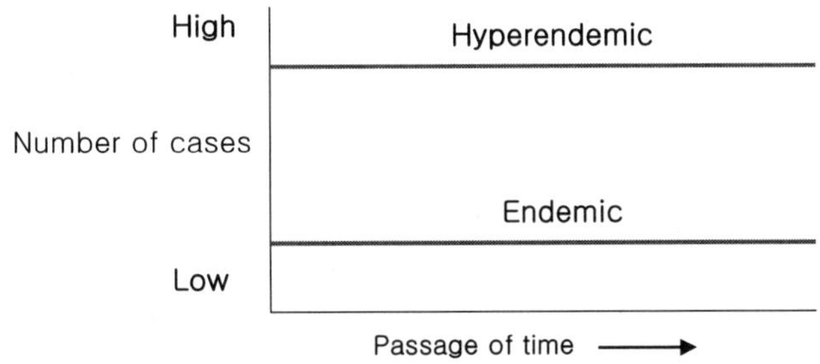

그림 6-8. 고수준 및 저수준 en6mic

2) 저수준(low grade)의 endemic

발생수준이 낮은 경우, 개 렙토스피라증, 개 심장사상충, 사람의 결핵, 장티푸스, 제주도의 사상충증(상피증) 등

(2) Epidemic

어떠한 지역사회에서 비슷한 성격을 가진 발병 군이 통상적으로 기대했던 이상의 빈도로 발생하는 상태를 말하며, 통상적으로 기대했던 빈도란 수년 동안의 평균 발생지수(endemic index)를 말한다.

1) endemic epidemic

평상시에는 잠잠했다가 어떤 계기에서 폭발적으로 발생(예 : 잔치 집에 갔다 온 사람에게 장티푸스 발병)

2) exotic epidemic

외부로부터 들어온 것

3) point epidemic

한 시점에서 폭발적으로 많은 환자가 발생. 대개 단일 감염원(common vehicle)에 의해 집단에 퍼진 것

4) pandemic

한 국가 이상 또는 대륙에서 동시에 환자가 많이 발생하는 경우

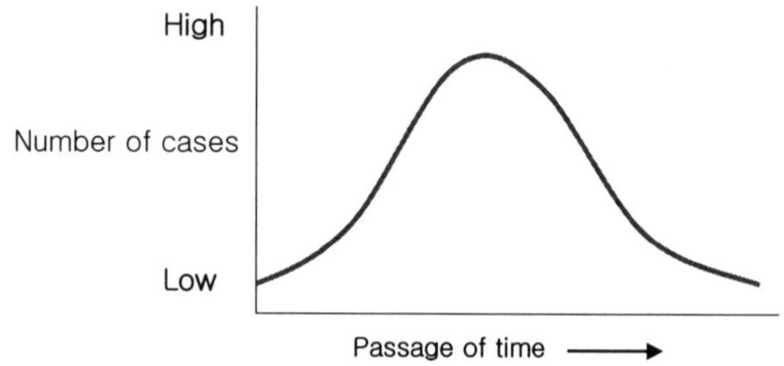

그림 6-9. epidemic 유행양식

(3) Sporadic

광범성도 아니고 유행성도 아니며 때때로 발생되는 질병으로 출혈성장염이나 O157 : H7성 대장균 감염 등이 있다.

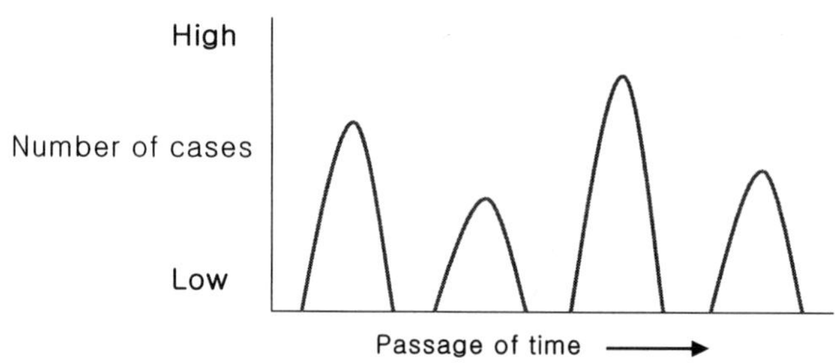

그림 6-10. Sporadic 질병의 양식

(4) 생물학적 현상

노인, 남녀, 영양

(5) 시간적 현상

1) Secular trend or change(추세변화, 장기파동)

장시간(수세기)에 걸친 변동을 보이는 것으로 많은 선진국에서 지난 50년간 결핵, 백일해, 성홍열 등은 급격히 줄었고, 위암도 감소하였으나 폐암은 증가하고 있다.

2) Cyclic fluction(순환변동)

수년(2~3년, 3~4년 등)을 주기로 질병 유행 양상이 변동하는 것이다. 사람의 홍역, 백일해 등이 2~3년 주기로 큰 발생이 생기는 것은 대상 지역 구성원의 이 질병에 대한 면역성을 갖고 있는 발병율의 저하 등으로 설명될 수 있다.

① 추세적 변동(장기변화) : trend
② 주기적 변동 : Secular
③ 계절변화 : Season
④ 단기변화

3) 지리적 현상

열대, 온대, 한대, 산악, 평지

4) 사회적 현상

경제적 조건, 빈곤

7. 방역의 원칙

(1) 전염원에 대한 대책

국외 전염병의 침입 방지, 환축 또는 보균축의 발견 및 처치, 소독, 서류나 곤충의 구제

(2) 숙주(감염체)에 대한 대책

개체의 저항력 증가 및 적극적 예방접종 프로그램의 적용

(3) 전염경로에 대한 대책

소독을 철저히 하고, 가축전염병 예방법(시도지사의 권한) 등의 행정력 동원한 조직화

(4) 위생교육의 철저

일반인과 축주들을 대상으로 한 전염병에 대한 중요성, 예방수칙, 소독방법 및 행정당국과의 긴밀한 공조 등에 대한 대국민 홍보교육

(5) 차단방역(Biosecurity)

병원체의 유입과 확산 방지를 위해 수행되는 일련의 과정이다. 구제역이나 고병원성 조류인플루엔자와 같은 병원체 확산을 위해 필수적으로 적용된다.

8. 소독과 소독법

소독이란 미생물 가운데서 병원체만을 멸살시키거나 또는 그 수를 감소시켜 병원성을 발휘하지 못하게 하는 것이다(방역에서 가장 기본적인 방법이다).

① 멸균(sterilization) : 미생물을 완전히 사멸 제거하여 버린 상태
② 소독(disinfection) : 병원미생물의 감염력을 없애기 위하여 그 물질을 처리 하는 것

- 물리적인 방법
  열, 여과, 건조, 표면장력, 삼투압, 일광과 방사선, 음파
- 화학적인 방법
  산, 알카리, 계면활성제, 알코올, 알데히드 및 살균성 가스, 할로겐, 중금속, 산화제, 석탄산과 크레졸, 색소

(1) 소독과 소독법

1) 소독의 의의

소독이란 비교적 약한 살균력을 작용시켜 병원 미생물의 생활력을 파괴하여 감염의 위험성을 없애는 조작이다. 멸균(sterilization)이라는 말은 소독과 달리 강한 살균력을 작용시켜 병원균, 비병원균, 아포 등 모든 미생물을 멸살시키는 조작을 말한다. 따라서 멸균은 소독을 내포하지만 소독이 멸균을 의미하지는 않는다. 방부란 의미는 병원 미생물의 발육과 그 생활 작용을 제지 및 정지시켜 음식물의 부패(putrifaction), 발효(fermentation)를 방지하는 방법으로 방부가 소독이 될 수는 없다.

2) 이학적 소독법

① 열처리법

㉠ 건열멸균법(Dry heat sterilization)
- 화염멸균 : 불꽃 속에서 20초 이상 접촉시키는 방법
- 건열멸균법 : 160~170℃, 1~2시간 멸균처리

㉡ 습열멸균법(Moist heat)
-저온멸균 : 아포를 형성하지 않은 결핵균, 살모넬라균 등의 세균을 멸균하

는 방법으로 우유 저온멸균법은 63℃에서 30분, 건조과실은 72℃에서 30분, 포도주는 55℃에서 10분, 그리고 아이스크림의 원료는 80℃에서 30분간 소독, 주류 등도 부패방지를 위해 혹은 원형유지를 위해서 이런 방법을 쓴다.

- 자비소독법 : 100℃의 끓는 물에서 15~20분간 처리
- 고압증기멸균 : 10파운드(115.5℃) : 30분간, 15파운드(121.5℃) : 20분간, 20파운드(126.5℃) : 15분간
- 유통증기멸균법 : Arnold 멸균기나 Koch 멸균기를 이용하여 100℃의 유통증기를 30~60분간. 아포균을 멸균하기 위한 간헐멸균은 1일 1회에 15~30분간씩 3회 실시하고 휴지기에는 20℃에서 상온에 보존

② 열을 이용하지 않는 방법

- 세균여과법(Bacteriologic filtration) : berkefeld 여과기, 석면제품인 Seitz 여과기 등
- 자외선 멸균법
- 무균조작법

③ 희석법

④ 소각법

(2) 화학적 소독법(약물소독의 작용기전)

1) 화학적 소독법

① 살균작용의 기전

- 균체막의 파괴 : 승홍, formalin
- 균체단백질의 변성 : alcohol, acetic acid, 염소제제
- 균체 표면을 둘러싸서 호흡 저해를 일으키는 작용 : 염소제제, 소금
- 가수분해작용 : 강산, 강알칼리, 끓는 물
- 산화작용 : 염소와 그 유도체, H_2O_2, $KMnO_4$
- 균체단백응고작용, 삼투압의 변화, 효소계의 침투
- 균체단백과 중금속염과 같은 염을 형성한다.

한편, 항생제나 설파제는 균체의 대사작용 저해, 효소 생성의 저해, 단백질 합성 저해 등을 일으켜 증식을 억제하는 작용을 한다.

(3) 소독약 사용의 일반적 상식

① 소독전에 청소가 선행되어야 한다.

② 농도가 짙다고 반드시 소독력이 강한 것은 아니다.

③ 소독약의 온도를 높임으로써 효과 증대 (승홍의 500배 액을 탄저 아포에 작용시키면 30도의 온도에서는 10분, 0도에서는 4~5시간이나 걸린다.)

④ 희석은 경수(지하수)를 피한다.

⑤ 대상 병원체를 잘 고려하여 약제를 선택

⑥ 산과 알칼리계통의 소독제를 동시에 사용하지 말것

⑦ 조제 후에는 즉시 사용

⑧ 적당한 약물류의 혼합으로 소독이 증강될 수 있다. - 알콜은 70% - 석탄산 5% 농도액, 진한 염산(또는 황산, 식염)을 1%의 비율로 추가 - 승홍수를 사용할 때에는 소량의 염산이나 식염을 첨가하는 것은 상식

(4) 소독과 멸균에 영향을 주는 요인

① 세균체의 구성 성분

② 아포의 유무

③ 세균의 발육기

④ 단위 용적중의 세균수

⑤ 주위환경의 온도

⑥ 단백질의 혼입 및 소독 대상물의 pH와 염류의 농도

(5) 소독약의 구비 조건

① 소독력이 강하여야 하며, 동물에 대한 독성이 약해야 한다.

② 화학적으로 안정성이 있어야 하고, 수용성이 높고, 부식성이 없어야 한다.

③ 침투력이 크며, 지방과 냄새의 제거력이 있어야 한다.

④ 저렴하며, 사용이 간편해야 한다.

(6) 국내 시판중인 소독제의 국내 허가현황 및 성분별 특성

1) 산화제(oxidizing agents)

산화제는 기체상의 산소를 발생하는 과산화제(peroxides)와 기체상의 산소를 방출하지 않으면서 산화작용을 가지는 할로겐제로 나눌 수 있다. 산화제는 소독효과가 신속하게 나타난다.

① **과산화제(peroxides)**

과산화제는 발생기 산소의 소독력을 이용한 소독약으로 과산화수소, 과붕산소다, 과망간산칼륨, 과산화벤조일, 과산화초산 등이다.

㉠ 과산화수소(hydrogen peroxide)

- 과산화수소는 무색무취의 수용액이나 특이한 맛을 가지고 있다. 구강점막과 접촉하게 되면 포말이 생성된다. 과산화수소용액은 비교적 안정하며 약산성을 나타낸다.
- 알칼리, 유기물질 또는 금속과 접촉하게 되면 분해된다. 2.5～3.5%의 과산화수소용액이 소독약으로 많이 사용된다. 과산화물 파괴효소인 카탈라아제와 접촉할 때 산소를 방출하여 살균효과와 탈취효과를 나타낸다.

㉡ 할로겐계 소독약(halogens)

할로겐계 소독약은 염소 또는 요오드를 함유하는 소독약으로 주로 세포막 및 원형질의 단백질은 산화시킴에 의해 소독력을 발휘한다. 이들 제제는 저렴할 뿐 아니라 신속한 살균효과를 나타내며 다양한 병원성 미생물에 대한 살멸효과를 가지고 있어 주요한 소독약으로 간주되고 있다.

③ **염소제(chlorine)**

㉠ 염소제는 강력한 산화제이며 매우 엷은 희석용액에서도 소독작용 및 탈취작용을 가지고 있다. 차아염소산염인 차아염소산나트륨, 염소화라임(chlorinated lime) 또는 클로라민류인 이염화이소시안산나트륨(sodium dichloroisocyanurate) 등이 많이 사용되고 있는 염소제이다.

㉡ 이들의 작용기전은 비전리형의 차아염소산(HClO)을 발생시켜 살균력을 발휘하게 된다. 산성일수록 살균력은 증대되고 알칼리성에서는 살균력이 감퇴된다. 살균작용은 그람양성, 그람음성균에 모두 유효하다.

㉢ 고농도로 사용하면 바이러스, 아포에도 효과를 나타내므로, 구제역 방역용 소독제로 사용되고 있다. 염소제는 유기물의 존재에 의해 효과가 감소되고 또 탈색작용이 있으며 피부 자극작용이 있어 사용상 주의를 요한다.

④ **요오드제(Iodine)**

㉠ 요오드제는 물에 녹기 어렵기 때문에 알코올 및 담체에 녹여 사용한다. 요오드제는 산화제이며 그 소독력은 매우 크고 또 항균범위가 넓다.

㉡ 그람음성균, 그람양성균에 대해 아주 우수한 살균력을 가지고 있으며 그 외에 진균, 기생충란, 아포 및 바이러스에도 유효하다. 요오드는 유효한 소독약이며 반대염성자극효과도 가지고 있다. 요오드는 빨리 작용하나 체조직과

그 밖의 단백질에 의해서 빨리 불활성화 된다.

㉮ 요오드팅크(Iodine tincture) 요오드팅크는 요오드 6 g, 요오드화칼륨 4 g을 70% 에탄올 100 ml에 녹인 팅크제이다. 우수한 소독력에 비해 소독 부위를 황염시키고 피부에 자극성이 있는 결점을 가지고 있다.

㉯ 요오드포르(Iodophors) 계면활성제를 첨가한 복합 물질로서 요오드틴크가 가진 피부 자극성을 개선한 제제이다.

- 우수한 소독력을 가지고 있어 수의 임상에 많이 응용되고 있다. 계면활성제로 사용되는 담체로 합성고분자물질이 많이 사용되며 포비돈 요오드(povidone iodine)제제가 시판되고 있다. 요오드 함량이 낮기 때문에 변색 정도는 크지 않으나 살균효과가 6~8시간 유지된다.
- 갈색을 나타내는 동안은 효력을 가지고 있다고 판단할 수 있다. 요오드포르는 유방염 예방치료에 사용된다.

표 6-6. 국내시판 과산화제와 할로겐제

구분	주성분		국내시판 제품
과산화제	과산화수소		바이오크린
	과붕산소다, 과망간산칼륨, 과산화벤조일 등		-
할로겐제	염소제	차아염소산나트륨	제일락스, 지락스, 하라솔, 하이락스, 안터러스액, 에스에프가라솔, 크린솔, 파워락스
		이염화이소시안나트륨	크렌테, 바이오크론, 라이프가드정, 바이오크론 500, 바이오크론정, 신일클로지 100, 신일클로지 50, 신일클로-t, 애니가드, 퀵사이드, 크렌테 500
	요오드제	요오드팅크	천세포비돈요오드, 포비돈요오드-케이에스, 바이오센트리 아이오다인, 아이오산지, 엘, 요도화, 제미틴-에스, 타트가드플러스
		요오드포르	베타딘연고, 베타딘농축액, 브라운딥, 수산용 포비돈, 아이오딘액, 에스에프-포비돈, 옥도풀, 포브엘, 포비딘

2) 환원제

환원제 소독약에는 포름알데히드, 글루탈알데히드, 이산화유황이 있다.

① **포름알데히드(formaldehyde)**

- 포름알데히드는 무색의 자극성이 있는 액체로서 방부제 및 조직표본 제작에 널리 사용되고 있다. 40% 포름알데히드 수용액을 포르말린이라고 한다.
- 피부자극성과 냄새가 있기 때문에 기구 및 실내소독에 많이 이용된다.

표 6-7. 국내시판 환원제 속독약

주성분	국내시판제품
포름알데히드	케이세븐, 품마스타
글루탈알데히드	그루탈액, 글루타에프, 네부톨, 디씨앤알, 라이프라인-지에이, 메디사이드, 브롬가드, 바라싸이드바이랙스200, 바이제로, 바이크린, 썬사인-SF, 슈퍼글루, 에프엠킬, 올바이-지큐, 올사이드,옴니싸이드, 옴니졸, 울트라올비, 유한글루타알데히드, 지피씨8, 팜키파-1, 퍼펙트존,한풍글루드액, 히튼비루사이달
이산화유황	-

- 포르말린은 대부분의 미생물을 죽인다. 즉 그람양성 및 음성균, 항산성균, 포자생성균, 바이러스, 곰팡이는 포르말린에 대해 감수성을 가지고 있다.
- 이 제제는 유기물에 의해 영향을 받지 않으며 세균세포 표면의 아미노기와 결합함으로써 소독의 효과를 발휘한다. 포름알데히드는 훈증소독이나 분무소독으로 사용하는데 건물의 훈증소독시에는 보통 과망간산칼륨과 포름알데히드용액을 3 : 5의 비율로 혼합하여 사용하며 3 m^3 당 45~90 g의 과망간산칼륨을 사용한다.
- 훈증소독하는 방은 적어도 10시간 이상 밀폐하여야 한다. 물이 튀지 않도록 주의해야 하며 물이 튈 경우 뜨거운 용액이 멀리까지 튀어나갈 수 있다. 과망간산칼륨은 훈증시 덩어리 상태가 좋으며, 공간을 밀폐하기 직전에 포르말린을 붓는다. 소독할 공간에 미리 물을 뿌려두면 소독효과가 좋아진다.
- 포르말린은 구제역 발생 지역으로부터 수입되는 볏짚, 옷, 덩어리 사료, 곡물 등의 소독에 사용하며 훈증소독이 어려울 경우에는 2% 포름알데히드 용액을 분무하여 소독할 수 있다.

② **글루탈알데히드(glutaraldehyde)**
- 이 제제는 포름알데히드에 비해 피부 및 점막에 대한 자극성이 낮다. 광범위한 병원성 미생물에 대해 감수성을 가지고 있어 구제역 방역용 소독제로 사용하고 있다.
- 단백질(예, 혈청) 존재하에서도 살균력을 유지하며, 살균작용은 알칼리성에서 강하다. 이 제제는 pH 7.5~8.5의 2% 완충용액으로 사용시 가장 효과적이다.

③ **이산화유황(sulphur dioxide)**
- 이산화유황은 유황을 연소할 때 기체상으로 생성되는 물질이다.

- 이 제제는 축사의 세균, 바이러스, 기생충 및 해충을 소독시키기 위해 훈증법으로 사용된다.

3) 산 및 알칼리제(acids and alkalis)

① 구제역 방역용 소독제로 사용되고 있으며, 강력한 광물성 산은 소독작용을 가지고 있으나 부식 효과가 있어 무생물의 소독에 응용되고 있다.

② 염산, 구연산(citric acid), 초산(acetic acid) 용액 등으로서 보통 단일제제보다 복합제품으로 많이 판매되고 있다. 여러 가지의 알칼리제가 소독약으로 사용되고 있는데 그 예로 가성소다, 탄산소다, 생석회 등이 있고, 값이 저렴하여 대단위 소독에 적합하다. 유기물이 많은 환경에서도 소독효과가 좋기 때문에 오물이 많은 축사 내외부, 뜰, 차량, 하수구, 쓰레기, 배설물 등의 소독에 이용하며, 규정 농도에서는 비교적 안전하지만 눈, 피부에 직접 닿지 않도록 주의하여야 한다.

표 6-8. 국내 시판 산성 및 알칼리제 소독약

구분	주성분	국내 시판 제품
산성제제	① 구연산 ② 염산 ③ 과초산 ④ 복합산성제제	구제솔, 그린백, 그린졸, 액시톱, 메가크린, 모아킬, 싸이크린, 스트롱, 씨트릭존,씨트러스킬, 액시크린, 액씨드윈, 닥터큐, 메트릭스, 바이오시드30, 옥시킬, 워파스테릴, 핀 바이러스, 하이퍼록스, 안텍팜플루이드, 안텍롱라이프250S,버콘에스, 그린업, 라이프자켓, 바이킬, 크린업-에프, 파워사이드
알칼리제	① 가성소다 ② 탄산소다 ③ 생석회	생석회, 강력크리너, 세이프존, 부루사이드, 소다졸, 슈퍼크린, 카니발

4) 알코올계 소독약

알코올계 소독약에는 에탄올, 이소프로판올이 많이 사용되고 있다. 이들은 1가 알코올로서 세포막을 변형시키든지, 세포내 단백질을 응고시킴에 의해 살균효과를 나타낸다. 알코올계 소독약은 아포와 바이러스에는 효과가 없다.

5) 페놀계 소독약

페놀은 외과수술용으로 최초에 사용된 소독약이지만, 부식작용이 있으며 또한 소독력이 낮기 때문에 소독약으로서 현재는 많이 사용되지 않고 있다. 페놀계 소독약의 주된 작용기전은 세포벽 및 세포막의 파괴이다.

표 6-9. 국내시판 페놀계 소독약

구분	국내 시판 제품	비고
페놀	바이오펜	
크레졸	제일크레졸	
오르소클로로벤젠	백시졸(cresol 과혼제), 네오졸, 단졸, 슈퍼조르 오메졸, 올소졸케이제이벤졸, 크로벤, 디엠졸, 에이졸, 산졸, 박틀플러서	크레졸과 혼합제
헥사클로르펜	–	
클로르크실레놀	–	
디클로로메타크레시놀	–	
클로로헥시딘	네오헥시딘, 대한네오딘, 프로피스덤, 헥사딘	
기타	엑스크린, 텍트롤, 라이소-애스크, 엑스크린	

① **페놀**

페놀은 1867년 리스터에 의해 사용된 이래 역사적인 관점에서 주요한 소독제로 간주되어 왔지만 현재는 다른 우수한 소독약이 유용하기 때문에 거의 사용이 되지 않고 있다. 그러나 페놀은 다른 소독약을 위한 소독력 비교용 약물로서 여전히 주요한 위치를 차지하고 있다. 페놀은 0.5%의 낮은 농도에서 정균작용을 나타내고 또 주사제의 방부목적으로 사용이 되고 있다.

② **크레졸**

화학적으로 메틸페놀로서 o-, m-, p-체가 혼재되고 있다. 크레졸 비누액으로 많이 사용되고 있는데, 아포와 바이러스에 무효하며 비누로서의 세정력도 함께 가지고 있다. 희석하여 피부(2%), 기구 및 축사(3%) 그리고 분변(5%)의 소독에 사용되고 있다. 페놀보다 물에 덜 녹으면서 소독력은 강하다.

③ **오르토디클로르벤젠**

오르토디클로르벤젠은 크레졸 등과 같은 다른 페놀계 소독약과 배합하여 사용된다. 통상 오로소제라고도 불리워지는데 가금의 콕시듐의 접합자(oocyst)에 대한 효과가 크다.

④ **기타**

페놀계 소독약으로는 그람양성균에 주로 정균적으로 작용하는 소독제인 헥사클로르펜(hexachlorphene), 클로로크실레놀, 디클로르메타크레시놀 등이 있다.

6) 세정제

① 세정제는 계면활성제로서 여기에는 양이온성 세정제, 음이온성 세정제, 이이온성 세정제가 있다. 세정제는 표면과 계면의 장력을 억제하는 성질을 가지고 있다.

② 계면활성제의 또 다른 작용은 습윤, 분산, 침부, 포말 생성(어떤 경우 포말 생성 억제), 청정작용 등이다. 많은 세정제는 이러한 작용들의 1개 또는 그 이상을 가지고 있으며 동시에 이러한 작용들이 발현된다. 따라서 세정제는 방부작용을 가진 유화제 또는 청정제로 간주되고 있다.

③ 표면장력억제제는 이온성과 비이온성(이이온성)으로 나눌 수 있으며 이온성 세정제는 음이온을 띄기 때문에 약산성에서 효과를 나타내는 음이온성 세정제와 양이온에 의해 효과를 나타내어 알칼리에 활성을 갖고 있는 양이온성 세정제로 다시 나누어진다. 음이온성 세정제와 양이온성 세정제를 같이 사용하면 효과는 길항된다.

④ 세정제는 혈액, 혈청, 농과 같은 유기물질의 존재에 의해서 효과는 크게 감소되며, 바이러스, 포자균, 곰팡이에는 효과가 없다.

표 6-10. 국내시판 이온 세정제

구분	주성분	국내 시판 제품
음이온성 세정제		비누
양이온성 세정제	사급암모늄염 염화벤잘코늄	부롬셉트10%액, 부롬셉트50%액, 브롬셉트5%액, 가드올슈퍼, 발닥크,슈퍼스톱, 아스토푸, 올스톱, 저맥스에스, 저맥스, 크린아킬, 크린엘, 팜가드, 프리존, 파콤에이, 클리피소독제, 아그리메이저, 바이오센트리,팜세이프, 로얄크린, 에이플러스, 뉴파고솔, 히든DDC-500
이이온성 세정제	아미노에틸그리신	파스텐, 사라킬

① **음이온성 세정제(anionic detergents)**

- 음이온성 세정제는 비누(올레산 나트륨 및 칼륨)와 라우릴황산 소듐으로서 이들은 항균작용과 청정작용을 가지고 있다.
- 이들의 항균작용은 주로 그람 양성균에 국한되며 또 항균력이 크지 않기 때문에 다른 항균제와 병용하여야 한다. 비누의 청정작용은 잘 알려져 있으며 그 작용기전은 지방 찌꺼기를 유화시킴과 동시에 각질, 오물, 세포잔괴를 느

순하게 하는 작용에 의한다.

② **양이온성 세정제(역성 비누, cationic detergents)**

- 양이온성 세정제는 역성비누라고도 부른다. 이들은 고분자 염기성 물질의 중성염으로 구성되어 있으며 사급 암모늄 화합물, 로사닐린 등이 있다.
- 음이온성 세제에 비해 알칼리성에서 효과가 크다. 이들 제제는 그람 양성 및 음성균에 효과가 있으나 그람음성균은 높은 농도를 사용하여야 한다. 살균 작용기전은 세포벽을 통과한 후 세포막의 단백질을 변성시켜 세포내 성분을 유출시킴에 의한다.
- 그람 음성균의 세포벽은 지질다당류를 포함하고 있기 때문에 세포벽 통과가 어려워 막 변성작용이 약하다.

㉠ 사급암모늄염(quaternary ammonium compounds)

㉮ 사급 암모늄 소독약은 암모늄(NH_4)에 존재하는 4개의 수소가 유기분자단으로 치완된 것으로 이들 중 하나는 장쇄의 지방 측쇄로 구성시킬 경우 전형적인 양이온성 세정제 역할을 하게 된다.

㉯ 만약에 두 개의 수소가 장쇄로 각각 치환되면 보다 강력한 방부 효과를 가지며 넓은 pH 범위에서 효과를 나타내게 된다. 이들은 모두 알칼리 용액에서 효과를 나타낸다.

㉰ 농, 혈액 또는 혈청 등이 존재하면 흡착과 화학반응에 의해 방부력은 저하하게 된다. 기구 및 기기소독을 하기 위해 먼저 자불 소독에 의해 아포균을 죽이고 부착되어 있는 단백질을 제거한 후 사급암모늄염을 사용하여야 한다.

㉱ 사급암모늄 소독약은 아포균, 바이러스 및 곰팡이에는 효과가 없다. 사급암모늄 소독약은 피부에 층을 형성하기 때문에 외부적으로 강력한 방부효과를 가진다 하더라도 형성된 층 아래에 존재하는 미생물은 살멸시킬 수 없다.

㉲ 알코올을 첨가시키면 효과가 증대되는 것으로 알려져 있다. 4급 암모늄 소독약에는 세트리미드, 염화벤잘코늄 등이 있다.

㉡ 염화벤잘코늄(benzalkonium chloride)

사급암모늄의 양이온성 세정제이다. 물리적 성상은 백색의 겔이며 물과 알코올에 잘 녹는다. 양이온성 세정제이기 때문에 음이온성 비누와의 병용은 금기이다. 염화벤잘코늄의 활성도는 혈청에 의해 감소가 되며 아포균에 대한 효과는 없다.

③ **이이온성 소독약(amphoteric disinfectants)**

- 이이온성 비누라고도 불리워지며 적어도 하나 이상의 양이온기 및 음이온기를 가지고 있어 pH에 따라 양이온성, 음이온성, 비이온성 특성을 나타낸다. 이들 제제의 양이온 및 음이온을 나타내는 성분이 동등하게 있다면 등전점은 pH 7일 것이며 유아의 샴푸에 사용되는 비자극성 세정제가 이에 해당된다.
- 살균력, 항균스펙트럼 및 세정력은 4급 암모늄 소독약과 유사한 것으로 알려져 있다. 에틸아민을 포함하는 글리신 유도체로서 폴리옥틸폴리아미노에틸글리신(polyoctyl polyamino-ethyl glycine), 알킬디아미노에틸글리신(alkyldiaminoethyl glycine) 및 아미노에틸글리신(aminoethyl glycine) 등이 있다.
- 축사, 계사, 축체, 유방, 낙농기구 및 소독조에 0.1~0.2% 액으로 사용된다.

7) 기타의 소독제

그 밖에 소독제로 색소제가 있는데, 아조색소류는 염기성에서 그람양성균에, 아크리딘 색소류는 산성에서 그람양성균, 그람음성균에, 그리고 켄티아니자 및 메틸렌 블루는 그람 양성균에 각각 효과를 가지고 있다.

① 트리페닐메탄계 소독제는 미생물의 글루탐산 대사를 방해함으로써 살균효과를 나타낸다. 브릴리안트녹(brilliant green)과 켄티아나자(gentiana violet)가 대표적인 트리페닐메탄계 소독제로서 그람음성균에 효과가 있으며 혈청의 존재하에서는 이 소독제의 활성을 저항한다.

② 중금속계 소독제는 세균효소의 주요성분과 결합하여 단백질과 복합체를 형성함으로써 항균효과를 나타낸다.

9. 질병의 생물학적 매개

1) 증식형 전파(propagative transmission)

① 페스트(흑사병) : *Yersinia pestis*, 벼룩

② 뇌염 : virus, 모기

③ 황열 : virus, 모기

④ 뎅기열 : virus, 모기

⑤ 재귀열 : *Borrelia redurrentis* (이), *B. dutoni* (진드기)

2) 발육형 전파 (Cyclo-developmental transmission)

① 사상충증 filariasis : *Wuchereria bancofti*, *Brugia malayi*, 모기
② *Mansonella ozzardi* : 모기
③ *Loa loa* : 각다귀

3) 발육증식형(cyclo-develomental-propagative transmission)

① 말라리아 : Plasmodium, 모기
② 텍사스(우)열 : *Babesia bigemina*, 소진드기
③ 수면병 : *Tripanosoma gambiense*, *T. rhodesiene*, 파리

4) 배설형 전파(fecal contamination)

① 발진티푸스 : *Rickettia prowazeki*, 이
② 발진열 : *Rickettia typi*, 벼룩
③ 흑사병 : *Pasteurella pestis*, 벼룩

5) 경란형 전파(transovarian transmission)

① 록키산 홍반열 : *Rickettia rickettesi*, 진드기
② 텍사스 우열 : *Babesia bigemina*, 진드기
③ 재귀열 : *Borrelia duttoni*, 진드기

10. 전염병의 분류

(1) 병원체의 epidemiological pattern 형에 의한 분류

1) Directzoonosis(개 ↔ 개)

병원체가 그 life cycle을 완성하기 위하여 단 1 종의 척추동물을 필요로 하며, 그 과정 중에서 사람 또는 타종의 척추동물에 이행하는 것으로 광견병, 디프테리아, 연쇄상 구균, brucellosis 등이 있다.

2) Cyclozoonosis(양 → 개 → 양 → 개)

병원체가 life Cycle을 완성하기 위하여 2종의 척추동물을 필요로 하는 것으로 양과 개 사이에 유행하는 hydaditosis(포충증), 무구 · 유구조충증 등이 있다.

3) Metazoonosis(모기 → 야생조류 → 모기)

척추동물과 무척추동물을 필요로 하는 것으로 말에서의 arthropod-borne 바이러스성 뇌염의 경우처럼 모기가 매개체이고, 야생조류가 보균자이다. 기타 폐흡충, Pest, trypanosomiasis 등이 있다.

4) Saprozoonosis(토양식물 → 개 → 토양식물 →개)

척추동물과 비 동물성의 reservoir나, 발육 위치(유기분 토양 식물) 등을 필요로 하는 경우로서 개의 선충류들이 토양에 있다가 사람에 감염되어 장내유충 이행증(Visceral larva migrans)를 일으키는 것과 간질증, 파상풍, botulism 등이 있다.

(2) 병원체 보유 숙주의 성질에 의한 분류

1) Anthropozoonosis(개 ↔ 개 → 사람)

Anthropos=인류, Zoo=동물, nosis=질병으로 동물로부터 사람에 감염되어 사람의 감염은 “병원체의 존속”의 의미에서 볼 때는 의미가 없는 terminal infection이 되는 것으로 광견병, 탄저와 같이 사람과 동물 쌍방에 치명적인 질병과 구제역, Newcastle disease와 같이 동물에는 치명적이나 사람에는 가벼운 질병, 또 Brucellosis나 Q 열 등과 같이 동물에는 가벼우나 사람에 중요한 질병 등이 있다. 또한 우 결핵이나 cat scratch disease 등이 있다.

2) Zooanthroponosis(사람 ↔ 사람 → 개)

사람에서 서로 간에 전염되던 것이 동물에도 전염되는 유형 즉, 최종적으로 동물에 감염되는 것으로, 사람 결핵과 디프테리아 등이 있다. 원숭이의 이질(赤痢)은 원래 사람의 것인데 원숭이들 사이에 감염되고 있다

3) Amphixenosis([소 ↔ 소] ↔ [사람 ↔ 사람])

사람과 동물이 같은 병원체에 감염되어 발병하고 어느 한쪽에 끝이 없는 것이 특징으로 staphylococcosis, streptococcosis, influenza. cysticerocosis 및 hydatid disease 등이 있다.

Anthropozoonosis와 유사하며 특징은 처음에 사람과 사람사이, 동물과 동물사이에 자연적으로 전염되다 사람과 동물간에 전파되어지는 것으로 사람의 결핵이 대표적이다.

11. 구충 · 구서

(1) 위생해충

지구상의 60여만 종의 곤충 중에는 인축에 직접피해를 입히거나 질병을 매개함으로서 피해를 주는 해충은 많다. 인축에 직접, 간접으로 피해를 입히는 곤충에 관한 지식을 연구하는 학문을 위생곤충학 또는 의용곤충학이 라고 하며, 파리, 모기, 진드기, 이, 벼룩, 바퀴 등이 있다.

1) 파리

산란 수는 보통 50개~150개/1회이며, 성충으로 되는데는 약 2~3주가 소요된다. 종류는 집파리, 큰집파리, 공주집파리, 쇠파리 등이 있다.

① 파리에 의한 질병의 전파

㉠ 소화기계 질병의 전파 : 장티푸스, 파라티푸스, 콜레라, 세균성 이질 등
㉡ 기생충 질환 : 회충, 편충, 요충, 촌충란 등
- 트리파노소마 : Tsetse fly
- 리슈마니아 : Sand fly(백령)
- *Loa loa* : 등에(deer fly)

㉢ 승저증 : 우연 기생으로 외이도에 기생하는 경우가 있음
㉣ 기타 : 불쾌감, 수면방해, 안정방해

2) 모기

우리나라에 37종이 알려졌으며, Anopheles속, Culex속, Aedes속이 대표적이다. 이들의 생활사는 종류에 따라서 차이가 많으나 온도에 크게 영향을 받는다. 일반적으로 알, 유충, 번데기의 3 시기는 물에서 보내며, 물에서 유충은 4회 탈피한다. 보통 10일이면 성충으로 된다. 학질모기와 집모기는 성충으로 월동을 하고, 숲 모기는 알로 월동을 한다. 대개는 암놈이 월동하며, 굴속, 동굴속, 긴 다리 밑, 볏짚속, 외양간 등이 주된 월동지이다.

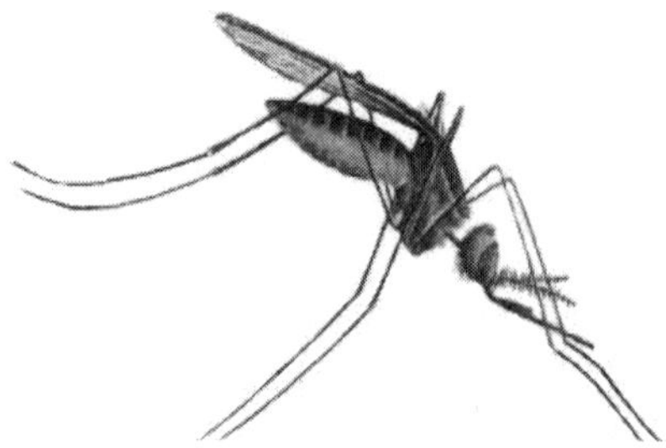

그림 6-11. 전염병 매개체로서 모기

① **종류**

㉠ 중국얼룩날개모기(*Anopheles sinensis*) : 일명, 학질 모기

- 한국 전역에 분포하고 있다.
- 밤 10시부터 12시 사이에 말, 소 등 가축의 피를 흡혈한다.
- 말라리아(*Plasmodium vivax*) 매개체

㉡ 작은빨간집모기(*Culex triaeniorhynchus*)

- 암갈색의 소형 모기로서 우리나라 전역에 분포하고 있다.
- 일본뇌염의 매개체임

㉢ 토고 숲모기(*Aedes togoi*)

- 제주도, 해안지방에 분포한다.
- *Brugia malayi* 의 매개체임

② **모기의 구제 방법**

㉠ 유충구제법

㉮ 발생원인의 제거 및 유류에 의한 구제법

㉯ 살충제 살포법

- 염소화탄화수소계 : BHC, Lindane, Chlordane, dieldrin
- 유기인산에테르계 : malathion, parathion

㉰ 천적활용

㉡ 성충구제법

㉮ 살충제의 공간 살포 : 속효성(pyrethrin, allethrin), lindane, DDVP

㉯ 살충제의 잔류분무 법 : Dieldrin(0.2 gm/m^3)

- 벽면에서 약 6개월 정도 효과가 나타난다.

㉰ 기타 방법 : 모기장, 망창, 기피제(Dimethyl phthalate, Diethyl toluamide)

3) 바퀴

전 세계적으로 250종, 우리나라는 5속 7종이 분포한다. 야간활성이고 질주성 곤충으로 불결한 장소에 군거한다. 알(난)으로부터 부화하여, 6령의 탈피를 40일에 걸쳐서 마지막 탈피 후 1주내 성충이 된다. 1난 협내의 난자는 56개이고 7개의 난협을 산하한다.

① 바퀴의 종류

㉠ 독일바퀴 : 우리나라 바퀴 중 가장 흔한 것으로 소형 종이며, 황갈색, 유충기는 1령부터 6령까지 탈피하나 불완전한 변태로서 번데기는 없다.

㉡ 일본바퀴 : 흉부 배면은 요철이 많으며, 독일바퀴보다 더 큰 종으로 30~40 mm 크기이다.

㉢ 미국바퀴 : 미국에 흔한 종으로 대형종(30~40 mm)이다.

② 바퀴에 의한 피해

㉠ 세균의 기계적 전파 가능성

㉡ 잡식성으로 식해가 있음(경제적 손실)

㉢ 이질, 콜레라, 티푸스, 살모넬라, 소아마비 등을 전파할 수 있음

③ 바퀴의 구제법

잡식성, 야간활동성, 군거생활 등의 생활 습관을 고려하여 불량한 환경조건에서도 저항상이 강하며, 대형종임을 고려하여 구제 방법을 세워야 한다.

㉠ 1936년 DDT 개발 이후 이에 의존하였으나 잔류 독성 문제로 사용 금지됨

㉡ 독이법 : boric acid 40%, 아비산석회 5%, 불화소다 20%

㉢ 설탕과 붕산의 비율을 6 : 4하면 좋은 효과가 기대된다.

㉣ 현재까지 붕산을 사용하는 방법이 효과적인데 이는 인축에 대한 독성이 적고, 사용이 편리하며, 가격이 적게 든다. 처리 후 24~48시간 내에 가장 큰 효과가 있다.

㉥ 훈증법(황, 이황화탄소, chlorpycrin)

4) 벼룩

인축과 쥐 등을 흡혈하는 곤충으로서 1300여종의 은시목 및 쌍시목과 유사하다.

주로 흡혈형이며, 저온 고습한 지역을 선호한다. 벼룩의 1세대는 20일에서 1년간의 간격이 있다.

그림 6-12. 벼룩과 구충제의 적용

① **종류**

㉠ 사람 벼룩(*Pulex irritans*) : 불쾌감, 소양감, 수면방해, 페스트의 매개체로 유명하다.

㉡ 인도쥐벼룩(*Xenopsylla cheopis*) : 우리나라에 가장 많은 종으로 페스트를 매개한다.

㉢ 기타

- 개벼룩(*Ctenocephalides canis*) : 발진열을 전파, *Dipetalonema reconditum* 전파
- 고양이 벼룩(*Ctenocephalides felis*)
- 닭벼룩(*Echidnophaga gallinacea*) : 발진열 전파

② **피해**

페스트와 발진열의 전파

③ **구제법**

0.5~1%의 lindane, 5~10%의 diazinone, 1% malathion

5) 진드기

진드기 종류는 1만종 이상 있으며, 전갈, 거미, 응애 등과 함께 주형강에 속하며, 수의학적으로 중요한 진드기는 참진드기과에 속하는 종들이 대표적이다.

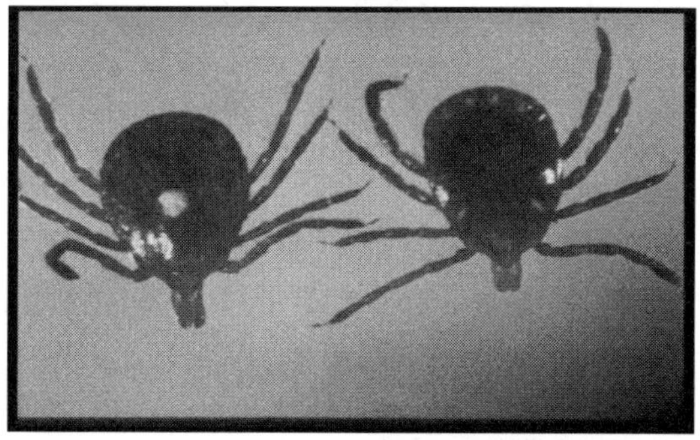

그림 6-13. 진드기

① **종류**

㉠ 식품위생학적으로 중요한 진드기

- 수중다리가루진드기 : 저장식품이나 종자 등에 많이 발생한다.
- 설탕진드기 : 수입된 설탕과 된장 건조 과일 등에서 발견된다.
- 보릿가루진드기 : 곡류나 건어물에서 발견된다.
- 먼지진드기 : 곡류 중에 많이 발생하며, 눈에 띄지 않는다.

㉡ 수의학적으로 중요한 진드기(국내)

- *Boophilus microplus* : 주로 제주도 지방의 소에서 발견되며, Babesia 병의 매개체이다.
- *Rhipicephalus sanguineus* : 개의 *Babesia canis*, *Ehrlichia canis*를 전파하고 바이러스나 Theileria종의 매개체이기도 하다.
- *Haemaphysalis longicornis* : 국내 소에서 주로 발견되며, *Theileria sergenti*(경발육기 전파)와 *Babesia ovata*(경란전파) 그리고 *Coxiella burnetii*의 매개체로 유명하다.
- 응애과에 속하는 *Demodex canis* : 모낭과 피지선에 기생하며 모낭충증의 원인체이다.
- 개선충과의 *Sarcoptes scabiei* : 사람과 특히 동물에서 겨드랑이, 머리, 귀 부근에 심한 가려움증을 일으키며, 피부속 굴에 산란을 한다.
- 귀 진드기로 알려진 *Otodectes cynotis* : 귀 개선충으로 검이경으로 쉽게 관찰되며, 머리를 흔들고 귀를 할퀴는 등의 증상과 방치하면 화농성 염증이 생겨 심한 악취가 발생된다.

② **진드기의 발육 및 생활사**

자유생활형이지만 몇 종은 동식물에 기생하기도 한다. 일생 중 수차례 탈피변태를 반복하는데 충란에서 시작하여 4번째 쌍의 다리가 없어 6개의 다리를 가진 유충(larva)기를 거쳐 약충(nymph)이 되는데, 이 약충은 성충을 외형은 같지만 생식기가 없다. 성충은 하나 또는 그 이상의 약충기의 영충(instar)을 거쳐 성충이 된다. 발육은 온도 25℃와 습도 75~85%에서 10일 가량 소요된다(단백질성 먹이가 있어야 한다).

③ **식품 중 진드기의 확인**

먼지진드기는 어린 묘목이나 농작물에 붙기 때문에 식물의 기생충으로 중요한데, 곡류, 곡분, 건조식품, 약품 등에서도 볼 수 있고, 기관지 천식 환자에서도 발견된다. 확인을 위해서는 시료 2 g을 30 ml 삼각플라스크에 담그고 1% 중성세제용액 약 4 ml를 넣은 후 흔든 다음 포화식염수 약 10 ml을 넣고 다시 흔든다.

④ **진드기에 의한 피해**

- 종류별로 다양한 질병(바이러스, 리켓치아, 원충, 세균)을 매개한다.
- 흡혈을 한다.
- 가축에서 체중감소 등으로 인한 경제적 손실이 크다.
- 유충이나 약충에 기인된 진드기 마비증상을 가져온다.

⑤ **진드기의 예방 및 치료**

- 식품의 경우 수분 13% 이상의 식품에서 발생하므로 10% 이하로 건조시킨다. 60℃ 이상의 가열이나 냉동으로 사멸 또는 0℃의 저온으로 유지되면 증식이 억제된다.
- 진드기 생활사의 단계별로 각기 달리 적용된다. 성충은 HCHC, 염화탄화수소계의 톡사펜이 가장 일반적이다. 개에서는 ivermectin 주사나 lindane, 9.7% Fipronil, 65% pemethrin 등이 사용된다.

6) 이

이는 전 세계적으로 500여종이 있으며, 대표적인 종류로는 개털이, 폭넓은 털이, 옷이, 머릿이, 털이 등이 있다.

① **피해**

- 발진티프스 : *Rickettsia prowazeki*가 환자의 혈류 중에 존재하는 것을 이

가 흡혈하면, 소화관벽에 번식하여 이의 똥과 함께 배설한다. 따라서 이가 물었을 때 소양감 때문에 긁으면 침입한다.

- 참호열(trench fever), 재귀열(Relapsing fever)

② **구제법**

자비법, 유독가스법, 기계적 방법, lindane, pyrethrine

그림 6-14. 이(lice)의 형태

12. 살처분(Stamping out)

가축의 법정전염병 중 특히 심한 전염성 질병의 만연 방지를 위해 실시하는 예방법의 일종이다.

감염동물 및 접촉한 동물, 동일 축사의 동물 등을 죽여서 처분하는 방법이다.

국내에서는 고병원성 조류인플루엔자 확산 방지를 위해 감염 확진된 농장과 주변 농장의 닭과 오리를 살처분하여 매몰하고 있으며, 구제역 또한 살처분 정책을 실시한다.

Chapter 7 인수공통감염병(Zoonosis)

1. 인수공통감염병의 정의

공중 보건 분야 중에 가장 중요한 부분으로 인수공통감염병을 꼽을 수 있는데 이는 동물과 인간에 공통으로 감염되는 질병으로 정의된다. 인수공통감염병은 원래 Greece어로 Anthropozoonosis, Anthropos=인류, Zoo=동물, nosis=질병을 의미하며, 문자대로라면 "사람과 동물이 같이 감염되는 감염병"인데, 실제로는 사람을 중심으로 생각하여 "동물로부터 사람으로"의 방향으로 쓰이는 게 일반적이다.

최근 조류독감과 같은 인수공통감염병의 확산은 인간과 동물의 밀접한 관계를 고려할 때 SARS와 같은 새로이 유행되는 신종 전염병의 출현과 함께 사회적 파장이

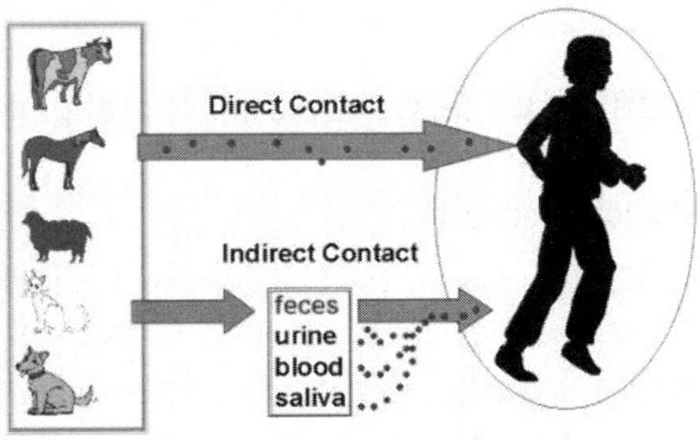

그림 7-1. 동물로부터 인수공통감염병 병원체의 전파 방식

매우 큰 사안으로 받아들여지고 있다. 축산에 중요한 영향을 미치는 인수공통감염병은 만성소모성질병인 소의 결핵이 대표적이다. 인간과 동물 양쪽에 중대한 영향을 미치는 인수공통감염병으로는 brucella, salmonella 및 박쥐매개 광견병 등이 있다. 인간에게는 중요하나 동물에게는 별로 영향을 미치지 않는 인수공통감염병은 Q fever, 리슈마니아 및 선모충증 등이 있다.

표 7-1. 국제수역사무국(세계동물보건기구, OIE) 지정 List A 전염병 : 15종

질 병 명	감수성동물	국내발생 여부	질 병 명	감수성동물	국내발생 여부
구 제 역	우제류(소, 돼지, 사슴 등)	'00,'02년 발생 (OIE는 '02.11. 29 청정화 공식 인증)	돼지수포병	돼지	비발생
우 역	소, 돼지, 면양, 산양	비발생	아프리카 돼지콜레라	돼지	〃
가성우역	산양, 면양, 사슴	〃	수포성구내염	말, 소, 돼지	〃
럼프스킨병	소	〃	아프리카마역	말	〃
우 폐 역	소	〃	조류독감 (고병원성가금 인플루엔자)	조류	발생
리프트계곡열	면양, 산양, 소	〃	돼지콜레라	돼지	발생
블 루 텅	면양, 산양, 소, 사슴	〃	뉴캣슬병	조류	발생
양두 및 산양두	면양, 산양 등	〃			

2. 인수공통감염병의 분류

2.1 감염병원체의 life cycle(epidemiological pattern)의 형에 의한 분류

1) Direct Zoonosis

병원체의 life cycle 완성에 단 1종의 척추동물을 필요, 그 과정에서 사람 및 타종 척추동물에 이행되는 질병으로 직접접촉 혹은 오염된 물질을 통하여 전파되며, 전파과정 중 이렇다할만한 증식은 없고, 주로 동종 척추 동물간에 전파된다. 동물에서 사람에게 1종의 척추동물로부터 직접 전파가 가능하다.

예) 광견병, 디프테리아, 연쇄상구균증, brucellosis 등

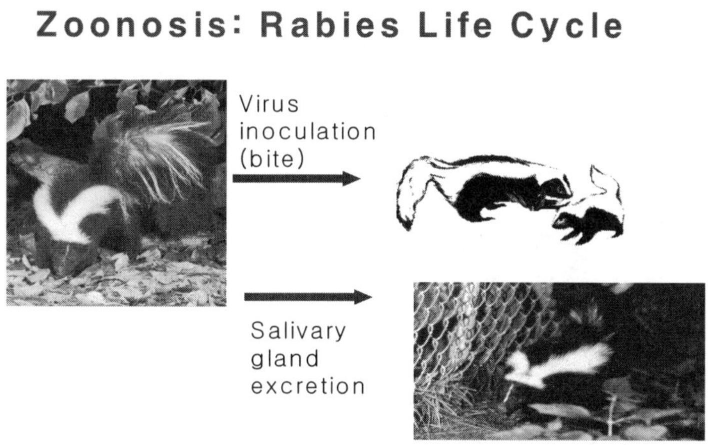

그림 7-2. Direct zoonosis로서 광견병의 life cycle

2) Metazoonosis

Life cycle의 완성에 척추동물과 무척추동물을 필요, 무척추동물의 매개에 의해서 생물학적 전파가 일어나며 무척추 동물에서 병원체가 증식 발달, 다른 척추동물에 감염이 가능할 때까지 외부에서의 잠복기(extrinsic incubation period)가 존재한다.

예) 폐흡충증, arbovirus infection, pest, trypanosomiasis 등.

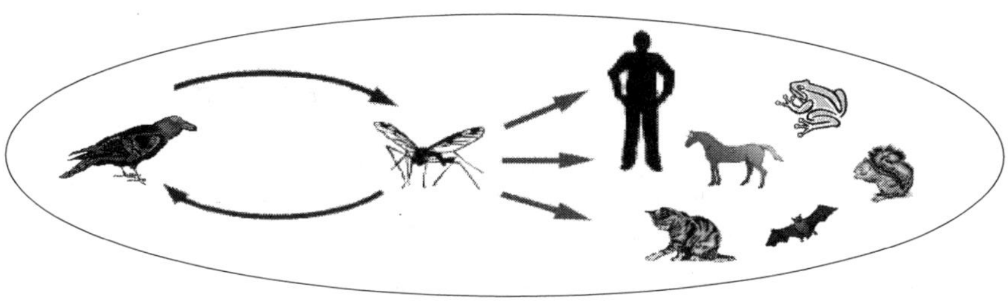

그림 7-3. Metazoonosis의 모식도

3) Cyclozoonosis

life cycle의 완성에 2종 이상의 척추동물을 필요, 그 과정에서 사람 및 타종 척추동물에 이행되며 무척추동물의 매개 없이 2종 혹은 그 이상의 척추동물을 거쳐서 전파한다.

예) 무구, 유구조충증, 포충증 등

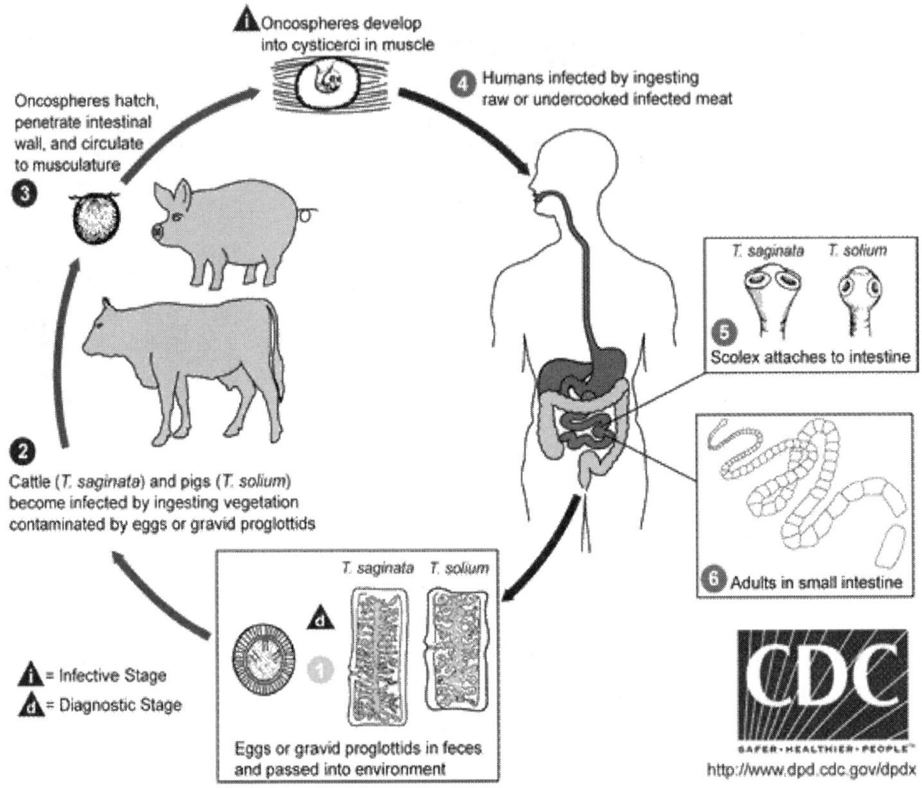

자료출처 : 「Centers for Disease Control and prevention (CDC) http : //www.cdc.gov/」

그림 7-4. Cyclozoonosis로서 유구조충

4) Saprozoonosis(토양식물 → 개 → 토양식물 →개)

척추동물과 비 동물성의 reservoir나, 발육 위치(유기분 토양 식물) 등을 필요로 하는 경우로서 개의 선충류들이 토양에 있다가 사람에 감염되어 Visceral larva migrans를 일으키는 것과 간질증, 파상풍, botulism 등이 있다.

그림 7-5. 동물 종류에 따른 인수공통감염병

2.2 병원체 종류에 의한 분류

(1) 세균성질환

1) 결핵병(tuberculosis)

주요 전염원은 소, 감염 후 소의 담, 분변, 우유를 통하여 배출된다. 호흡기도, 장관, 자궁(태반감염 의미)으로도 감염되며, 모든 사람과 동물이 감수성이 있다.

① 병원체

항산성 세균(Gram positive) 즉, 항산염색 특성을 갖는 가늘고 긴 간균

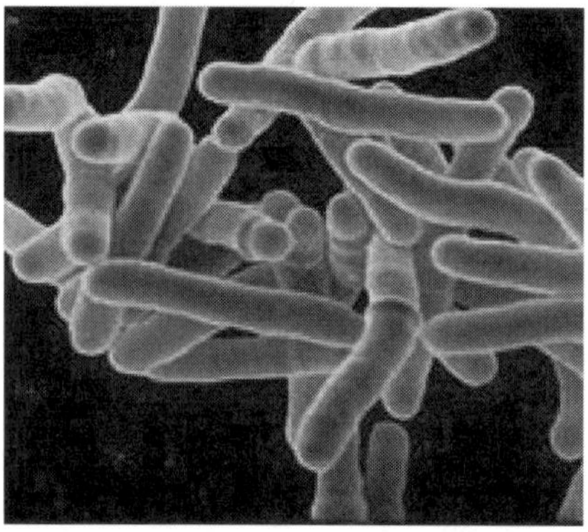

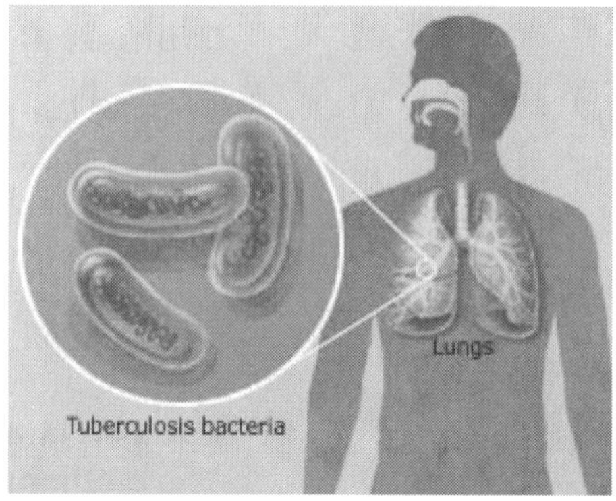

그림 7-6. 결핵균과 폐결핵

- *Mycobacterium tuberculosis* : 인 결핵균
- *Mycobacterium bovis* : 우 결핵균
- *Mycobacterium avium* : 조 결핵균

② **저항성**

- 아포를 형성하지 않으며 일광에 강하다.
- 건조된 객담속의 결핵균은 일광에 126일, 부패된 폐 점액 속에 6주간, 장 내용물에 오염된 비료 속에 178일, 산패된 우유 속에 15일간 생존한다.
- 열에 가장 약하여 저온살균 시 사멸된다.

③ **동물감염**

㉠ 감염동물

㉮ 우 결핵균 : 소, 돼지, 개, 산양, 고양이, 말, 카나리아, 앵무새, 원숭이

㉯ 인 결핵균 : 원숭이, 돼지, 개, 소, 앵무새

㉰ 조 결핵균 : 가금, 돼지, 밍크, 동물원의 야조, 소, 양, 사슴

- 소는 주로 inhalation(비말 핵 감염) : 사료, 물을 통하여 감염, 밀집 사육 시, 감염 우와 접촉, 감염우의 우유를 통하여 감염된다.
- 돼지는 주로 세 가지 유형이 모두 감염 : 사람의 신발에 의한 감염

④ **감염 양식**

소는 호흡기, 송아지는 경구 감염되며, 돼지는 오염된 밥 찌꺼기에 의한 경구 감염이 된다.

⑤ **증상**

㉠ 폐결핵, 장기결핵, 장결핵

㉡ 장기별 병소의 이병율 : 폐(75%), 폐늑막(55%), 복막(48%), 간(28%), 척추

(19%), 흉늑막(7%), 기관지(3%), 장(1%)의 순이다.

⑥ **예방**

㉠ 우형균 감염에 대한 예방은 OT(Old tuberculin), PPD(Purified protein derivate)(투베르클린 반응) 검사로서 감염우의 검색 및 살처분을 실시

㉡ 도축검사 시 결핵병이 있는 소는 폐기

㉢ 생우유의 음용을 피하고, 우유의 살균소독 철저

㉣ 개, 고양이, 원숭이 등 반려동물의 정기적인 검색.

㉤ 인형균 감염에 대한 예방을 위하여 BCG(Bacillus Calmetta & Guerin)로 예방접종과 생활환경을 개선시킨다.

㉥ 객담이나 배설물은 5% phenol, 20% cresol에 12시간 이상 혼합하여 소독하여야 한다.

㉦ BCG는 결핵에 대한 항체를 형성하며, 우 결핵균을 230회 계대배양시 병원성이 약화되고 항원성이 증가된다.

2) 탄저(Anthrax)

주로 초식동물의 급성열성전염병이다. 사람에서도 치명적인 인수공통감염병이다. 생물학전과 바이오테러를 위한 세균으로도 연구, 이용되고 있다.

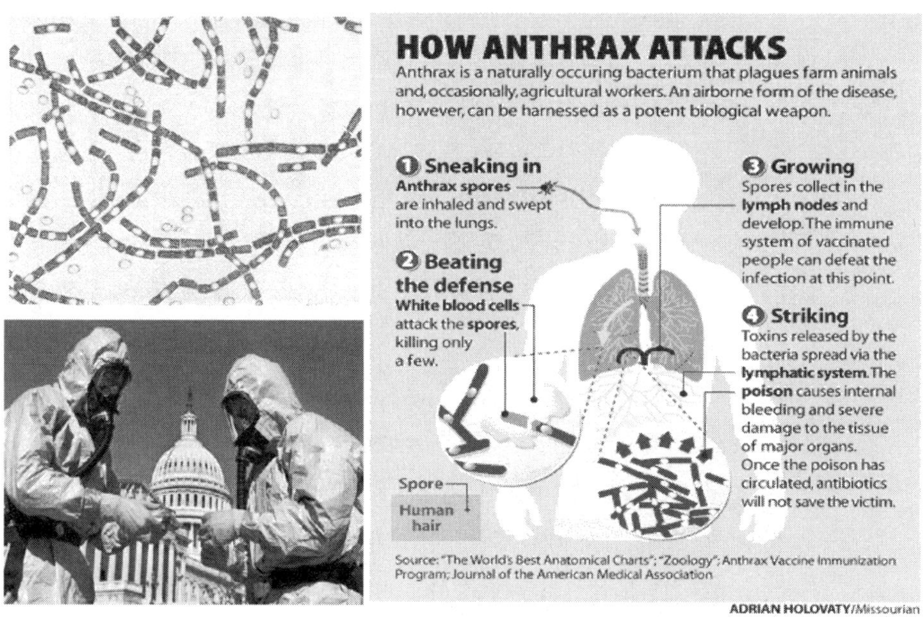

그림 7-7. 탄저균과 병원성

① **병원체**

㉠ 탄저균(*Bacillus anthracis*)으로 그람 양성 간균, 운동성 없음, 동물체내에서 협막(capsule)을 형성, 산소의 존재 하에서 아포를 형성한다. 아포형은 사체 중에 12년간, 토양 중에 30년간 생존하며 121℃에 15분에 사멸되고, 소독제로 10% 포름알데히드가 좋다.

㉡ 주로 피부와 점막의 창상감염. 경구감염. 흡혈곤충에 의한 경피감염 된다.

② **감염 양식**

㉠ 동물 : *Bacillus anthracis* 에 오염된 사료나 토양 등 자연환경으로부터의 경구적 감염이 있으며, 피부 또는 점막의 창상으로부터의 감염과 흡혈곤충에 의해 감염 된다.

㉡ 사람 : 감염동물과의 접촉, 경구 섭취, 아포 흡입

③ **증상**

㉠ 동물 : 초식동물은 패혈증을 일으키고 급성 경과로 폐사한다. 고열(41~42℃)로 시작하여 호흡 곤란으로 폐사한다. 사후 강직이 불완전하며, 천연공(비강, 항문 등)으로부터 타르양 혈액을 배설한다. 돼지는 초식동물에 비하여 저항성이 있다. 그러나 인후두부에 교양침윤이 나타나며, 장관에 감염될 경우 급성 패혈증을 나타낸다.

㉡ 사람 : 잠복기는 2~5일이고, 주 증상은 피부탄저(cutaneous anthrax)의 경우 경피감염과 창상감염이다. wool, hair 접촉(60%), 피부접촉(20%), 감염동물(16%)이다. 폐 탄저(pulmonary anthrax)의 경우는 균, 아포 흡입 시 흡입 탄저라고하며, 또는 woolsorter disease(양털 선별사의 질병으로 일종의 직업병)라고 한다. 장 탄저(alimentary anthrax)는 경구적으로 아포섭취 시 경피감염 및 흡입감염은 잠복기가 2~3일로 피부의 병변은 발적, 종창, 동통, 화농, 분화구상 등이며, 고양이 발병 시 패혈증이 나타난다.

④ **예 방**

㉠ 가축에 대한 vaccine, 폐기 처리시 주의

㉡ 사체는 해체하지 않고 소각하거나 매각

㉢ 오염지역 오염물의 소독실시 철저

㉣ 모피 검역 및 소독실시(모피공장의 진애 발생 방지)

㉤ 절박도살시의 세균검사

㉥ 탄저 생백신 접종 후 6주 이내의 식용도살 금지. 밀도살 금지

㉦ 사체의 혈액이나 비장을 도말하여 검증. 혈청반응 : Ascoli test

3) 브루셀라병(brucellosis)

처음에는 지중해의 연안에서 열성질병으로 막연히 인식되었다. 동물에서 유산을 특징(enzootic, epizootic, infectious abortion)으로 하며, Bang's disease, ram epididymitis 등으로 알려져 있다. 사람의 경우는 지중해열, Malta fever(몰타열), intermittent gastric fever로서 알려져 있다. 국내 브루셀라는 축산 농가에 큰 피해를 입히는 질병으로 현재에도 계속 발병하고 있어 보균 소에 대한 검출 및 살처분으로 전파를 막으려고 노력하고 있으나 해결이 쉽지 않은 상황이다.

① 병인체

㉠ *Brucella melitensis*(Bruce, 1887) : 산양

㉡ *B. abortus*(Bang,1896) : 소

㉢ *B. suis*(Traum, 1914) : 돼지

㉣ *B. canis* : 개

㉤ *B. ovis* : 양

그람 음성으로 미약한 항산성의 소 간균으로서 "S"및 "M"집락은 협막을 가지나, 운동성이 없고 아포를 형성하지 않는다.

② 감염증상

*B. melitensis*와 *B. suis*의 biotype은 좀 더 심한 증세를 보인다. 잠복기는 5~21일 정도이나 몇 달 이상의 긴 경우도 있다. 발열, 발한, 권태감, 허약, 수막염, 근육통, 식욕상실, 체중 감소를 특징으로 한다. Tetracycline, rifampin 등을 이용한 적절한 치료를 하지 않을 경우 재발율이 높다. 만성경과시의 증상은 척수염(spondylitis), 골수염(osteomyelitis) 및 간장, 비장, 신장, 심장, 복대동맥 등에 육아종이 보인다. 국내에서는 감염 확인되는 경우 보상 후 살처분을 원칙으로 하고 있다.

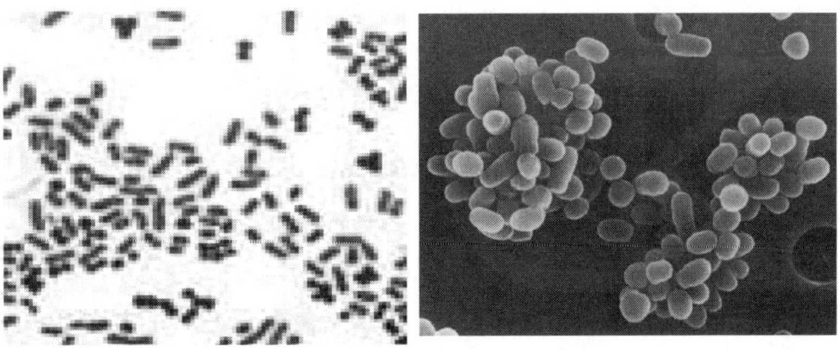

그림 7-8. 그람음성의 브루셀라 세균

③ **전파양식**

병원소가 되는 모든 동물에서 몇 가지 전파기전이 있다.

㉠ 교미에 의한 정액, 생식기의 직접 접촉

㉡ 자궁분비물에 오염된 환경으로 부터의 균의 직접 섭취

㉢ 태막, 유산태아는 감염원이 된다.

㉣ 비유를 통한 전파(외견상 정상적인 젖소가 균을 배설할 수 있음)

㉤ 사람에서는 살균되지 않은 우유(유제품)의 섭취(특히 치즈는 위험하다)

④ **동물별 임상 증세 요약**

㉠ 소 : 자궁내막염(번식장애), 유사산(임신7~8개월), 숫소의 생식기 감염증, 송아지 위장염

㉡ 돼지 : 유산, 불임증, 고환염, 파행, 후구마비, 자궁내막염

㉢ 산양, 양 : 피로, 파행, 식욕부진, 설사, 유방염 등의 경증으로 경과한다.

㉣ 말 : 기갑루(poll-evil), 누공(fistulous withers)-관절염

㉤ 사람 : *B. melitensis*가 병원성이 가장 높고, *B. suis* 및 *B. abortus*의 순이며, 주증상은 파상열(undulant fever)이 특징이다.

표 7-2. 브루셀라의 증상

암 컷	수 컷
불임과 임신후기(주로 45일 이후) 유사산 미숙아 또는 허약아를 낳기도 하지만 1~2일 뒤에 죽는다. 몇 번의 유산 뒤 정상적인 분만을 하는 경우도 있지만 불임이 되는 경우가 많다.	고환이나 정소(精巢)가 많이 커지거나 또는 작아지기도 한다. 부고환염, 전립선염 등이 나타나고 드물게 고환위축이 나타난다. 고환을 자주 핥아서인지 고환이 빨갛게 붓고 피부염이 생기기도 한다.

⑤ **진단**

① Milk Ring Test

신선한 우유의 응집반응시험 (양성이면 tube 상층에 Dark Cream layer로 반응)으로 개별검사 가 필요하다. 음성인 경우 Milk layer와 Cream layer는 Normal cream colour를 보인다.

② Sero Test : Card test, latex test, 혈구응집반응검사, 그리고 ELISA 등이 있다.

4) 렙토스피라병(Leptospirosis)

와일씨병, 농부병이라고도 하며 1883년에 하수도 작업 인부에서 직업병으로 처음 인식되었다. 출혈성 황달, 일본 7일열, 사탕수수 절단 농부병, 논-농부병, 콩 농부병, 건초 농부병, 추수열, Mud fever, swamp fever, field fever 등의 명칭이 있다

그림 7-9. 렙토스피라병의 감염 위험 그룹

① **병인체**

부생성(saprophytic)계통으로 구성된다. 배양 속도가 늦고 까다로운 spirochete 이며, 스스로 움직이는데 그 장축으로 선회하며, 가끔 채찍 모양의 운동을 한다. 저항성은 56℃ 10분에 사멸, 알칼리성 오염수 속에는 오래 생존하지만 육식수의 산성 뇨에서는 급속히 사멸한다.

㉠ *Leptospira icterohaemorrhagiae* : 사람, 개에서 다발
㉡ *L. ballum*과 *icterohaemorrhagiae* : 랫트와 마우스에 기생한다.
㉢ *L. canicola* : 개
㉣ *L. pomona* : 소와 돼지

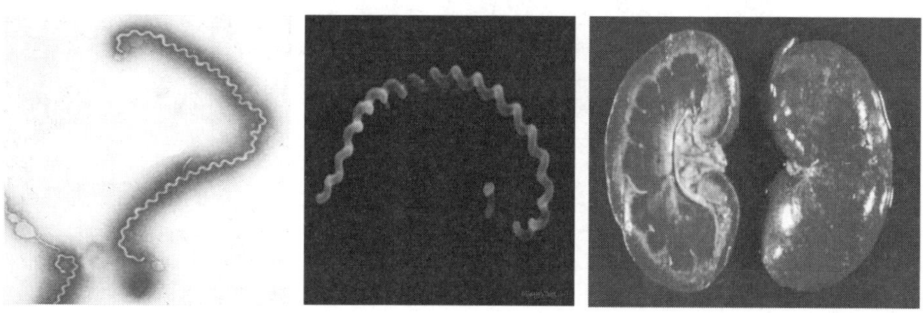

그림 7-10. 나선형의 렙토스피라 세균과 감염 후 신장 괴사 및 출혈병변

② **감염 증상**

고열과 황달, 용혈, 및 간장과 신장의 기능 부전을 특징으로 한다. 원인 불명의 influenza와 같은 발열, 감염성 단세포 증가증(infectious mononucleosis)과 전신성 임파절의 종대, 전경골(pretibial)부위에 분포하는 반점 내지는 반점 구진상의 발진, 복통과 무균성 뇌수막염 등이 있다. 잠복기는 4일~19일이며, 임상 경과는 발열기와 면역기(신장, 간장, 눈, 뇌막과 같은 특수 장기의 병변 발생시기)인 2단계로 구분된다. 치사율은 낮지만, 연령이 많을수록 또는 황달이 있을수록 더 높다.

㉠ 소, 양 : 용혈성 빈혈, 혈색소 뇨, 유산, 비정형성 유방염과 황색의 혈색조의 우유 분비가 일반적인 증세이다.

㉡ 돼지 : 비특이적인 임상 증상을 보이는데 임신 후기에 유산을 보이는 것이 가장 중요한 단일 증후이다.

5) 비저(Glanders, Malleus)

① 단제류(말, 당나귀, 노새)의 전염병으로서 B.C 450 년경부터 "malis", "melis"로 불리우고 있으며, 말로부터 2차적으로 사람에 감염되어 높은 사망률을 나타낸다. 발열, 화농성점액비루, 폐 농양과 피부 병소와 비 궤양 등이 특징이다.

② 병인체는 비저균(*Actinobacillus mallei*)으로 그람음성, 비운동성의 소 간균이다.

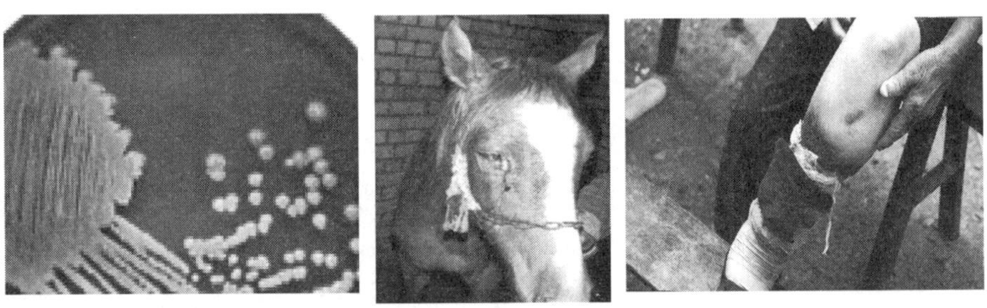

그림 7-11. 비저 원인균과 증상

6) 유비저(Melioidosis)

*Pseudomonas pseudomallei*가 원인체로서 편모를 갖고 있으면서 운동성이 있으며, *P. mallai*와 혈청학적으로 구분이 어렵다. 동남아지역의 자연환경에 널리 분포되어 있다. 동물감염은 양, 산양, 말, 소, 돼지, 설치류(쥐, 기니아픽), 원숭이 등이다.

7) 돈단독(Swine erysipelas), 유단독(Erysipeloid)

가축 및 가금류에서 발생하고 사람에게 감염되는 경우에는 Group A Streptococcus에 의한 단독(Erysipelas)과 구별하여 유단독(Erysipeloid)이라 칭한다. 병원체인 *Erysipelothrix insidiosa*은 Gram 양성의 간균으로 호기성이며, 비운동성이다. 혈청학적으로 병원성과 비병원성으로 구분된다.

① I 형 : 돼지 및 조류의 패혈증

② II 형 : 돼지의 심마진형 및 만성형 돈단독(관절염, 심내막염) 및 조류의 패혈증

8) 세균성 이질(Shigellosis)

세균성 이질은 사람과 원숭이에서만 감염된다. 일반적으로 위생 정도가 낮은 국가에서 발병하는데, 최근 학교급식 확대에 따른 일부 영세 단체 조리 시설 업체의 위생 불결로 집단 발생하며, 연중 발생되는 경향을 나타내기도 한다. 국내에서는 2001년도 제주도 지역에서 장기간 발생된 적이 있다.

① **병원체**

㉠ Gram 음성 간균, 비운동성, 무아포, 혈청학적으로 4군(A, B ,C, D), 34혈청형으로 분류된다.

㉡ *Shigella dysenteriae*, *S. flexneri*, *S. boydii*, *S. sonnei*(국내에서 분리됨)

② **감염 양식**

환자와 보균자와의 접촉, 오염된 식품에 의한 경구 감염

③ **증 상**

잠복기는 2~5일, 대장 점막에 염증과 궤양을 일으킨다. 출혈성 장염을 일으키며, 발열과 구토가 있음. 전형적인 설사와 병변이 대장에 국한하는 것이 살모넬라 감염증과의 차이점이다. *S. dysenteriae*가 가장 중증 감염을 일으키나, *S. sonnei*에 감염될 경우보다 가벼운 경과를 취한다.

9) 페스트(plague, pest)

설치류 특히 주요 급성전염병으로서 쥐벼룩을 통하여 *Yersinia pestis* 병원체가 사람에게 전염되고 사회적, 경제적으로 문제를 야기시키며, 1848~1839년에는 2500만 명이 사망하였다.

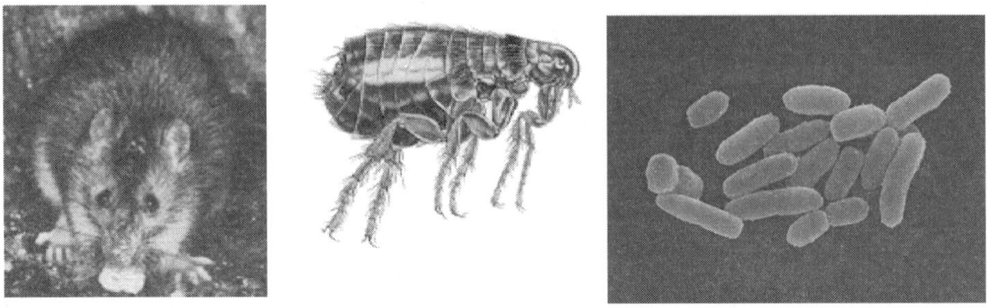

그림 7-12. 쥐벼룩과 페스트 균

10) 야토병(Tularemia)

야생설치류의 병으로 2차적으로 사람에게 감염된다. *Francisella tularensis*으로 Gram 음성의 소간균, 운동성이 없으며, 극염색성이다.

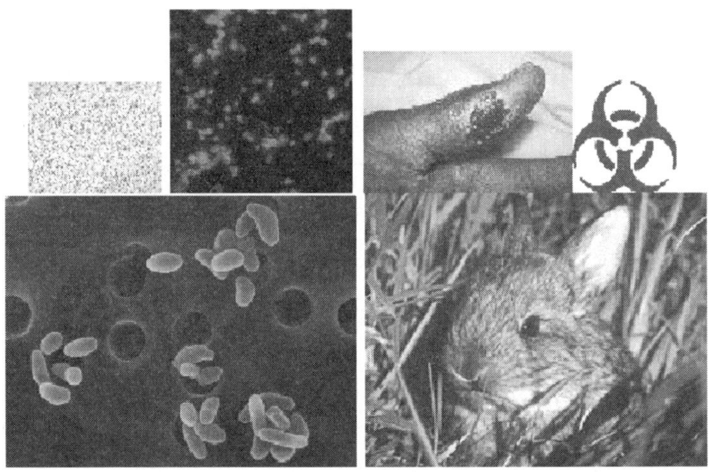

그림 7-13. 야토병의 병원균과 위험성

① **감염 양식**

㉠ 동물 : 경피감염(흡혈곤충, 진드기, 이를 통한 매개감염)

㉡ 사람 : 토끼가 감염원이며, 야외에서는 흡혈곤충의 매개에 의하거나 사체의 박피, 해체, 조리시에 피부로부터의 창상 감염, 오염 육을 먹은 스컹크나 개의 교상에 의한 감염, 오염 육이나 오염 수에 의한 경구 감염, 실험실 비말에 의한 눈이나 비강의 오염 등이 있다.

11) 가성결핵(Pseudotuberculosis)

Gram 음성의 소 간균인 *Yersinia pseudotuberculosis*가 원인체이며, 감염양식은 명확치 않으나 오염사료나 물에 의한 경구 감염으로 본다.

12) 리스테리아병(Listeriosis)

사람, 포유동물, 조류에 감염 병을 일으킬 뿐 아니라, 장관에 보균하고 있으며, 물고기, 갑각류, 무척추동물, 토양, 사료, 하수 등에 분포한다.

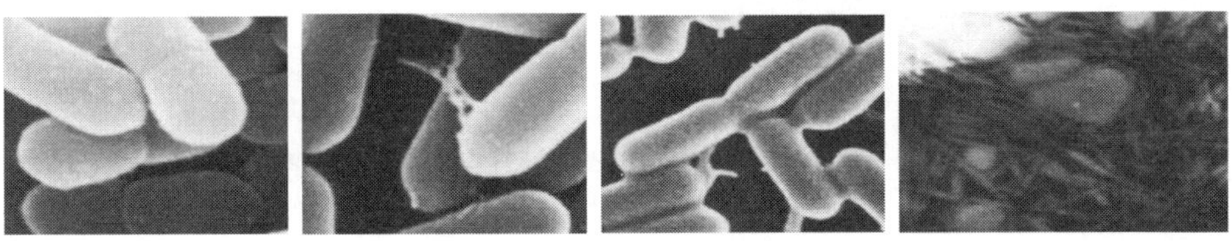

그림 7-14. 리스테리아 병원체

① **병원체**

*Listeria monocytogenes*으로 그람 양성, 운동성, 비아포성 단간균, 사이레지 등 저 양분의 자연재료 중에서도 발육한다. 저항성은 58℃ 10분에 사멸한다. 보통 소독제에 쉽게 사멸된다.

② **감염동물**

면양, 산양, 소에 많이 발생하며, 돼지, 토끼, 말, 쥐, 여우, 개, 카나리아, 칠면조 등에도 감염된다.

③ **감염양식**

㉠ 동물 : 사이레지 등의 오염사료를 매개로 하여 구강점막을 통한 창상감염과 흡혈곤충에 의한 비강점막의 창상감염

㉡ 사람 : 야채, 우유, 식육, 어패류 등의 식품오염은 물론 태반감염이나 산도 감염도 이루어진다.

④ **증 상**

㉠ 동물 : 무증상 감염에서 각종의 병변을 나타낸다. 반추수는 각종 신경장해가 있고, 침울, 경련, 선회(Circling Disease), 파행, 사경, 단위동물에서는 패혈증을 일으키며, 닭에서는 심근에 병변을 가져온다.

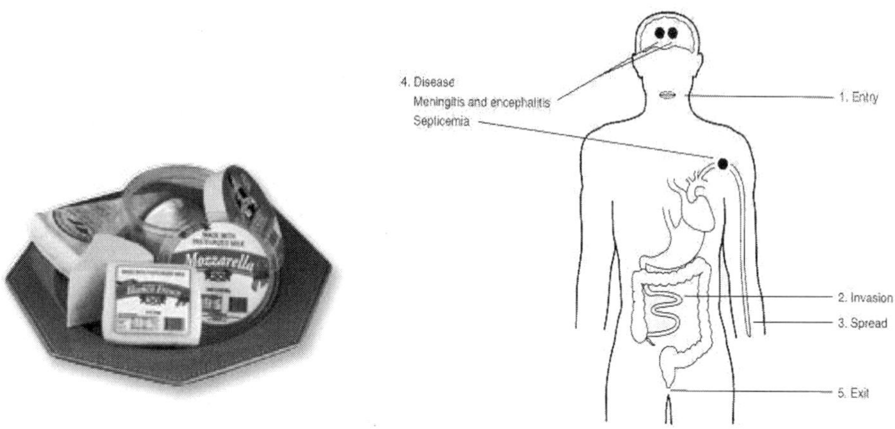

그림 7-15. 리스테리아 위험 식품과 감염 후 주요 증상 부위

㉡ 사람 : 수막염을 일으킨다. 패혈증, 주로 장 독혈증, 선회병 신경초내에 들어가 연수에 증식하여 화농 병소가 생기게 되며, 임산부가 감염되면 태반감염이나 산도 감염에 의하여 수직 감염이 이루어진다.

13) 파스튜렐라병(pasteurellosis)

① **병원체**

*Pasteurella multocida*로 Gram 음성의 소간균으로 운동성이 없다, 협막을 형성하고 극염색성이다. 15종의 혈청형이 있다. 저항성이 극히 약하며, 인공배지에서도 잘 죽는다.

② **감염 양식**

㉠ 동물 : 돼지(돈역), 개, 소(우역), 고양이, 쥐, 양(양역), 말, 토끼, 조류(cholera라 함)

㉡ 사람 : 주로 고양이, 개의 교상에 의하며, 창상부위에 직접접촉에 의해 감염되기도 한다.

③ **증상**

㉠ 동물 : 소, 물소에서 출혈성 패혈증, 닭의 가금콜레라를 일으키고, 동물의 구강에 있다가 수공으로 저항력이 약화될 때 폐담 등 호흡기 질환을 일으킨다. 개와 고양이는 보통 무증상으로 구강, 상부 기도에 보균(90%)하고 있으며, 기회감염(Oppotunistic infection)을 한다. 특히 돼지는 Pneumonic Pasteurellosis를 일으킨다.

㉡ 사람 : 개 또는 고양이에 물린 후 수시간이 지나면, 창상 국소에 발적, 종창, 두통이 있으며, 대부분 국소감염으로 봉와직염 또는 골막의 괴사나 골수염을 일으킨다. 때로는 임파절염, 오한, 불면증, 두통 등의 전신 증상을 일으킨다.

14) 라임병(Lyme disease)

*Borrelia burgdorferi*는 경 진드기(hard tick)에서 처음 발견된 이래 사람의 라임병의 원체이기도 하며, 미국에서는 개에서 많이 나타나는 병이다. 이 병은 코네티컷 주의 라임시에서 1975년 처음 발견되었다. 하얀 꼬리 사슴과 하얀 발의 쥐가 주로 감염원이지만 가축들과 새들도 병균을 옮길 수가 있다. 라임병은 주로 5 월부터 6월 사이에 발생하며, 주로 7월에 절정을 이룬다.

사람에서의 증상은 발열, 두통, 피로감과 함께 특징적인 피부병변인 이동홍반(erythema migrans)이 나타난다. 이동성 홍반은 특징적으로 황소 눈과 같이 가장자리는 붉고 가운데는 연한 모양을 나타내는 피부증상이다. 치료하지 않으면 뇌염, 말초신경염, 심근염, 근골격계 통증 등을 일으킨다.

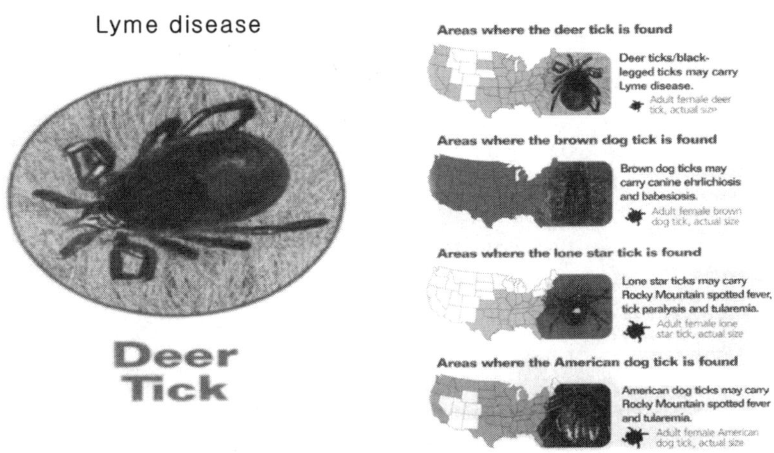

그림 7-16. 라임병의 매개체 진드기와 미국내 발병지역

15) 화농구균감염증(Pyogenic coccal infection)

사람과 동물 공히 병을 일으키는 중요한 질병이다. 젖소의 유방염(bovine mastitis)의 주요 병원체이다.

① ***Streptococcus pyogenes***

사람의 성홍열(Scarlet fever)을 일으키며, 사람의 단독(erysipelas)의 원인체가 된다.

② *S. agalactiae*

소의 유방에서만 병원성이 있고 사람에는 비병원성. 신생아의 수막염을 동반한 패혈증을 일으키며, 산모가 보균시 신생아는 산도로부터 100% 감염된다.

③ *S. equisimilis*

소의 유방염, 사람의 중이염, 화농증

④ *S. faeclais*

소의 유방염, 자궁내막염, 사람의 요도염, 심내막염

16) 파상풍(Tetanus)

사람과 동물은 자연으로부터 감염을 받으며, 상호 직접적인 관계는 없어 인수공통전염은 아니지만 넓은 의미에서는 인수공통전염이다.

① **병원체**

Clostridium tetani, 그람 양성, 부채모양의 아포혐기성 간균, 가축분뇨를 비료화한 곳에 많다. 신경친화성 독소(tetanospasmin)를 생산한다. 이열독소(65℃/5분) 및 단백분해 효소에 분해된다.

② **감염 양식**

못, 핀에 의한 창상감염, 신생아의 산후 비위생적 관리로 인한 tetanus neonatorum을 일으킨다.

③ **증 상**

㉠ 동물 : 단제류(말, 코뿔소, 당나귀)는 감수성이 높다. 소와 양은 감수성이 높지 않다. 모든 자극 반응에 대한 과잉반사로 강직성 경련이 온다. 다리를 뻣뻣하게 한다. 연하 곤란과 죽기 전에 고열이 특징이다. 가금은 감수성이 없다.

㉡ 사람 : 척수의 ganglioside에 결합되어 운동뉴런 시냅스의 억제물질의 산출을 막는다. 과잉반응, 경련성 마비, 잠복기는 중추신경계에 가까울수록 짧고 중증으로 경과한다. 감염 후 4~5일에 수의근의 경련성 강직이 특징이다.

17) 가스괴저(Gas gangrene)

Clostridium perfringens, *C. histoliticum*, *C. sporogenes*, *C. novyi* 등이 원인체, 토양이나 동물의 분변에 분포하고 있으며 혐기성이다. 아포 형성균으로 균체외 독소를 산생한다.

18) 살모넬라병(Salmonellosis)

각종 동물이 보균하고 있으며, 식품이나 환경에 널리 분포하고 있으며, 오염식품에 의하여 급성위장염을 일으킨다. 식품위생상 식중독을 일으키는 대표 원인균으로 중요하다.

① **병원체**

Gram 음성의 간균으로 주위에 flagella를 갖고 있어 운동성이 있다. 3,000여 종의 혈청형. 사람에만 병원성이 있는 *S. typhi, paratyphi A* 및 *C, sendai*를 제외하면 대부분의 혈청형은 인수공통감염병원균. 저항성 : 저온살균에 사멸, 소독제(phenol, alcohol)에 약함.

㉠ 사람에만 병원성이 있는 균 : *S. typhi*, *S. paratyphi*(A, C), *S. sendai*
㉡ 인수공통전병의 균 : *S. typhimurium*(국내에서 가장 흔함), *S. enteritis*, *S. cholerae suis*

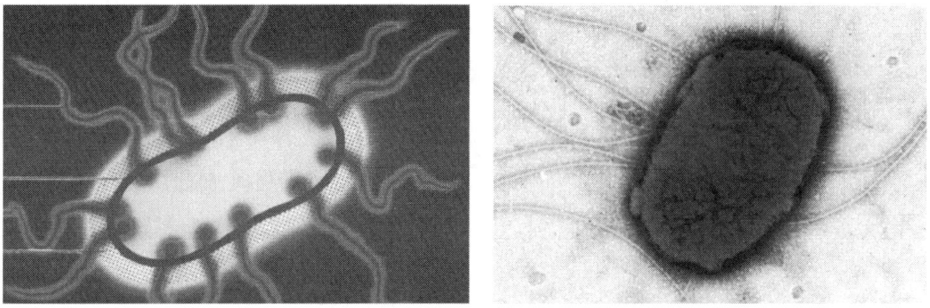

그림 7-17. 살모넬라 균의 전자현미경 사진

② **감염동물**

소, 돼지, 닭 등 가축, 개 등의 애완동물, 거북 등의 파충류, 야생 조수류, 쥐의 보균율이 높음

③ **감염 양식**

사람, 동물 : 경구감염

④ **증상**

㉠ 동물
㉮ 어린 동물은 설사를 동반하는 전신증상으로 폐사
㉯ 어릴수록 이환율과 치사율이 높음

㉰ 성숙동물은 발병이 드물고 대부분 불현성 감염

㉱ 보균동물에서 균은 대부분 소장하부에서 대장상부의 점막에 정착해 장기간에 걸쳐 균을 변중에 배균

㉲ 돼지 : 황색물설사, 빈혈, 악액질 → 폐사 혹은 왜축돈으로 된다.

㉳ 소 : puerperal fever(산욕열), 설사, 패혈증, 자궁내막염 등

㉴ 기타 동물은 경증 혹은 불현성 감염으로 사람에 대한 감염원 역할

㉵ *S. pullorum, gallinarum* : 닭---- 설사, 패혈증, 유산 유발.

cf. 근년의 유럽과 미국에서 *S. enteritidis* 보균율이 높아 문제시. *S. cholera-suis, typhimurium* : 돼지, *S. typhimurium, dublin* : 소, *S. typhimurium, abortusovis* : 산양, *S. abortus-equi* : 말, *S. enteritidis, S. typhimurium* : 설치류

㉡ 사람

㉮ 잠복기 12~24시간, 발열, 구토, 수양성 설사, 복통을 증상으로 하는 식중독. 주증상은 1~3일간 지속

㉯ 증상이 소실되어도 짧은 기간 동안 변중에 균 배출

㉰ 감염하여도 발병하지 않고 보균자가 되는 경우도 있음

㉱ 우리나라에서는 세균성 식중독 중 가장 발생빈도가 높음

cf. enteric fever(장열형), 패혈증형, 위장염(식중독)형

⑤ **진단**

대변이나 구토물에서 분리 동정

⑥ **예방**

㉠ 돼지, 닭 등 식용동물의 검사, 도태

㉡ 개, 거북 등의 애완동물에 대한 대책

㉢ 쥐, 곤충 등을 대상으로 한 환경위생정화

㉣ 식품 및 사료의 오염검사

㉤ 식육, 말 등 동물성 식품의 충분한 가열

19) 보툴리즘(Botulism)

모든 동물 및 사람에 발생하는 보툴리눔 균의 독소에 인한 중독증이며, 운동근육의 급속한 마비가 특징이다.

① **병원체**

Clostridium botulinum, 그람 양성 간균, 혐기배양균(통조림, 소세지), 신경독 산출, 주립편모를 가져 운동성, 혈액 한천에서 용혈작용 등이 있다.

② **저항성**

아포를 형성하여 100℃에서 3시간 생존, 신경독소인 neurotoxin은 100℃ 20분에 독성 소실

③ **동물 및 사람감염**

㉠ 사람 : A, B, E

㉡ 닭 : C(limber neck)

㉢ 소 : D

㉣ 사람에서는 신경독소가 시냅스와 신경근 접합부에 아세틸콜린의 생산, 산출을 막음으로서 일어난다. 신경의 자극전달이 되지 않아 운동실조, 마비증상이 온다. 중독시 40% 치명, 중독 증상은 독성 식품을 섭취한 후 18~96시간에 일어난다.

(2) 바이러스성 질환

바이러스성 인수공통감염병의 전염은 다음과 같이 4가지로 구분된다. 첫째 직접접촉에 의한 전염(교상에 의한 전염 : 광견병, 피부 또는 점막의 접촉에 의한 전염 : 양의 전염성 농창), 둘째 섭취에 의한 전염(구강 오염물 또는 분변오염물 섭취로 전파 : 전염성 간염), 셋째 호흡기 전염(돼지 인플루엔자), 그리고 마지막으로 절족동물에 의한 전염(뇌염, 출혈열, 다발성 관절염 및 피진)으로 구분된다.

1) 광견병(Rabies)

모든 포류온혈동물에 치명적인 결과를 초래하는 질병으로 거의 전 세계적으로 발병된다. 1907년 첫 발생이후 1920년부터 예방접종 실시, 비 발생국가는 61개국(한국의 비무장지대와 중부산악지대 발병)이다. 1993년 이후 강원도 철원 및 휴전선 인접지역을 중심으로 해마다 소, 개, 야생동물(너구리)에서 지속적으로 발생하고 있다.(04~09년까지 30마리 발생)

현재 가축에서는 제2종 법정전염병, 사람에서는 제3군 법정전염병으로 지정되어 있다.

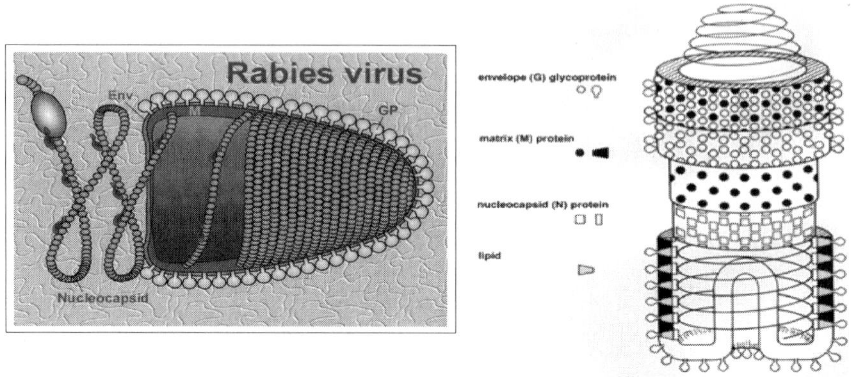

그림 7-18. 광견병 바이러스의 구조

① **병원체**

Single stranded RNA virus로 Rhabdoviridae과 Lyssa virus속에 속하며, 바이러스 생김새가 탄환모양이 특징적이고, 산성에 의해서 급속히 사멸된다.

- 야외 바이러스(street virus) : 병원성, 잠복기간, 조직학적 병변소견이 다르다.
- 고정 바이러스(fixed virus)

㉠ 증식성이 좋다.

㉡ 고정과정 중 잠복기간이 점차 짧아져서 고정, 고정 후에는 일정. 이 성질은 불가역성이다.

㉢ 고정과정에 사용된 동물의 신경조직에 높은 친화성을 가지며, 광폭형이 아닌 마비형의 증상을 규칙적으로 나타낸다.

㉣ 전형적인 Negri소체를 형성하지 않는다.

㉤ 고정바이러스에 사용된 동물에는 높은 병원성을 가지나 다른 동물에게는 저하된 병원성을 나타낸다.

② **증상**

㉠ 동물 : 광조형, 마비형, 울광형

- 개 : 광견병의 임상증상은 광폭형과 마비형으로 나뉘나 보통 두 형을 다 나타낸다. 귀와 꼬리가 파상풍에 걸린 것처럼 뻣뻣해지며, 극도의 흥분상태, 과민상태, 타액분비, 결막의 충혈 등을 볼 수 있다. 간헐적인 근육경련, 연하곤란과 거품 섞인 침을 흘리며 유열을 나타낸다. 간혹 집을 떠나

서 배회한다. 임상증상은 대개 3~7일간 계속되며 대부분 10일내에 사망하나 간혹 회복되는 개는 보균 견으로 남게 된다. 봉입체가 관찰 된다.

- 고양이 : 감수성이 매우 높으며, 광폭형, 발증 기간이 짧아 2~4일후에 폐사된다.
- 소 : 극도로 흥분되며(광폭형), 공격적으로 변한다. 감염후기에는 뒷다리 부분에 마비가 오며, 비유가 중지되고, 처음 증상을 나타낸지 3~6일 후에 폐사된다.
- 기타 가축 : 광견병과 유사함.
- 야생동물 : 많은 종류의 야생동물에서 발병함.

㉡ 인체 감염

잠복기는 교상의 정도와 물린 부위 등 여러 요인에 따라 일주일에서 1년까지 다양(중추신경에 가까운 부위를 물릴수록 잠복기가 짧아 짐)하다. 발병율은 20%(교상의 위치, 바이러스 양), 초기 증상은 두통, 식욕결핍, 구토, 미열, 심한 갈증이 있으나 물을 마시지 못한다. 인두 근에 경축으로 인하여 연하곤란, 공수증을 보인다. 병이 진행되면서 경련, 마비, 혼수상태에 이르게 되고 호흡근마비로 죽게 된다. 임상증상 발현시에 치사률은 100%이다.

그림 7-19. 광견병에 걸린 동물의 임상증상

③ **전염원 및 전파양식**

㉠ 개와 고양이의 전파 : 광견병에 걸린 개의 60~75%가 타액으로 바이러스를 배출한다. 광견병은 타액속의 바이러스가 주로 상처를 통하여 감염됨으로서 발생되며, 뇌에서 바이러스가 검출된 동물의 타액에서의 바이러스 검출 율은 개(75%), 소(53%), 여우(87%) 등이다.

㉡ 야외 동물에 의한 전파 : 육식 야생동물과 박쥐가 중요한 역할을 한다.

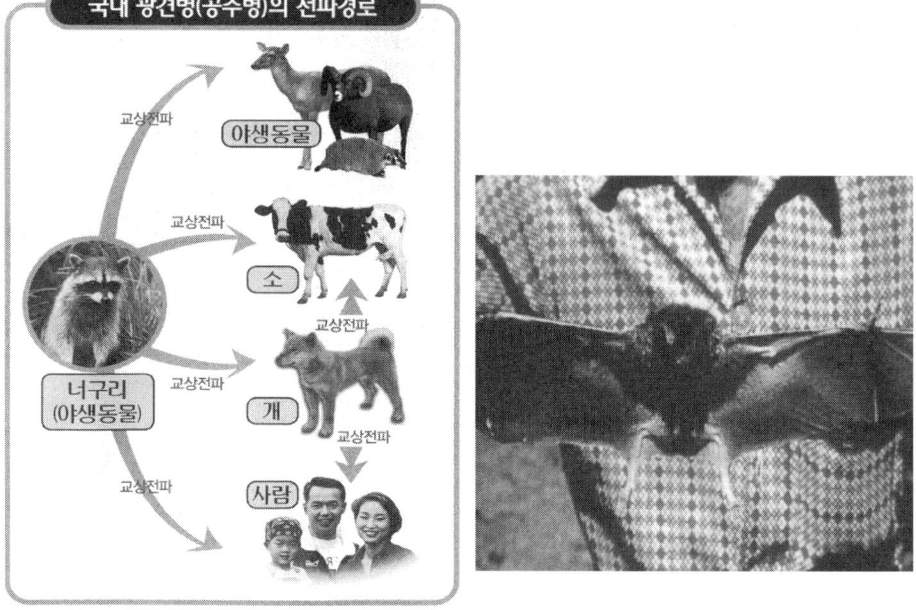

그림 7-20. 국내 광견병의 전파경로 (자료출처 : 국립수의과학검역원)

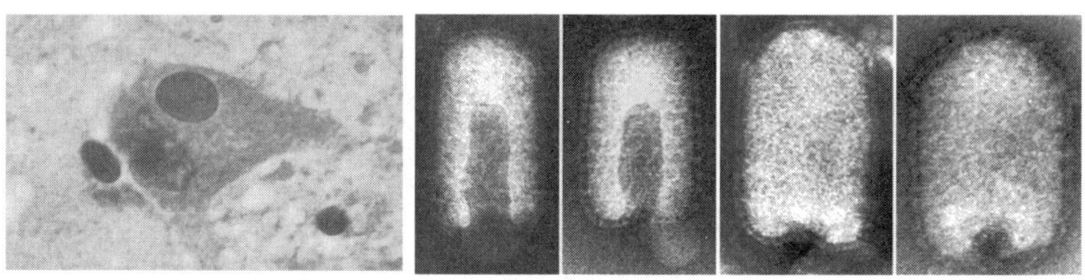

그림 7-21. 신경세포의 봉입체 병변과 바이러스의 전자현미경 사진

④ **진단**

사람의 경우 동물에 물린 직후에 체내에 광견병 바이러스가 들어왔는지를 확인할 수 있는 효과적인 검사법은 없다. 광견병이 의심되는 동물의 경우 가검 재료 취급 시 특별히 주의하고 다음과 같은 방법으로 검사한다.

㉠ 직접형광항체 검사법 : 신속성, 민감성, 특이성이 높다.
(각막 이상, 혀 점막 소편, 모낭의 구상 조직(bulbar tissue), 냉동 피부 조직)

㉡ 바이러스 분리에 의한 진단 : 포유 마우스의 뇌 접종에 의한 바이러스 분리, 2~3주 걸리는 것이 단점(3일령 이하의 포유 마우스가 좋다).

㉢ Negri bodies : 모든 개가 양성으로 진단되지는 않는 점에 주의해야 한다.

㉣ 혈청학적 항체 측정

ⓜ 타 바이러스와 감별진단 : 중화시험이나 교차 방어 시험

⑤ **예 방**

㉠ 주거지역에서 발생하는 광견병 예방과 박멸 : 애완견(80%) 및 고양이 예방 접종 실시

㉡ 야생동물에서 발생하는 광견병의 예방 : 감수성 동물수의 조절, Subunite vaccine

㉢ 동물의 국제 교역 금지 : 광견병 상재 지역 수입 억제, 검역 기간 연장(6월 이상), 사독 백신의 활용

표 7-3. 사람의 광견병 대책

사람에 대한 광견병 예방 대책

① 광견병 바이러스 노출 전 : 직업적인 특색에 따라서 human diploid cell vaccine을 접종함

② 노출 : 상처부위에 대한 처치가 대단히 중요. 수압이 강한 물로 씻고, 비누 및 세척제를 사용한 세척을 한다. 40～70% 알코올, Iodine tincture, 0.1% quaternary ammonium compound 등으로 세척한다.

③ 상처부위에 고단위 면역혈청주입, 백신접종, 면역 혈청 요법, 사람유래 면역 혈청

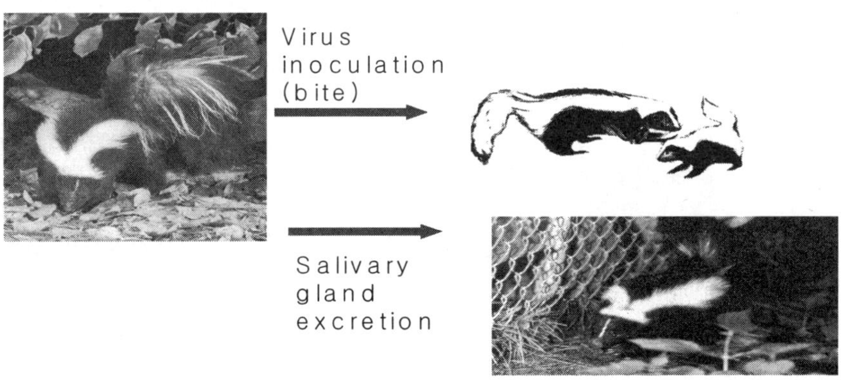

그림 7-22. 너구리에 의한 광견병의 전파 (국내 상황)

2) 가성광견병 (Pseudorabies ; Aujesky's disease)

최근 사람에서 가성광견병에 대한 항체가 발견보고 되었으나, 임상증상은 없어 인수공통감염병으로 분류하기 어렵다.

Swine herpesvirus인 pseudorabies virus에 의하여 발생, 1813년 소에서 "mad itch" 발생 보고되었으며, 1902 Aujesky가 병원체가 세균이 아님을 보고함으로서 이 질병에 대한 연구가 활발해졌다. 특히, 돼지에서 문제가 됨 (국내에서 발병하고 있음), 임상증상은 일령이 낮은 돼지에서 치명적이다(폐사율 100%). 고열, 식욕부진, 불안, 타액분비, 운동실조, 견좌 같은 신경증세, 체중감소와 호흡기증상등을 보인다. 성돈은 가벼운 호흡기 증상이나 무증상을 나타내며, 신생자돈은 2~4일간의 잠복기를 거쳐서 심한 임상 증세를 나타낸다. Suckling을 게을리 하다가, 발열(41도), 24시간이내 신경증세를 나타낸다. 이유자돈에서도 심한 신경계통에서 증세를 나나낸다. 3~4주령에서의 치사율은 50% 정도이며, 호흡기 증세를 나타낸다. *Pasteurella multocida*, 또는 *Actinobacillus pleuropneumoniae* 등의 2차 세균 감염 증세를 수반한다. 출하직전 돼지와 임신 돈에서는 호흡기 증세가 나타나며, 번식장애(유산, 사산)을 나타낸다. 극심한 소양 증세는 소, 개, 고양이 등에 나타내며, 감염시 신경증세, 폐사를 나타낸다(야생 동물도 치명적임). 사람에서는 항체 양성 보고만 있을 뿐 임상증상 발병보고는 없다.

3) 신증후성 출혈열(HFRS ; Hemorrhage fever with renal syndrome)

신증후성 출혈열은 발열, 순환기계 부전, 출혈과 신부전을 특징으로 하는 급성열성 질환으로 한타 바이러스 속(genus Hantavirus)에 속하는 여러 바이러스에 의한 감염성 질환으로 국내에서는 한국전쟁 당시 처음 알려 졌다. 늦가을(10~11월)과 늦봄(5~6월) 건조기에 질병이 많이 발생하고 야외활동이 많아 바이러스 노출 기회가 높은 젊은 남자에게 잘 발생한다.

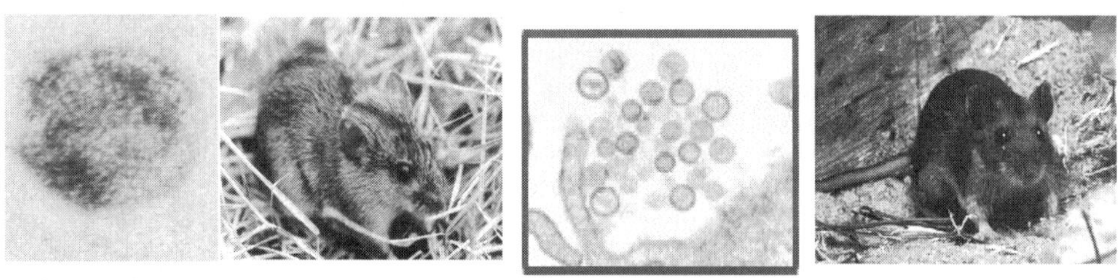

그림 7-23. 유행성출혈열 병원체와 매개 동물 등줄쥐

① **병인체**

Hantavirus(single strand RNA virus) – 前 고려대학교 이호왕 교수 세계 최초 보고

② **발생**

년 중 발생되나 유행 시기는 등줄 쥐의 활동시기, 도시형 감염으로 전국적으로

환자가 확산됨

③ **감염경로**

들쥐의 약 72~90%를 차지하는 등줄쥐(*Apodemus agarius*)의 배설물이 건조되어 먼지 등과 함께 부유하다가 호흡기를 통해 사람에게 감염된다.

4) 원숭이 B 바이러스 감염증

① **원인체**

Herpesvirus simiae

② **임상 증상**

원숭이에 빈발하며, 입주위에 수포와 궤양이 생김

③ **사람(매우 치명적 임)**

원숭이에 물린 후 수포, 임파선염, 고열, 두통, 복통, 설사, 인두염, 폐렴, 호흡불능

④ **원숭이에 물린 것과 뇌증상이 있는 경우 이를 의심해도 됨**

⑤ **예방**

원숭이에 할퀴과 교상을 피할 것

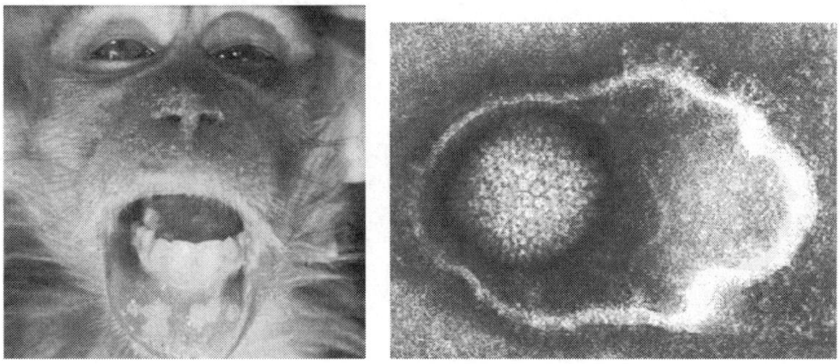

그림 7-24. 원숭이 B 바이러스의 전자현미경 사진

5) 뉴캐슬 병(Newcastle Disease)

가금류의 급성전염병으로서 다양한 임상 증세를 나타낸다(양계업계에 가장 큰 피해를 준다).

① **병원체**

뉴캐슬 병 바이러스는 Paramyxovirus속인 RNA Virus이며, 장기친화성과 신경친화성이 있다. 병원성은 Velogenic virus(강독성), Medogenic(중등도), Lentogenic(약독성)으로 분류된다.

② **동물 감염**

거의 모든 조류가 감수성을 가지고 있으며(오리 거위는 저항성이 높은 편임), 어린 닭에서 감수성이 더 크다.

- 임상적 증상(잠복기 : 평균 5~6일)

㉠ Pneumoencephalitic 또는 Neurotropic form : 호흡기 증상이 시작된 후 신경증상이 시작됨(폐사율 10~90%).

㉡ Respiratory syndrome(호흡기형) : 성계에서 호흡기 증상(폐사율 10~50%).

㉢ Velogenic-vescerotropic form : 갑작스러운 발병, 설사, 빈번한 기관지 배설물

㉣ 불현성 감염 : 성계에서 관찰됨

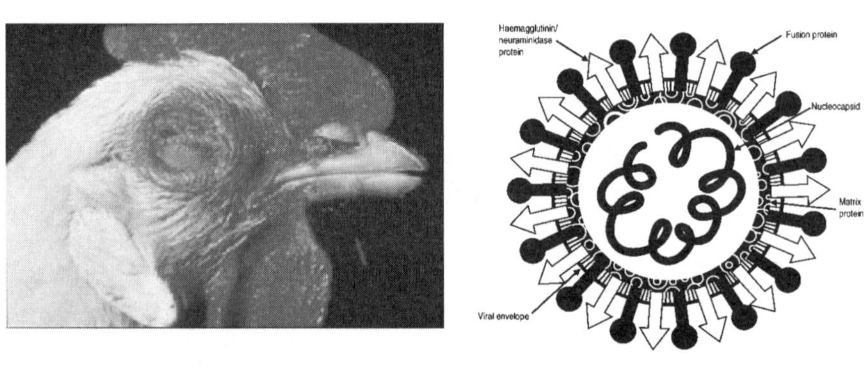

그림 7-25. 뉴캐슬 병의 증상과 바이러스 모식도

③ **인체 감염**

잠복기는 1~2일이며, 주된 증상은 결막염(Conjunctivitis)으로 눈의 충혈, 눈물, 통증 및 결막하 조직 부종 등이 특징이다. 1 주일 내 회복된다.

④ **전염원 및 전파양식**

조류, 호흡기계의 전파, 인체감염은 aerosol으로 감염

6) 소의 두진

두진(pox)은 피부에 농포형성을 특징으로 하는 병으로 주로 유두와 유방에 병변을 일으키며, 병진이 소포진으로 진행된 후 가피를 형성한다.

① **병원체**

Orthopoxvirus속의 Cowpox virus(DNA virus)

② **감염 동물**

개와 고양이를 제외한 모든 가축과 사람에게 발생한다.

③ **인체 감염**

착유자의 손, 얼굴, 팔 등에 발열, 국소적인 부종, 임파선염, 소에 비교하여 사람은 상대적으로 심하게 나타난다.

④ **전염원**

영국에서 소와의 접촉이 없는 지역 주민에서도 발병(설치류가 전염원으로 추정)

7) 가성 우두

Poxviridae로 parapoxvirus group에 속하며(Milker Nodule), 산유량의 감소와 세균 감염에 의한 유방염으로 인하여 경제적 손실이 크다.

① **병원체**

Parapoxvirus속에 속하는 Pseudocowpoxvirus

② **감염 동물**

비유기의 유우가 주로 감염, 유두 통증으로 착유가 힘들다. 발병부위의 구진은 수포화한다. 2~3일 후 검붉은 가피를 형성하여 탈락(송아지는 주로 입에 존재함)된다.

③ **인체 감염**

잠복기는 5~7일로 착유자의 감염 부위에 Milker nodules를 형성한다.

8) 구제역(foot and mouth) - 인수공통감염병이 아님

사람에서 임상증상을 일으키지 않는 것으로 인수공통감염병으로 분류되지 않는다. 구제역(Foot-and-Mouth Disease; FMD)이란 소, 돼지, 양, 염소 등 우제류동물 및 야생동물에서 급성, 열성, 고도의 전염성을 나타내는 바이러스 감염증이다. 수포의 출현이 특징이며, 입, 비공(콧구멍), 비구부(콧등), 발굽, 유두(젖꼭지) 그리고 위의 주상돌기에 미란이 형성된다. 장기간에 걸쳐 발육, 비유, 운동, 번식 등의 장애를 일으킨다. 야생동물을 포함하여 감수성 동물 종이 많고, 전염성이 강하며, virus형이 많아서 방역이 극히 어렵다. 폐사율은 높지 않지만 어린 가축에서는 높은 폐사율을 보인다. 국제수역사무국(세계동물보건기구, OIE) 질병 리스트에는 A010으로 지정되어 있다. 이 병의 최초 발생보고는 16세기 초 이탈리아 북부지역이며 그 후 급속히 유럽전역에 만연하여 19세기에는 전세계적으로 분포하였다. 구제역은 거의 전 세계적으로 발생하고 있다.

① **병원체**

구제역바이러스는 미생물 분류학적으로 Picornaviridae Aphthovirus 속에 속하는 소형의 RNA 바이러스이다. 구제역바이러스의 혈청형에는 A, O, C, SAT-1, SAT-2, SAT-3, Asia-1 등 7가지의 주요 혈청형이 있으며, 80여 가지의 아형(subtypes)이 알려져 있다. 알칼리에 쉽게 사멸되기 때문에 소독제로 양잿물과 소다회가 흔히 사용된다.

② **동물**

주로 소와 돼지에 침울, 발열이 있고 구강점막, 발톱 상부, 유두 그리고 드물게는 유방에 소포진을 형성한다. 치사율은 1~2%이지만, 심근염 시에는 높은 폐사율을 보인다. 어린 동물은 심내막염으로 죽게 된다.

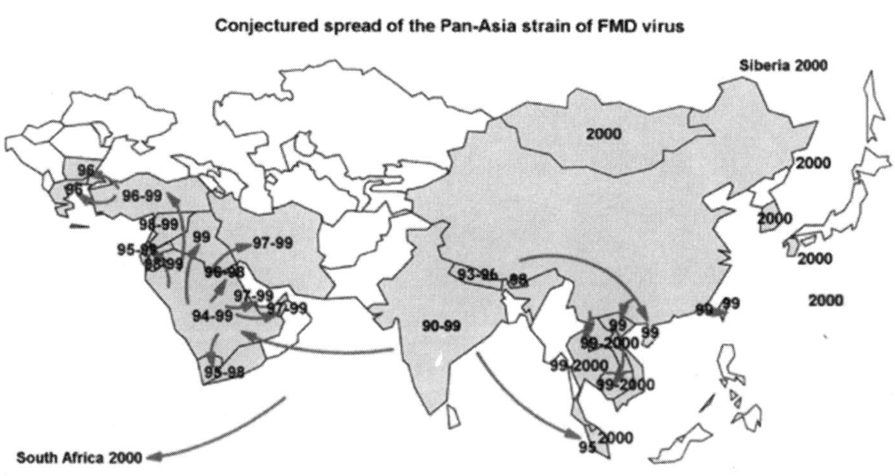

그림 7-26. 구제역 바이러스의 아시아 유행

③ **사람**

구제역 바이러스는 인체 세포내에서는 증식하지 않으므로 공중위생학적으로 문제시 되지 않는다.

④ **전염원 및 전파양식**

㉠ 우제류(소, 양, 염소) : 우유, 타액, 요, 분변 등을 통하여 바이러스 배출
㉡ 환경에 저항성이 강함

9) 수포성 구내염(Vesicular stomatitis)

수포성 구내염은 남북아메리카 지역에서만 발생이 인정되고 있는 바이러스성 전염병이다. 감수성이 있는 동물은 말, 소, 산양, 면양 및 돼지이며, 실험적으로는 거의 모든 포유동물과 설치류, 냉혈동물에도 감염된다. 폐사율은 거의 없으며, 반추수나 돼지가 발병하였을 경우에는 임상증상이 구제역과 비슷하여 감별진단이 필요한 질병으로 중요시 되고 있다. 우리나라에서는 발생이 없는 질병이며, 법정 제1종 전염병으로 지정되어 있다.

① **병원체**

Vesiculovirus속의 RNA virus(뉴저지형, 인디아나형)

② **감염 동물**

잠복기는 2~4일, 수포성 구내염이 발생되며, 돼지에서 상당한 피해를 끼친다.

③ **인체 감염**

잠복기는 1~2일, 사람의 인플루엔자와 비슷(고열, 안구통증, 근육통증)

④ **전염원 및 전파양식**

야생동물과 모기(*Aedes mosquitos*)와 Sand flies에서 바이러스 분리

10) 임파구성 맥락수막염(Lymphocytic choriomeningitis)

실험용 마우스에 많다. 가축은 발병되지 않으며, 미국, 일본, 아르헨티나 및 유럽 국가에서 발생된다.

① **병원체**

Lymphocytic choriomeningitis virus(RNA 바이러스)

② **동물 감염**

마우스에서 번식장애, 성장지연, 뇌막염, 자가면역에 의한 사구체 신염(관용감

염 : persistent tolerance infection), 폐사나 회복

③ **인체감염**

무증상 감염, 뇌수막염, Influenza와 유사

④ **전염원 및 전파양식**

마우스(수직 및 수평 감염), 음식물과 감염된 물건을 통하여 감염.

11) 조류 인플루엔자(Avian influenza)

조류 인플루엔자는 닭, 칠면조, 오리, 야생조류 등 여러 종류의 조류에 감염되며, 전파가 빠르고 병원성에 따라 고병원성, 저병원성, 비병원성으로 구분된다. 고병원성은 가축전염병예방법상 제1종 가축전염병으로 정하고 있으며, 국제수역사무국(세계동물보건기구, OIE)에서도 List A 질병으로 분류하고 있다.

① **원인체**

조류 인플루엔자 바이러스로서 Orthomyxoviridae의 Influenza virus type A로 혈청형은 H형(15종)과 N형(9종)으로 구분되고 H_5N_2, H_9N_2 등으로 표기한다. 바이러스의 생존력은 −4도 온도에서 분변 내에서는 최소 35일간, 계사 오염 먼지에서는 2주간 생존, 오염된 물에서는 22℃에서 4일간, 0℃에서 30일간 생존, 오염된 가금육에서는 70℃ 30분, 75℃ 5분, 80℃ 1분간 열처리 시 사멸함

② **잠복기**

일반적으로 수 시간에서 2~3일임. OIE에서는 최장 잠복기를 21일로 규정

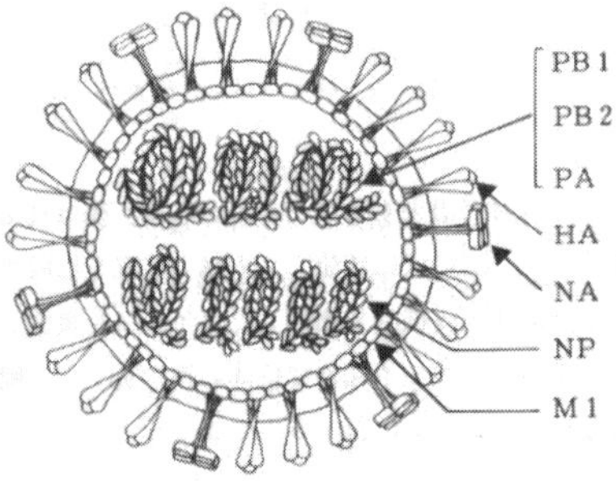

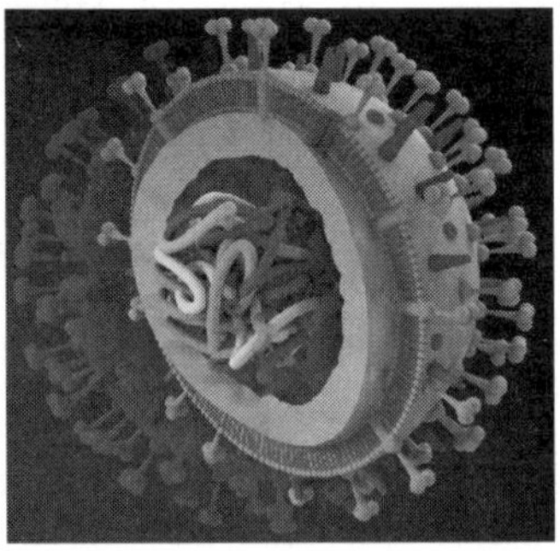

그림 7-27. 조류 인플루엔자 바이러스 구조도

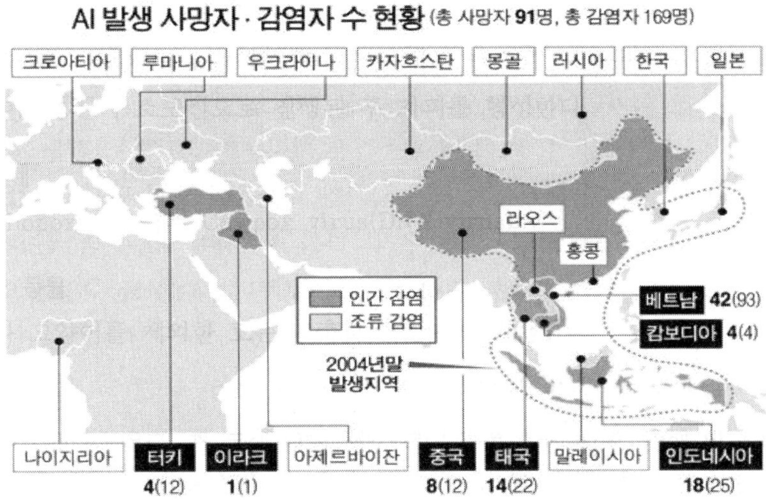

그림 7-28. 조류 인플루엔자 바이러스 발생국가와 사망자 (2004년)

③ 전파경로

오염된 물, 사료, 분변 등으로 전파된다.

오리, 거위, 메추리 등은 조류 인플루엔자 바이러스에 감염되지만 임상증상은 잘 나타나지 않으면서 바이러스를 분변으로 배출한다.

④ 임상증상

㉠ 닭의 경우 : 일반적으로 사료섭취 감소, 벼슬의 청색증, 머리와 안면의 부종, 80% 이상 급격한 폐사, 산란율 저하 등을 나타냄

㉡ 오리의 경우 : 알을 생산하는 종오리는 급격한 산란율 저하, 경미한 폐사가 나타남. 육용 오리는 거의 증상을 나타내지 않지만 새끼 오리는 일부 폐사함

⑤ 방역대책

고병원성 조류인플루엔자(HPAI) 방역을 위한 전략으로는 조기 신고에 의하여 발생 농장의 감염 동물 살처분 등 신속한 오염원 제거, 발생지역을 중심으로 한 오염, 위험지역, 경계지역의 설정(zoning) 및 오염요인에 대한 강력한 이동통제, 오염 대상물건 및 농장에 대한 집중적인 소독 실시와 함께 감염축을 신속히 검색하기 위한 능동예찰(active surveillance) 등 신속하고 강력한 초동방역을 시행하기 위한 방역정책 등을 핵심개념으로 들 수 있다. 초동방역이 실패하여 HPAI가 전국적으로 확산 또는 만연되거나 방역체계가 허술하여 살처분 정책만으로 확산을 막을 수 없을 경우, 또는 홍콩과 같이 지속적으로 특정지역에서

HPAI가 전파되어 오는 것과 같은 경우에 예방접종을 살처분 박멸정책과 병행하여 실시하는 것도 효과적인 대안이 될 수 있으며, 예방접종을 시행하고 있는 국가는 모두가 위의 범주에 속하는 국가이다.

HPAI는 100%에 이르는 높은 폐사율과 심각한 산란율 저하를 유발하여 막대한 경제적 피해를 입히며 국가간 축산물의 교역에서 중요시되는 질병이다. HPAI가 발생한 경우에는 우리나라를 포함하여 대부분의 국가에서 살처분 정책을 실시하고 있으며 HPAI 발생국으로부터 양계산물 수입을 엄격히 제한하고 있다.

12) 일본뇌염(Japanese B encephalitis)

제1종 법정 전염병으로 모기에 의해 전염되며 임신돈의 유사산과 웅돈의 정자생산기능 장애 등 번식장애를 일으키는 질병이다. 모기가 많이 발생하는 8월경에 많이 감염되며, 감염된 돼지의 유산 및 사산은 8~11월 사이에 가장 많다. 경산돈 보다는 초임돈에 주로 발생한다. 일본뇌염바이러스는 사람에게도 감염되어 뇌염을 일으키므로 공중보건위생상 중요시되는 질병이다. 일본, 중국, 대만, 한국 등에서 절족동물(모기)에 의하여 전파된다.

① 병원체

Togaviridae, Flavivirus(Japanes B encephalitis virus, JEV), envelope를 가진 RNA 바이러스로 열에 약하여 56℃ 30분에 불활화 된다.

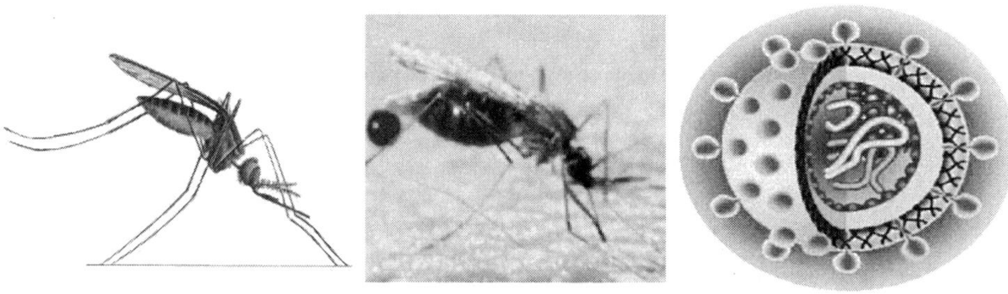

그림 7-29. 모기와 일본뇌염바이러스

② 동물 감염

3개월 미만의 자돈에서 뇌염 증상과 성돈은 무증상, 유산, 사산, 신생자돈의 폐사, 발열, 침울, Photophobia, 근육진전 등이 특징이며, 소와 산양도 감염되지만 이환율은 낮다.

③ **인체감염**

무증상 감염, 현성인 경우는 두통, 고열, 경련, 정신착란 마비, 10일 이내에 사망과 같은 치명적 증세, 감수성이 가장 높은 연령 3~6살(그 후 이환율은 감소).

④ **전염원 및 전파양식**

작은 빨간집모기(*Culex tritaeniorhynchus*)

⑤ **진단**

균의 분리(주로 뇌에서), 보체결합반응(HI; IgM, CFT, SN)

⑥ **예방**

순화생독백신(예방접종)

13) 소해면상뇌증(Bovine Spongiform Encephalopathy ; BSE)

소해면상뇌증은 1985년 영국에서 처음으로 발생이 보고되었다. 소에서 발생하는 만성 신경성 질병으로 일명 "광우병" 으로 불려지고 있다. 이 질병은 변형 프리온 단백질 감염에 의한 신경세포의 공포변성과 중추신경조직의 해면상 변화가 특징으로 잠복기는 2~5년까지 다양하게 나타난다. 불안, 보행장애, 기립불능, 전신마비 등 임상증상을 보이다가 결국 100% 폐사되는 치명적인 만성 진행성 질병이다. 국제수역사무국(세계동물보건기구, OIE)에서 B급 질병으로 분류하고, 우리나라의 경우 제2종 가축전염병으로 지정되어 있다.

① **병원체**

소해면상뇌증의 병원체는 여러 학설이 있지만 변형 프리온 단백질(PrPsc 또는 PrPres)로 여겨지고 있다. 변형 프리온은 단백분해효소에 분해되지 않고 열, 자외선, 화학물질에 강한 저항성을 갖고 있고, 133℃ 20분, 차아염소산나트륨, 2N 가성소다에 감염력이 불활화된다.

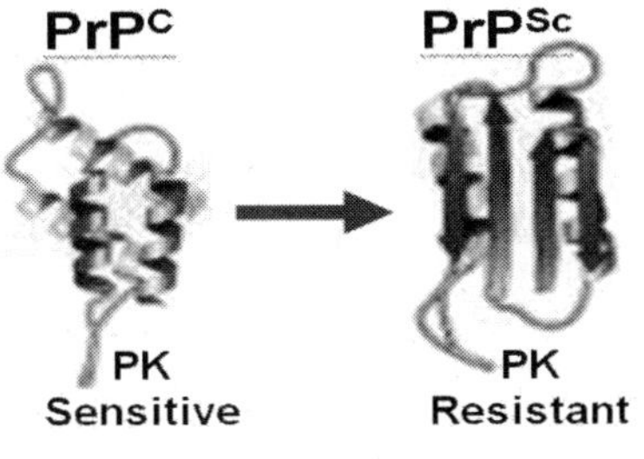

그림 7-30. 변형 프리온 단백질(PrPsc)

② **전염원 및 전파양식**

스크래피에 걸린 면양이나 소해면상뇌증에 감염된 소의 육골분 등이 함유된 사료를 섭취함으로써 감염이 이루어지는 것으로 보고되어 있고 접촉감염은 일어나지 않으며 수직전파의 가능성은 매우 낮지만 정확한 것은 밝혀져 있지 않다.

③ **임상증상**

초기에는 빛과 소리와 같은 조그만 자극에 민감하게 반응하고 쉽게 흥분하며 울음소리가 이상해지고 불안, 보행장애 등이 신경증상이 나타나며, 말기에는 기립불능, 전신마비 등으로 인해 결국 폐사한다.

④ **진단**

현재까지 살아있는 상태에서 진단할 수 있는 혈청학적 진단방법이 개발되어 있지 않기 때문에 죽은 가축의 뇌 및 척수 신경조직의 정밀검사에 의해서만 진단이 가능하다.

⑤ **방역대책**

현재 우리나라에서는 소해면상뇌증이 발생하고 있지 않으므로 국내에 이 질병이 유입되지 않도록 하는 것이 최선의 방역대책이다. 광우병이 발생한 국가에서의 30개월령 이상의 쇠고기는 수입금지대상이며 또한 특정위험물질(SRM)은 수입할 수 없다.

특정위험물질(SRM)이란?

광우병을 일으키는 변형 프리온 단백질이 많이 들어있는 7가지 부위
① 모든 월령의 소에서 유래한 편도·회장 원위부
② 30개월 이상된 소에서 유래한 뇌·눈·척수·머리뼈·척수

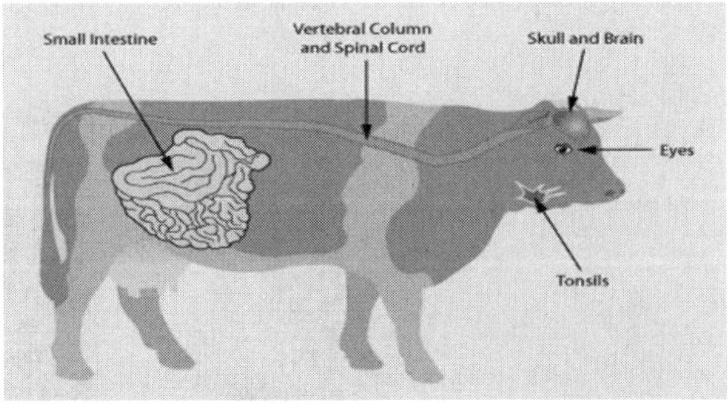

그림 7-31. 광우병 소의 특정위험물질(SRM) 검출부위

⑥ **유럽에서의 소해면상뇌증 발생현황**

1985년 영국에서 최초 발생 보고된 후로 현재에는 유럽전체에서 소해면상뇌증이 사회문제화 되어있고 이에 대한 대책으로 검사강화 등 소비자 보호책에 중점을 두고 있다.

표 7-3. 유럽 소해면상뇌증 발생국가에서의 최근 발생현황(OIE 자료)

연도	영국	벨기에	덴마크	프랑스	독일	아일랜드	리히텐슈타인	룩셈부루크	네덜란드	포르투갈	스페인	스위스
2000	1201	9	1	111	6	57	–	0	–	114	2	31
누계*	180,457	19	1	191	6	499	2	1	6	481	2	364

* '86~2000년까지 발병두수 누계

Prion이란?

① 핵산이 결여된 느리게 감염하는 입자로서, CJD, scrapie (양과 염소 등에서 일어나는 신경계질환)의 원인.
② 바이러스 입자를 virion이라 하듯이, protein의 알맹이란 뜻에서 prion이라 칭함.
③ 광우병 소나 CJD 환자의 뇌에서 예외없이 발견됨.
④ 종 특이성이 없으나 감수성의 차이는 있음.
⑤ 다른 종이라도 단백질 배열이 비슷하면 쉽게 전염.
⑥ 양과 소의 prion은 단백질구조 거의 비슷, 사람과 소의 단백질구조는 30군데 이상 다름.
⑦ 열, 포르말린, 알콜, 자외선 등에 저항성이 강함. NaOH 고압멸균 1시간에 파괴.
⑧ 소의 근육에서는 prion이 발견되지 않음.
⑨ 1985년에 이 단백질의 유전자가 클로닝되었다.

14) 급성호흡기증후군(Severe Acute Respiratory Syndrome, SARS)

① **정의 및 병원체**

사스(중증급성호흡기증후군, Severe Acute Respiratory Syndrom, SARS)는 2002년 11월부터 중국 광동지역을 중심으로 발생하여 홍콩, 싱가포르, 캐나다 등 전세계적으로 확산되었던 신종전염병으로, 사스 코로나바이러스 감염에 의해 발열과 기침, 호흡곤란, 폐렴 등을 보이는 증후군이다.

② **임상증상**

㉠ 주로 발열(체온 측정 시 38℃ 이상)이 첫 증상이며 오한, 두통, 근육통 등 전신적인 불편감이 동반되기도 하며 일부 환자에서는 초기에 미약한 호흡기 증상이 나타난다.

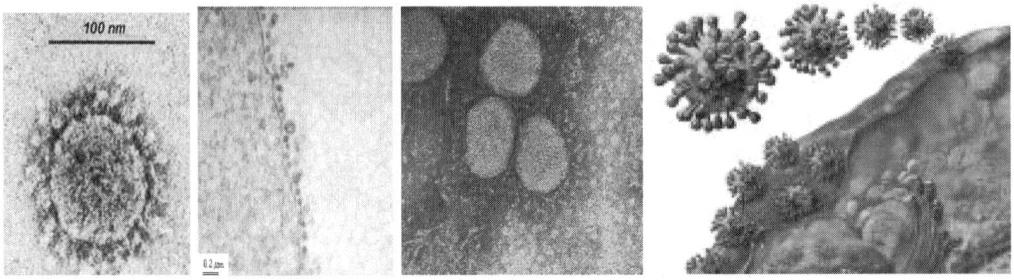

자료출처 : 국립보건원 (http : //dis.cdc.go.kr/information/general.asp?Code=F11&name=)

그림 7-32. SARS 코로나바이러스의 전자현미경 사진과 감염모식도

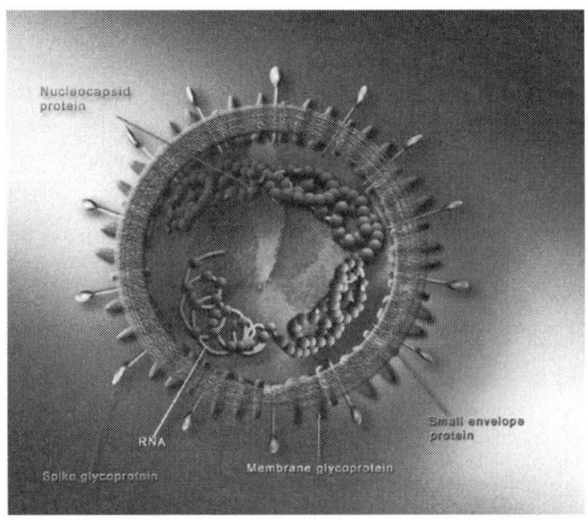

그림 7-33. SARS 코로나바이러스의 구조

그림 7-34. SARS 코로나바이러스와 중국의 동물 수난

㉡ 2~7일이 지나면 가래가 없는 마른기침이 나타나고 혈중산소포화도가 낮아진다. 대부분의 환자는 회복이 되지만 10~20%의 환자에서는 호흡부전이 나타나고 인공호흡이 필요하게 된다.

③ 잠복기

SARS의 전형적인 잠복기는 2~7일이다. 그러나 극소수의 환자에서 10일까지 잠복기를 보이기도 하고 13일까지 보고된 환자가 있으므로 14일까지는 38℃ 이상의 발열이 있는지를 관찰해야 한다.

④ 감염경로

아직 SARS의 전파는 주로 비말(작은 침방울)을 통해 감염되는 것으로 생각된다. 즉 SARS 환자가 기침, 재채기, 말할 때 배출되는 호흡기 비말에 의해 전파된다. 또한 호흡기 분비물에 오염된 물건을 통해서도 전파될 수 있다. 감염원에 대한 규명 연구가 계속되고 있으나 일부 학자들은 동물의 변종 코로나바이러스에 의한 감염을 주장하고 있어 인수공통감염병으로서 심각한 질병으로 받아들이고 있다. 앞으로 연구가 계속되어 사실이 확인되어야하지만 중국에서는 전염원으로 의심받고 있는 사향고양이를 대량 잡아 죽인 것으로 알려져 있다.

⑤ 치료방법

현재까지는 지역사회에서 감염된 원인을 모르는 중증비정형폐렴에 적합한 치료를 하도록 권하고 있다. 그러나 아직까지는 치료법에 대한 충분한 정보가 없으며 비정형폐렴을 치료할 수 있는 항균제를 투여하고 항바이러스(oseltamivir 또는 ribavirin)제를 투여해볼 수 있다. 그리고 스테로이드를 항바이러스제와 함께 경구 또는 정맥 투여해볼 수 있다.

⑥ 치사율

㉠ 80~90%의 대부분 환자는 6~7일째 증상이 호전이 된다.

㉡ 10~20% 정도의 환자는 증상이 악화되어 급성호흡곤란증후군(acute respiratory distress syndrome)이 발생하여 기계호흡이 필요할 정도 중증으로 발전한다.

㉢ 사망율은 3~4% 정도이며, 다른 기저질환이 있는 경우에 높아진다.

15) 뎅기열(Dengue fever)

① 정의 및 병원체

모기에 의해 전파되는 전염병으로 열대지방에서 출혈을 유발하는 무서운 질병이다. 국내 연예인 신정환이 2010년 필리핀에서 도박 문제로 귀국을 하지 못하면서 뎅기열에 감염되었다고 입원 소동을 벌여 국내에도 많이 알려진 질병이라 할 수 있다.

병원체는 Flavivirus속에 dengue virus가 원인체로 single stranded RNA 바이러스이다. Flavivirus속에는 뎅기열, 황열, 웨스트나일뇌염을 유발하는 각각의 바이러스들이 속해있다.

② 임상증상

주로 발열이 첫 증상이며 고열로 증상이 심해지면 오한, 두통, 근육통, 관절통, 안구통 등 심한 통증과 오심과 구토 등의 증상과 심한 경우 발작이 나타난다. 이 후 진행이 계속되면 특징적으로 출혈이 나타나고 쉽게 멍이 드는 현상과 피부의 발적, 출혈 소견이 보이고 코와 잇몸의 출혈 및 내출혈이 뒤따라 일어난다. 이러한 특징적인 출혈 증상은 모세혈관의 투과성이 과도하게 항진되면서 나타나는 것으로 알려져 있다.

③ 잠복기

모기에 물린 다음 3~14일의 잠복기를 거쳐 고열과 통증이 나타난다. 1주 정도 증상이 계속되다 출혈이 뒤따라 일어난다.

④ 감염경로

모기에 의해 원인 바이러스인 뎅기 바이러스가 전파되는 것이 문제이다. 뎅기 바이러스를 매개하는 모기는 *Aedes aegyti*가 주로 문제가 된다. 초기 아프리카 원숭이에 있는 바이러스가 매개 모기 *Aedes aegyti*의 흡혈을 통해 사람에 전파된 것으로 추정되고 있다. 원숭이 이외 다른 동물도 이 병원체의 중간숙주로 작용하는 것으로 추정되고 있다. 필리핀과 같은 열대지방에 여행을 가는 경우 특히 주의를 요한다.

⑤ 예방 및 치료방법

현재까지는 적절한 치료제가 없어 감염이 심한 경우 출혈에 의한 쇼크로 사망할 수 있다. 모기 서식지를 없애고 모기에 물리지 않도록 야외 활동 시 조심하는 것이 좋은 방법이다.

16) 황열(Yellow fever)

① 정의 및 병원체

모기에 의해 전파되는 전염병으로 아프리카와 남아메리카의 열대지방에서 황달과 출혈을 유발하는 무서운 질병이다. 황열은 인류가 가장 무서워하는 질병 중의 하나로 여겨질 만큼 열대지역을 중심으로 막대한 피해를 입히는 질병이다. 병원체는 Flavivirus속에 Yellow fever virus가 원인체로 single stranded RNA 바이러스이다.

열대지방을 여행하는 경우에 반드시 방문하기 최소 10일 전에 예방접종을 미리 접종받는 것이 권장된다.

② 임상증상

주로 발열과 고열이 반복하다가 근육통의 증상과 출혈 및 내출혈이 뒤따라 일어난다. 이러한 특징적인 출혈 증상은 구토 내용물에도 출혈 혈액이 섞여 있어 흑토병(黑土病)이라고도 불린다. 또한 내부 출혈과 함께 황달이 유발되어 피부색과 점막이 노랗게 보이며, 이러한 증상으로부터 황열이라는 병명이 붙여졌다.

③ 잠복기

모기에 물린 다음 3~6일의 잠복기를 거쳐 고열과 통증이 나타난다. 이 후 증상이 사라졌다 다시 24시간 이내에 증상이 악화된다. 황달증세와 구토 및 복부통증이 계속되다 출혈이 뒤따라 일어난다.

④ 감염경로

모기-원숭이-모기의 순환 형태로 바이러스가 전파되다가 감염된 모기가 사람을 흡혈할 때 바이러스를 전파한다. 모기에 의해 원인 바이러스인 황열 바이러스가 전파되는 것이 문제이다. 황열 바이러스를 매개하는 모기는 *Aedes aegyti*가 주로 문제가 된다. 원숭이에 있는 바이러스가 매개 모기 *Aedes aegyti*의 흡혈을 통해 사람에 전파된 것으로 추정되고 있다. 원숭이 이외 다른 동물도 이 병원체의 중간숙주로 작용하는 것으로 추정되고 있다. 열대지방에 여행을 가는 경우 특히 주의를 요한다.

⑤ 예방 및 치료방법

현재까지는 적절한 치료제가 없어 감염이 심한 경우 출혈에 의한 쇼크로 사망할 수 있다. 백신접종이 가장 좋은 예방방법이다. 모기 서식지를 없애고 모기에 물리지 않도록 야외 활동 시 조심하는 것이 좋은 방법이다.

17) 웨스트나일열(West Nile fever)

① 정의 및 병원체

웨스트나일뇌염 또는 서나일뇌염으로도 불리는 이 질병은 모기에 의해 전파되는 전염병으로 북미지역을 중심으로 발병이 확산되고 있으며 뇌염을 유발하는 무서운 질병이다. 웨스트나일열은 우간다의 웨스트나일 지역에서 처음 질병이 발견되어 명명되었다. 현재는 유럽과 북미지역을 중심으로 막대한 피해를 입히는 질병이다.

병원체는 Flavivirus속에 West Nile virus가 원인체로 single stranded RNA 바이러스이다.

② 임상증상

성인에서는 가벼운 감기 증상을 거쳐 회복되나 어린이와 노약자 또는 면역이 저하된 환자에서는 치명적인 뇌염이 유발된다. 동물에서는 대개 불현성 감염이나 경우에 따라서 사람과 같이 치명적인 뇌염이 유발되기도 한다.

③ 잠복기

모기에 물린 다음 3~14일의 잠복기를 거쳐 고열과 오한, 두통, 근육통, 무기력, 오심 등의 감기증상을 보이다가 수일~수주간 증상이 계속되다 성인의 경우 대부분 회복된다. 어린이나 노약자와 같은 면역체계가 불완전한 개체의 경우에 중증으로 경직, 근육 약화와 마비, 경련 등 신경증상을 보이며, 심한 경우 전신 마비와 혼수상태에 거쳐 사망에 이른다.

④ 감염경로

새와 같은 조류와 말에 감염된 바이러스를 모기가 흡혈하여 순환 형태로 바이러스가 전파되다가 감염된 모기가 사람을 흡혈할 때 바이러스를 전파한다. 모기에 의해 원인 바이러스인 웨스트나일 바이러스가 전파되는 것이 문제이다. 웨스트나일 바이러스를 매개하는 모기는 *Aedes aegyti*가 주로 문제가 된다. 조류와 말에 있는 바이러스가 매개 모기 *Aedes aegyti*의 흡혈을 통해 사람에 전파된 것으로 추정되고 있다. 조류와 말 이외 다른 동물도 이 병원체의 중간숙주로 작용하는 것으로 추정되고 있다.

⑤ 예방 및 치료방법

현재까지는 적절한 치료제가 없어 감염이 심한 경우 뇌염으로 사망할 수 있다. 모기 서식지를 없애고 모기에 물리지 않도록 야외 활동 시 조심하는 것이 좋은 방법이다.

18) 에볼라열(Ebola fever)

① 정의 및 병원체

에볼라 바이러스 감염에 의한 급성열성전염병으로 치사율이 높고 전파가 잘되는 무서운 질병이다. 원인바이러스에 대한 연구도 금지될 정도로 인류에 치명적일 것으로 예측되고 있으며, 수단과 자이레 지역에서 1976년 처음 질병이 확인되었으며 영화 '아웃브레이크'를 통하여 우리에게 잘 알려져 있다. 여러 나라에서 생물학전 무기로 연구되고 있다는 주장이 제기될 정도로 인류의 생존을 위협하는 치명적인 무서운 질병이다. 2014년 아프리카를 중심으로 에볼라 바이러스가 확산되어 문제가 되었다.

병원체는 Filovirus속에 Ebola virus가 원인체로 single stranded RNA 바이러스이다.

② 임상증상

원숭이에서 치명적인 출혈을 유발한다. 사람의 경우에 고열과 두통, 관절통, 근육통, 무력감, 구토, 설사 등이 나타나고 피부 발진, 피부와 점막의 출혈에 이어 비출혈과 각종 내장 장기 출혈이 유발되어 쇼크로 사망에 이른다.

③ 잠복기

2~20일의 잠복기를 거쳐 증상이 유발되고 내장 장기 출혈이 유발되어 쇼크로 사망에 이른다.

④ 감염경로

원인 바이러스인 에볼라 바이러스 보균 동물은 야생 설치류와 과일 박쥐로 추정되고 있다. 사람과 원숭이는 감수성 동물로 보균동물과 접촉하거나 보균동물 배설물에 노출되어 감염이 일어나면 출혈로 사망에 이른다. 전염성이 매우 강하여 과거 수간과 자이레 지역에서 발생된 경우에 환자를 돌보던 간호사와 의사가 감염되어 그 중 50%가 사망하였다. 감염된 사람의 혈액이나 체액의 접촉에 의해 의료진의 감염이 유발되었다. 2014년 서아프리카 전역에 에볼라 바이러스가 확산 되었으며, 의료진 사망이 발생하였다. '에볼라'라는 이름은 최초 발견된 지역의 강 이름에서 유래하였다.

⑤ 예방 및 치료방법

현재까지는 적절한 치료제가 없다. 원숭이를 수입할 때 철저한 검역과 검사가 필요하다. 양성 반응을 보이는 모든 동물은 도태하고 소각한다. 감염된 환자는 즉각 격리하여 치료하고 주변 오염을 차단한다.

19) 중증열성혈소판감소증(severe fever with thrombocytopenia syndrome, SFTS)

① **병원체**

중증열성혈소판감소증(SFTS) 바이러스(Bunyaviridae과, Phlebovirus속, RNA 바이러스)

② **중간 매개체**

작은소참진드기(*Haemaphysalis longicornis*)- 소와 야생동물 피를 빨아 먹는 진드기로 흡혈 과정에 바이러스 전파

③ **중간숙주**

소, 사슴, 멧돼지, 쥐 및 야생 동물

④ **발생 현황**

2006년 중국에서 발병이 최초 보고되었으며 2011년 병원체가 발견되었다. 2013년 1월 일본, 2013년 5월 대한민국 사망자가 확인되었다. 이후 국내에서도 충청북도, 강원도, 부산시, 제주도 등의 각지에서 감염 및 사망이 발생한 바 있다.

⑤ **사람의 증상**

발열, 구토, 설사, 다기관 부전(multi-organ failure), 백혈구감소, 간효소치 증가, 혈소판감소에 의한 사망으로 치사율이 12~30%에 이른다.

⑥ **예방방법**

야외 활동시 진드기에 물리지 않도록 주의한다.

20) 중동호흡기증후군(Middle East Respiratory Syndrome, MERS)

① **다른 이름**

MERS, 메르스, 메르스바이러스, 메르스바이러스감염증, 메르스코로나바이러스, 메르스코로나바이러스감염증, 신종코로나바이러스감염증

② **병원체**

신종 코로나 바이러스인 MERS-Corona 바이러스

③ **중간숙주**

낙타가 1차 감염원으로 추정. 유전자 염기서열이 박쥐에서 발견되는 것과 유사하다 하여 박쥐를 원인 동물로 보고 있으며 최근 연구 결과로는 매개 동물이 낙타일 가능성이 더 높은 것으로 보고 있다.

④ **발생 지역**

사우디아라비아를 비롯한 중동에서 집중적으로 발생하고 있으며, 최근에는 다른 나라에서도 발생하고 있다.

⑤ **주요 증상**

발열, 폐렴, 콩팥 손상

⑥ **잠복기**

약 14일

⑦ **치료제와 백신**

개발되지 않았음

⑧ **치사율**

약 30%

(3) 진균성질환

1) 아스페르질루스균증(Aspergillosis)

조류에 주로 폐렴. 소, 말에 폐렴, 유산을 일으킨다. 피부, 전신성 질환도 보고되고 있다.

① **병원체**

Aspergillus fumigatus, *A. clavatus*, *A. flavus* 중요하다. 균사로부터 수직으로 뻗은 분생자병의 정점이 팽대하여 전낭이 되어 여기에 다수의 경자(sterigma)가 생겨 그 위에 수개의 juice상으로 이어진 원형의 소분생자 형성한다.

② **동물 감염**

조류, 소, 말 등으로 감염경로는 병원균은 토양속에 상재하고 있기 때문에 외인성으로 포자로 흡입하여 감염되며, 조류는 부란기내에서 접촉감염이 많다. 주증상은 조류의 경우 진균성 폐렴으로 호흡곤란이 오며 사료와 음료수를 먹지 않고, 기립불능, 발육부전을 일으킨다. 개의 경우 오염 사료에 의한 신부전증이 대표적이다.

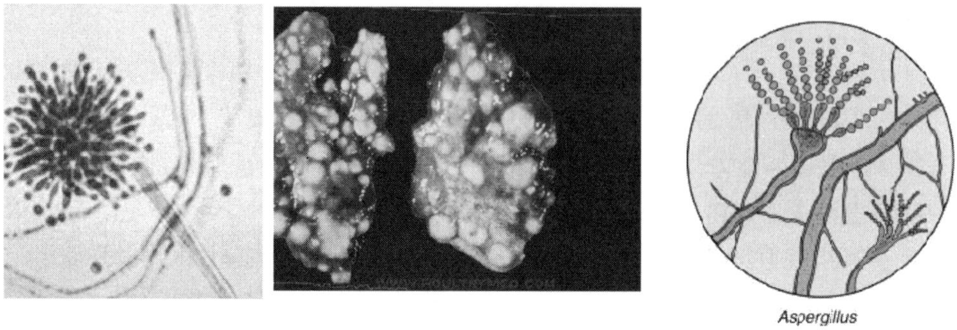

그림 7-35. 아스퍼질러스와 감염 동물의 폐장 병변

③ **인체감염**

감염경로는 흡입감염이 많다. 조류 사양 자, 모피취급인, 농부(곡물취급)등의 직업병이다. 균교대감염증으로 많이 감염 된다. 주 증상은 폐렴으로 폐 아스페르질루스 증이 가장 많다. 최근 *A. flavus* 의 특정 주는 발암성물질인 "aflatoxin"을 생산하는 것이 알려졌다. *A. flavua* 에서 "aflatoxin"이 많이 산출된다.

2) 자이고 진균증(Zygomycosis)

균사에 격벽이 없고 균사 전체가 하나의 세포로 구성되어 있는 Phycomycetes(조균류)와 균사에 격벽이 있는 Mycomycetes(불완전균류)가 있다.

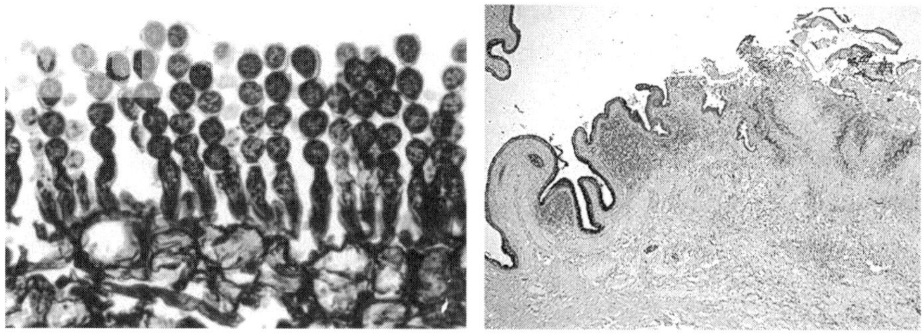

그림 7-36. 자이고 진균과 피부감염 병변

① **병원체**

조균류(Phycomycetes)로서 mucor과의 Mucor속, Rhizopus속, Absidia속에 속하는 진균에 의한다. 회흑색의 섬모상 집락을 형성하고 무격성의 균사와 접합포자 및 포자낭 포자를 갖는 것이 특징이다.

② **동물 감염**

개, 말, 소, 돼지, 조류 등이 있으며, 주 증상으로는 임파선, 간, 폐, 신장에 육아 종을 형성하는 것과 소화관에 궤양을 보이는 형이 있다.

③ **인체감염**

감염 경로는 기도 감염과 주 증상은 폐 무코로진균증은 포자가 호흡 시 기도로 흡입되어 기관지 폐렴 증세를 보이고, 진행하면 혈관 벽에 들어가 증식하여 폐 경색증을 나타낸다.

3) 크립토코쿠스증(Cryptococcosis)

토양에서 흔히 존재하는 곰팡이류로 흡입감염이 된다. 정상인의 경우는 자연 치유되기도 하나 폐에 위치해 있다가 면역억제(에이즈, 스테로이제 투여, 암 치료 등) 시 전신으로 퍼지며, 특히 뇌에 침입 뇌수막염을 일으키고 신경증상을 나타낸다. 즉, 에이즈 환자의 생명을 위협하는 가장 대표적인 곰팡이 중의 하나이다.

① **병원체**

Cryptococcus neoformans

② **동물감염**

감염동물 및 분포 : 말, 소, 개, 고양이, 돼지의 피부. 소화관, 그리고 비둘기의 분변 속에서 많이 분리되며, 주 증상으로는 소는 만성육아성유방염, 말은 폐에 점액종양병소(myxomatous lesion), 코, 입술의 육아종성병변, 개는 폐의 육아종, 수막뇌염, 고양이는 뇌막염, 폐의 육아성염증, 안검의 궤양이 특징적이다.

③ **인체감염**

감염 경로는 기도를 통한 흡입감염과 주 증상은 기회감염(opportunistic infection)이 특징이다. 장기별 병소율은 중추신경계질환이 50%, 폐와 중추신경에 동시 발병되는 것이 15%, 기타 전신성이 35%, 임파절 종창이 18%의 순으로서 뇌형이 가장 많다.

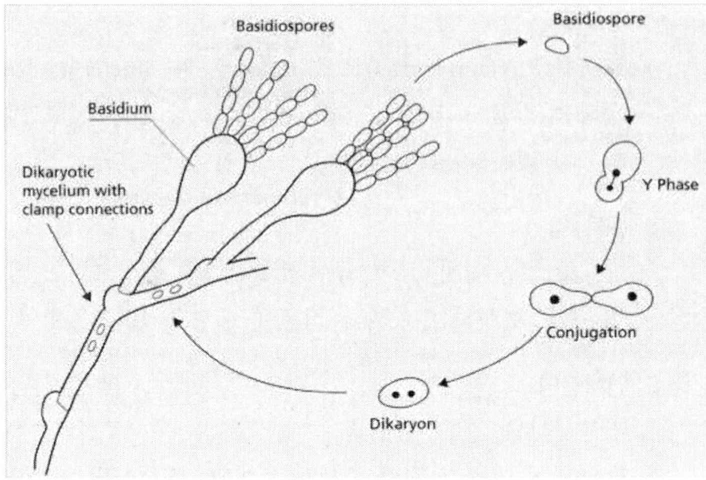

그림 7-37. 크립토코쿠스의 생활사

4) 캔디다증(Cadidiasis, Moniliasis)

포유류에 병을 일으키며 gastrointestinal tract에 낮은 농도로 존재한다. Candida는 보통 출아법으로 증식하지만 인간의 면역기능이 떨어질 경우와 같이 환경이 좋아졌을 때 필라멘트(filaments)를 만들어 담쟁이덩굴처럼 점막세포나 피부로 침입하여 퍼져나간다. 사람의 구강, 소화관, 생식기 등에 존재하고, 최근 구강(특히 치주, 치육)으로부터 분리한 Candida가 치주 병의 주된 원인일 것으로 예측되어 화제가 되고 있다. 또한 *C. neoformans*와 유사하게 면역 결핍환자에서 문제가 되고 있다.

① **병원체**

Candida albicans

㉠ 사브로드 한천배지를 이용하여 실온에서 배양할 때 크림색의 집락형성, 효모 냄새가 특징

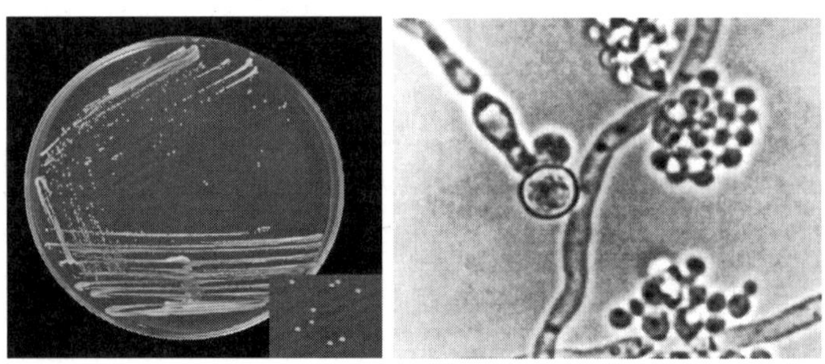

그림 7-38. 캔디다 배양 및 현미경 사진

② **동물감염**

기회감염, 균 교대감염을 하며, 주 증상은 닭, 칠면조 등 조류는 상부소화관, 사낭에 병소(황백색의 밀크의 응고물)가 있다. 개에도 구내염, 다리의 피부염, 어린 송아지의 식도염, 인후염, 위염, 돼지의 구내염, 위염, 피부염이 생긴다.

③ **인체감염**

점막 칸디다증, 피부 칸디다증은 손톱, 손가락사이, 살, 겨드랑, 유방, 생식기에 발생하고, 심재성으로 내장 칸디다증(기관지, 폐, 장관)도 온다.

5) 피부진균증(Dermatomycosis)

① **병원체**

㉠ 피부사상균에 속하는 백선균속, 소포자균속, 표피균속에 의한 피부사상균증이다.

㉡ 백선과 황선이 있다. 피부진균증이 모든 진균증 중에서 가장 많이 발생되고 있으며 세계적으로 분포한다.

② **동물의 백선 및 황선(Ringworm and Favus)**

㉠ 백선 : 표제성은 원형의 피모결손, 탈모, 비늘형성과 낙설, 피부비후, 가피형성, 심재성은 표재성에서 이행된 것으로 모발 및 모근의 주위에 병변이 있다. 종종 농양을 형성하기도 하며, 병인체로는 *M. canis*, *M. gypseum*, *T. mentagrophytes*, *T. verrucosum* 등이 있다. 이중 *M. canis*는 개, 고양이의 병원균이지만 말, 원숭이, 양, 사람 등에도 감염되며, *T. verrucosum*은 소에서 피부진균증을 일으키지만 산양, 양, 말, 낙타 그리고 사람에도 옮긴다.

㉡ 황선 : *T. gallinae*, *T. schoenleini*가 원인체이다. 전자는 닭의 원인체이지만 사람 및 개에서도 병원성이 있다. 개, 고양이에 균 감염을 형성시키고, 말, 양, 생쥐에도 감염되고 이것이 사람의 전염원이 된다. 일본에서 말의 복행진의 원인체라 알려진 *Achorion gypseum*도 *M. gypseum*과 같은 것이다.

(4) 리켓치아 및 클라미디아 질환

리켓치아병은 주로 설치류와 절족동물의 질병으로 절족동물을 매개체로 하여 사람에게 전염되는 질병으로 임상증상, 역학 및 면역학적 특성에 의하여 티푸스병과 Q열로 분류한다.

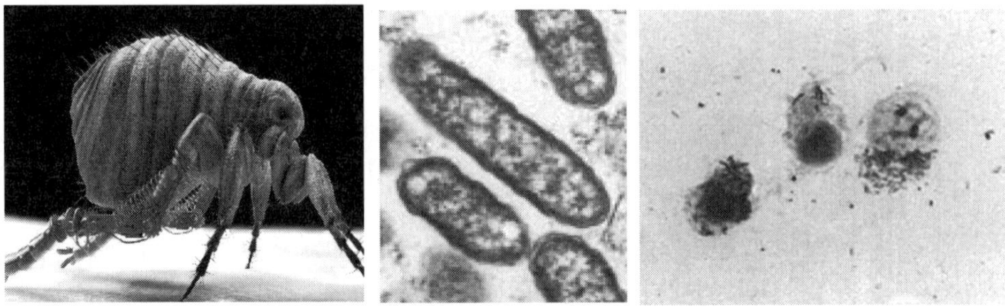

그림 7-39. 쥐벼룩과 발진열 원인 리케치아

1) 발진열(endemic typhus fever)

① 발진열은 *Rickettsia typhi* (*R. mooseri*)에 의한 급성 열성 전염병으로 감염된 쥐벼룩(*Xennopsylla cheopsis*)에 의해서 전파된다.

② 임상증상은 발진티푸스와 비슷하지만 일반적으로 증상이 가볍고 사망하는 예는 거의 없다.

③ 계절적으로는 가을철에 많고 산발적으로 발생하며, 쥐의 서식이 많은 지역(농촌, 곡물창고 등)에서 발병이 잘된다.

2) 홍반열군(Spotted fever group)

발생지역에 따라 로키산홍반열(RMSF), 퀸슬랜드 진드기티푸스, 지중해열, 북아시아 진드기열, 리켓치아 두창, 북미 진드기열 등이 있다.

3) 츠츠가무시병(Tsutsugamushi disease, Scrub typhus)

① **병원체**

Rickettsia tsutsugamushi

② **동물감염**

원숭이, 기니아픽, 햄스터, 들쥐, 쥐 및 생쥐에 병원성이 있다.

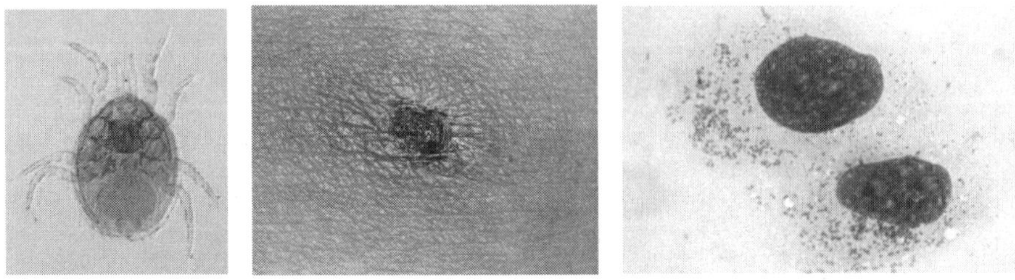

그림 7-40. 쥐 진드기와 병변 및 츠츠가무시

③ **감염양식**

자연계 생활환 진드기-쥐-진드기(transovarian passage)

④ **증상**

잠복기는 1~3주이다. 증상은 발진티푸스와 유사하다.

㉠ 장티프스형 : 전 경과 시간 17일

㉡ 이장형 : 발열 18~30일 발열은 안면, 구간, 사지에 소두대단 형, 장미발진이 나타나고, 며칠 후 그대로 없어진다. 발병 3주쯤에 섬망, 혼미 등의 신경증상이 나타난다.

4) Q열(Q fever)

① **병원체**

*Coxiella burnetii*로서 세균여과기를 통과하는 소형균체이며, 열 건조에 대한 저항성이 매우 높다.

② **동물감염**

소, 면양, 산양의 준 임상적 질병(유방염 원인체)이기 때문에 진단이 매우 어렵다.

③ **사람의 감염**

잠복기는 3~5일, 주 증상은 독감, 원발성 비정형 폐렴 및 간염과 유사하다.

④ **다른 리켓치아병과 달리 절족동물의 매개체가 없고 홍반이 없다는 두 가지 특징이 있다.**

⑤ **감염경로**

소, 양, 산양에서의 감염은 이들에 기생하는 진드기에 의하여 전파된다.

5) 앵무병(Psittacosis, Ornithosis, Parrot fever)

① **병원체**

Chlamydia psittaci 로서 세포(조직배양, 발육계란) 내에서만 증식한다.

② **감염동물**

앵무새, 잉꼬, 비둘기, 칠면조, 오리 등의 조류와 소, 양, 산양, 고양이 등

③ **감염양식**

감염조류의 분뇨나 기도분비물에 병원체를 배설함으로서 이들의 직접 또는 오염 환경에 의한 경구 및 호흡기를 통한 감염.

④ **증상**

동물에서는 보통은 불현성 감염, 과밀사육, 수송 등 스트레스을 받으면 발증하게 되고 설사, 식욕부진, 발열, 호흡곤란, 결막염 등이 특징이다. 특히, 송아지의 경우는 선회운동, 마비, 신경증상(뇌 척수염 형)과 장염형이 있다. 사람의 경우는 잠복기가 7~14일이며, 무증상에서 급성전신증세에 이르기까지 다양하다. 식욕부진, 발열, 오한, 두통, 정신착란과 50~60세 이상의 노령의 경우는 중증으로 경과하는 예가 있다.

(5) 기생충성 질환

사람과 동물 사이에서 직, 간접으로 기생충이 상호 감염하여 생기는 기생충성 질병으로 약 100여종이 알려져 있다. 전파유형에 따른 기생충의 분류는 다음과 같다.

① 토양에서 발육, 채소류를 통해 전달 : 회충, 십이지장충
② 패류를 중간 숙주로 함 : 폐흡충, 간흡충
③ 모기 등의 절족동물을 매개로 함 : 심장사상충, 말라리아
④ 성 접촉 등을 통해 : 트리코모나스
⑤ 고기, 어류를 통해 : 촌충
⑥ 수인성 및 공기 전파성 기생충 : 이질아메바, 지알디아

생물학적으로 분류하면 다음과 같다.

① 윤충류(Helminths)는 선충류(Nematoda), 흡충류(Trematoda), 조충류(Cestoda)로 구분된다.
② Protozoa(원생동물)는 핵 가운데의 karyosome과 핵막 안쪽에 배열하는 chromatin particle(유전자)이 있고, 세포질은 내세포질(endoplasm)에 식포, 수축포, 염색질체 등이 있으며, 외세포질(ectoplasm)은 cyst wall의 형성, 위족, 편모(운동핵(kinetoplast)에서 시작하여 길게 돌출), 섬모, cytostome(cell mouth), cytopyge(cell anus)등이 있다.

1) 원충류 감염증

원충류는 원생동물로서 단세포성이며, 동물계의 최하위이다. 국내에서 중요한 기생충성 질병으로는 아메바성 이질, 톡소플라스병, 바란티디움증 등이 있다.

① **아메바성 이질**

㉠ 병원체

이질 아메바(*Entamoeba histolytica*) : 영양형, 포낭형으로 구분, 대형과 소형 중에 대형만이 병원성이 있다.

㉡ 동물감염

- 원숭이의 이질 아메바 감염 : 돼지, 소, 개, 고양이 감염
- 개 : 혈변, 간농양, 홍역이나 파보장염에 걸린 강아지의 경우 전신적인 아메바의 증가로 이질 증상이 합병으로 나타나며, 대개는 불현성 감염이다.
- 돼지, 소, 고양이의 아메바성 이질 : 희귀성
- 집쥐, 들쥐, 실험용 쥐의 감염 : 많다

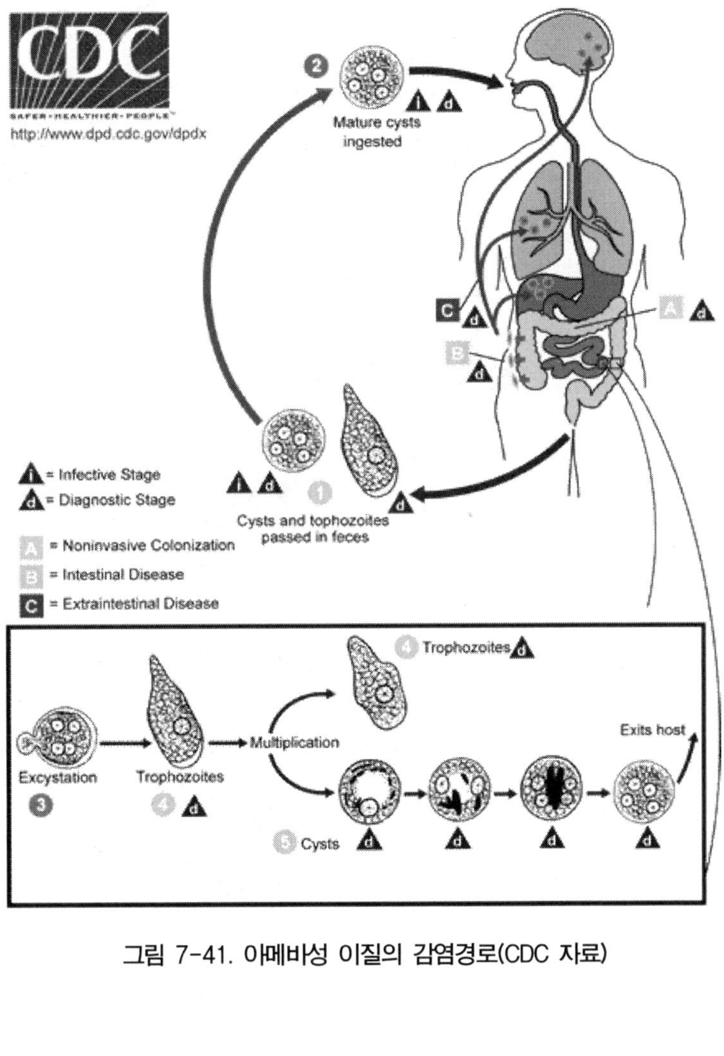

그림 7-41. 아메바성 이질의 감염경로(CDC 자료)

㉡ 인체감염

- 온대지방 보다는 열대지방에 다발되고 사람에 한번 감염 시 40년 이상 원충 보유
- 대장에 기생 간장, 폐장, 비장, 뇌 및 여러 장기에 전이된다. 특히 간농양이 다발 됨.
- 급만성 소화 장애, 설사, 변비, 복통, 오한, 구토, 두통, 피로가 특징
- 아메바성 이질 : 혈변과 점액변이 이급후증의 상태에서 배설, 이때 복통이 반복

② **톡소플라스마병**(Toxoplasmosis)

인수공통 기생충성 질병 중 가장 중요하다.

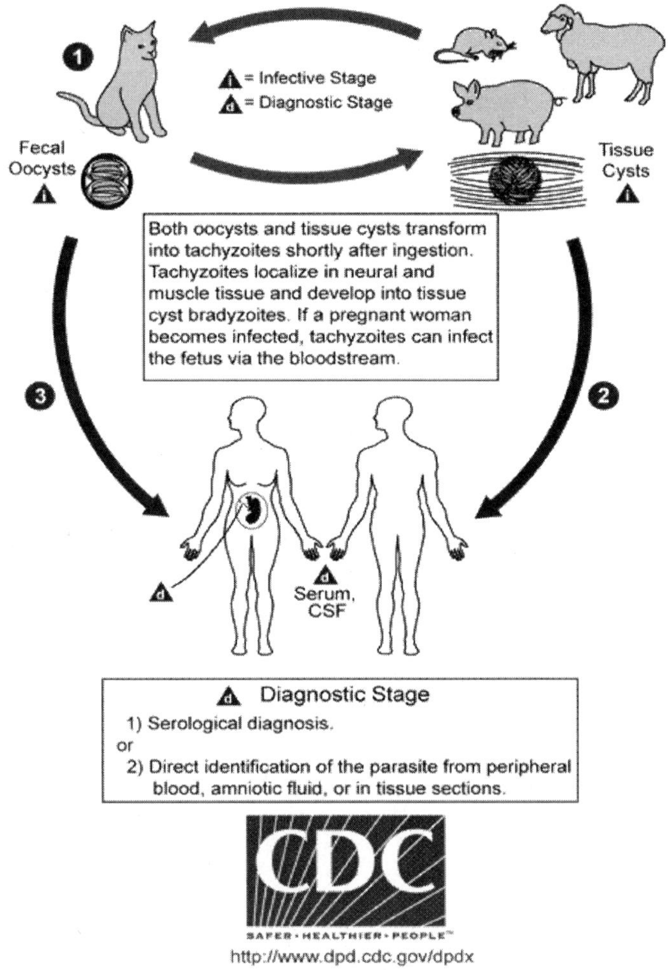

그림 7-42. 톡소플라즈마의 감염경로(CDC 자료)

㉠ 병원체 : *Toxoplasma gondii*

- 반달형의 영양형, 원형 또는 타원형의 의포낭형
- 고양이의 장 상피세포에서 유성생식이 이루어지며 오오시스트가 분변에 배출
- 종 숙주 : 고양이(여러 포유동물 및 조류(중간숙주 또는 운반숙주))

㉡ 동물감염 : 피해를 가장 많이 받는 가축은 돼지와 소이다.

㉢ 인체감염 : 육회와 육즙에 의한 것과 자연계에 살포되어 있는 오오시스트의 섭취

- 임신부에 감염된 원충이 태반을 거쳐서 태아에게 옮는 선천적 감염
- 임신 초기에 감염되면 태아의 사망률이 높으며 눈의 톡소플라스마 병으로 실명

㉣ 예방 : 고양이에게 쥐나 육류를 먹이지 말아야하며, 그 배설물의 처리를 철저히 한다. 수육 내 포낭의 경우는 −14℃에서 3시간 이상 있어야 사멸된다(냉장시설 불안전). 사람은 육회를 통하여 주로 감염됨으로 주의를 요한다. 자연계는 톡소플라스마의 오염 원천이라고 할 수 있다.

③ **와포자충병(크립토스포리듐병)** (Cryptosporidiosis)

여름철 수영장을 찾은 후 설사나 위경련, 열 등의 증상의 주된 원인체 중의 하나인 와포자충은 최근 에이즈나 화학요법으로 인체의 면역체계가 약화돼 있는 경우 사망을 불러올 수도 있다는 데서 주목 받게 된 원충성 질환이다. 크립토스포리듐은 작은 구균 형태의 원생동물의 한 속으로 포자소체의 존재가 특징이며, 배설물에 의해 옮겨지는데 전염성이 강해 감염된 1명이 10만명을 전염시킬 수 있다. 이 크립토스포리듐의 낭포체는 수영장 소독에 쓰이는 염소에 내성을 갖고 있다. 이병은 1976년 이전까지는 잘 알려져 있지 않았고, 1993년 미국의 밀워키와 위스콘신에서 수돗물을 통해 40만 명이 감염 발생된 이래 일반인에 널리 알려지게 되었다.

㉠ 병원체 : *Cryptosporidium parvum*

소화관 점막상피의 쇄자연내 기생충으로 중간숙주를 취하지 않는 단 숙주성이며, 포자낭을 형성하지 않고 유성생식을 하고 오직 4개의 스포로시스트만을 함유한 오오시스트가 분변에 배출

㉡ 숙주 : 사람을 포함한 가축 등의 모든 동물이 포함된다.

㉢ 인체감염 : 자연계에 살포되어 있는 오오시스트를 음용수 등을 통해 섭취되어 감염되며, 정상인은 무증상으로 경과하기도 하나 대부분 소아, 면역결핍환자(에이즈, 암 등)에서는 수양성 설사와 오심, 구토, 두통 및 식욕억제

등이 특징이다. 간혹 담낭에 염증이나 호흡기계에 침입하여 폐염증을 나타내기도 한다.

④ **지알디아(Giardia)**

설사를 유발하며, 개와 고양이 등의 설사와 사람에 감염 시 사람의 설사를 유발한다.

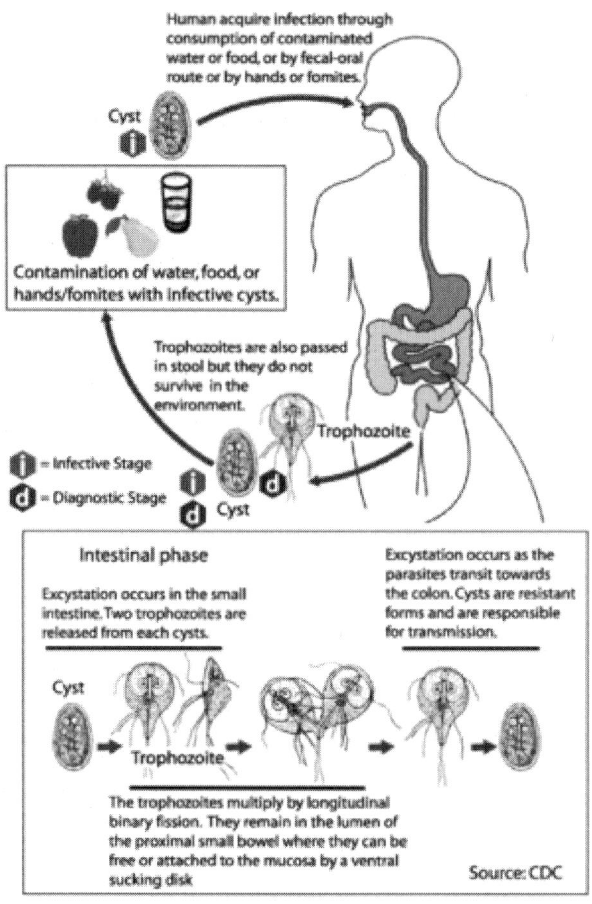

그림 7-43. 지알디아 원충의 전파경로(CDC 자료)

⑤ **콕시듐**

장상피 속에 기생하여 구충이 매우 어려운 원충이다.

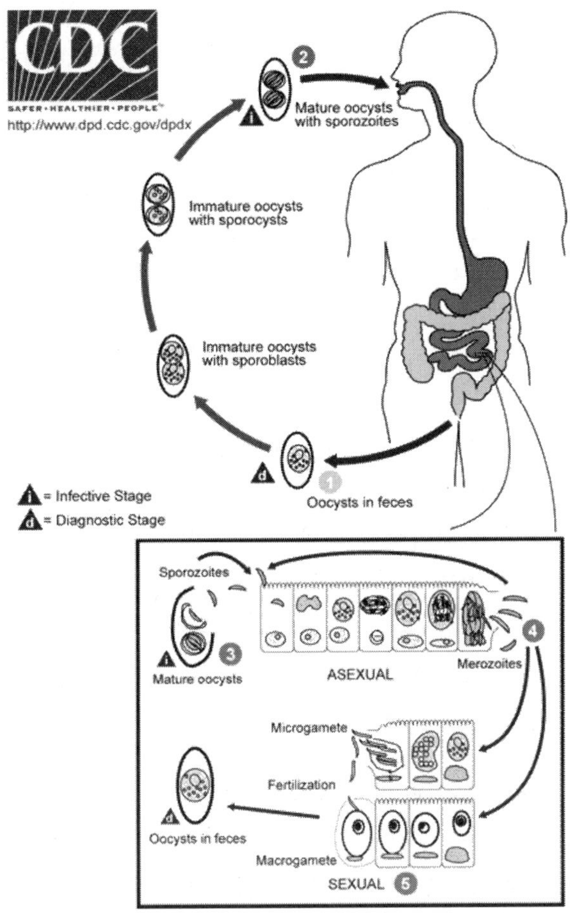

그림 7-44. 콕시듐 원충의 생활사(CDC 자료)

2) 선충성 질환

국내에서 문제가 되는 것 : 회충, 구충, 사상충, 안충(50여 종이 있음), 크기는 다양하며, 생활형태도 역시 다양하다.

① **회충증(*Ascariasis*)**

병원체 : *Ascaris lumbrioides*, *Ascaris suum*

㉠ 동물감염

- 돼지의 회충감염률은 높다. 임신 돈이 회충을 보유하면 새끼가 태어난 후 감염 된다.

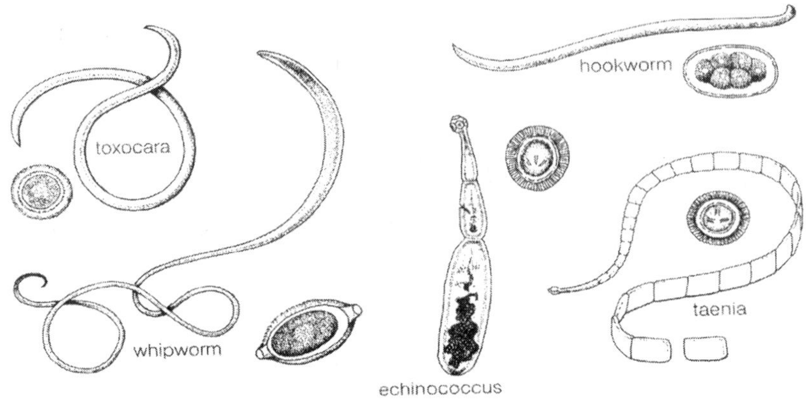

그림 7-45. 선충의 성충과 충란의 모양

- 돈 회충 : 돼지, 소, 면양, 사람에 감염

㉡ 인체감염 : 인분을 시비한 야채에 부착한 충란에 의하여 감염
- 체내이행에 의한 병변 : 유충이 장벽을 관통하여 이행 → 조직의 파괴
- 성충에 의한 병변 : 기생충성 장염
- 독소작용 : 이행하는 유충의 사멸, 순환계에서 죽은 유충에 대한 체조직의 반응에 따른 병변으로 독성작용이 출현, 성충에 의한 대사산물 등이 독작용

㉢ 미입에 의한 부작용

② **유충이행증(Larva migrans)**

동물기생충이 인체에 감염되어서 여러 장기나 기관을 이행함으로써 야기되는 증상으로 동물에 기생하는 선충류는 해당 숙주에 감염하고서 체내이행을 꼭 수행해야만 성충으로 발육하며, 이를 수행하지 못하면 죽게 된다.

㉠ 유충이행증의 형태
- 회충유충이 장기를 이행하는 현상
- 구충의 감염자충이 피부를 뚫고 침입하여 파행하는 현상
- 사상충의 자충이 모기에 의하여 피부에 접종된 이후에 혈관 내피세포에서 탈피를 하고 혈류를 따라서 중추신경계로 이행하는 현상

㉡ 병원체
- 유충 장기이행증을 일으키는 동물기생충 : *Toxocara canis*, *Ascaris suum*
- 유충 피하이행증을 일으키는 기생충 : *Ancylostoma canimum*
- 사상충 이행증을 일으키는 종류 : *Dirofilaria immitis*

㉢ 동물감염
- 유충 장기이행증 : 우회충, 마회충
- 구충의 동물 감염 : 개와 소
- 지상 사상충 감염 : 소

㉣ 인체감염
- 유충의 장기이행증 : 알레르기성 육아종과 같고 병변으로는 호산구증가증, 간비대, 신장염, 심부전증, 발열기침
- 유충의 피하 침입 : 침입한 부위가 발적, 수포 형성
- 사상충의 감염 자충 : 사람의 뇌로 감염 자충이 침입

③ 아니사키증(Anisakiasis)

㉠ 병원체 : Anisakis spp.

㉡ 동물 감염
- 제1 중간숙주 : 새우
- 제2 중간숙주 : 명태, 대구, 청어, 연어, 고등어, 삼치, 가다랭이, 오징어, 낙지
- 종숙주 : 제2 중간숙주의 내장을 먹고 감염이 된다. 돼지에 많다.

㉢ 인체감염

봉와직염형, 농양형성형, 육아종형, 농양육아종형

④ 분선충증(Strongyloidiasis)

㉠ 병원체 : *Strongyloides stercoralis*

㉡ 동물감염

㉢ 분선충 : 개, 여우, 고양이, 곰, 원숭이에 감염
- 람손간충 : 돼지, 개, 고양이, 토끼
- *Strongyloides filledorni* : 원숭이, 개

㉣ 인체감염
- 피부를 뚫고 침입 → 국소의 염증 초래, 체내이행시 기관지염의 증세
- 경구적으로 감염 : 장점막에 염증, 표재성 궤양 형성, 2차적 감염 수반 → 이질의 원인

⑤ 심장사상충증(Heartworm disease)

개와 고양이에 모기에 의하여 전파되는데 사람에 인수공통전염은 이루어지지 않는 것으로 알려져 있다. 모기에 의한 사람의 원충성 기생충 감염으로 말라리아, 바베시아 등이 있다. *Dirofilaria immitis*는 개 심장사상충 감염(dog heartworm infection)의 원인체로서 개가 고유 종숙주, 사람은 중간숙주로서 매개체인 모기에 의해 감염될 경우 성충으로 발육하지 못하고 유충 체내이행을 하여 피하 결절과 폐 실질내 결절성 병변증(human pulmonary dirofilariasis; HPD)을 일으킨다. 이들 원인체는 *D. immitis* 외에 *D. tenuis*, *D. repens*, *D. ursi*, *D. striata*, *D. lutrae*, *D. spectans*, *D. subdermata* 등이 있으며, 매개 모기는 Aedes, Anopheles, Culex 등이 있다.

㉠ 형태

암컷은 길이 25~31 cm, 폭 1 mm로 수컷보다 크며, 수컷은 일반적으로 미단 부위가 약간 말려 올라간 형태이다. 암수가 동시 감염 시에는 자충(microfilariae)을 생산한다. 이들 자충은 혈류를 타고 순환하다가 모기에 섭취되어 다른 포유동물에 전파하게 된다. *D. immitis*는 전 세계적으로 분포되어 있는 가장 대표적인 종이다.

㉡ 생활사

생활사는 microfilariae 자충이 모기에 섭취되어 중장에서 L3 larvae(14~21일)로 모기 흡혈로 새로운 숙주에 감염 90~120일 동안 숙주조직 내 생활 후 최종적으로 순환기 내로 들어감. 숙주 동물의 심장 순환을 거쳐 폐동맥과 우심쪽으로 이동하여 잠복기를 거처 성충으로 발육하여 자충을 생산하는데 까지는 약 5~6개월 소요된다.

※ 개에서 충체는 1~250마리가 감염되며, 수명은 약 5~7년이다.

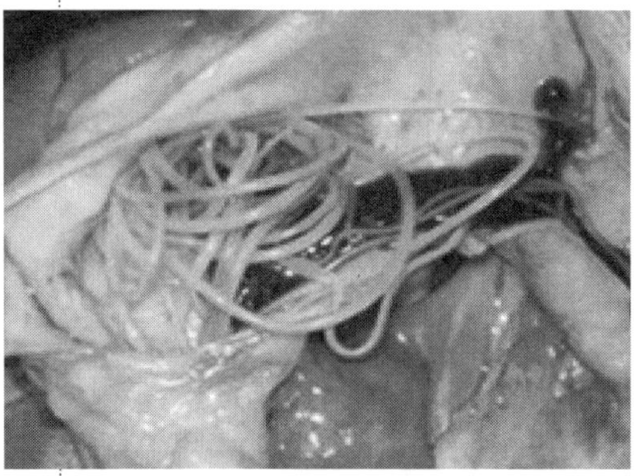

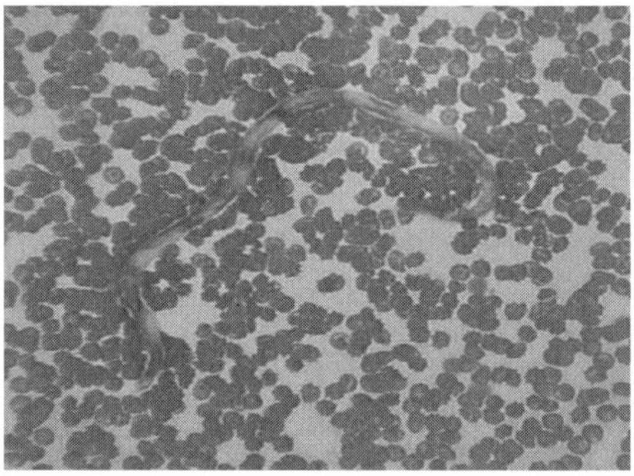

그림 7-46. 심장내 감염된 심장사상충과 혈액내의 마이크로필라리아

3) 조충성질환

조충류의 충체는 두부, 경부, 체절 혹은 편절이 연한 연절로 구성, 가장 피해가 심한 것은 광절열두조충, 유구조충, 무구조충, 단방조충

① **광절열두조충증(Diphyllobothriasis)**

㉠ 병원체 : *Diphyllobothrium latum* : 의엽조충류에 속함

㉡ 인체감염

- 빈혈이 생기는 것이 특징 : 열두조충성 빈혈
- 소화장애, 오심, 구토, 복통, 설사

② **무구조충증(Taeniasis)**

㉠ 병원체 : *Taeniasis saginatus*

㉡ 동물감염

㉢ 중간숙주 : 소, 물소, 기린, 산양, 면양, 낙타 → 충란 섭식 → 무구낭미충(유충)으로 발육

㉣ 인체감염

- 사람에게 감염되는 조충 중에서 가장 감염률이 높다.
- 특히 쇠고기를 익히지 않고 많이 먹는 지역에 분포가 높다.

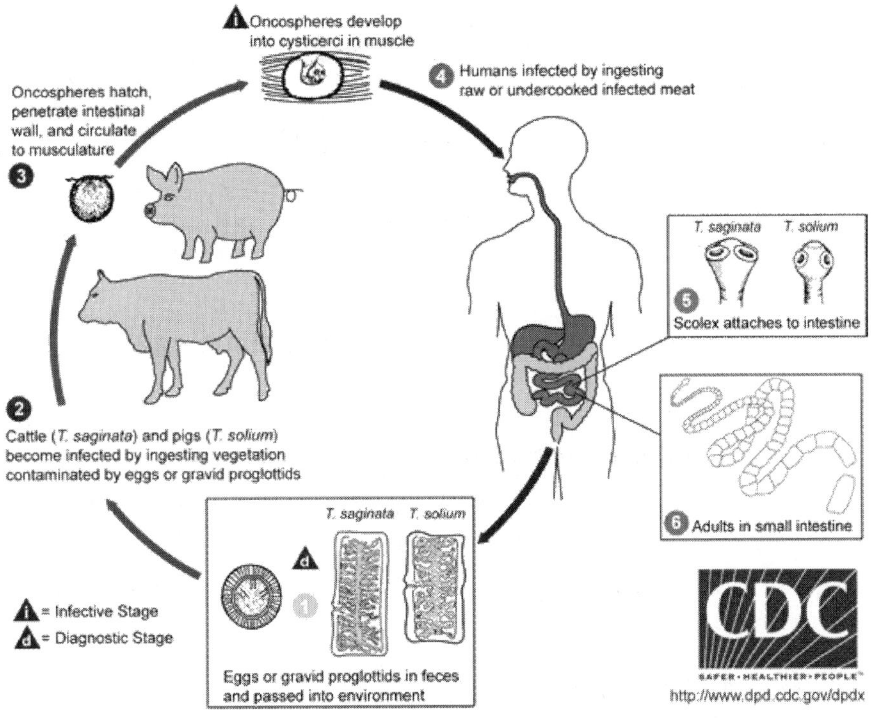

그림 7-47. 조충의 전파경로(CDC 자료)

③ **유구조충증(Taeniasis(cysticercosis))**

㉠ 병원체 : *Taenia solium*

㉡ 동물감염

㉢ 중간숙주 : 돼지, 멧돼지, 양, 사슴, 개, 고양이, 곰, 쥐, 사람 → 근육에서 유구낭미충 발육

㉣ 인체감염

- 무구조충 보다 낮은 편. 돼지고기를 충분히 익히지 않고 섭취시 위험도 증가
- 성충 : 소장에 감염
- 유구낭미충 : 근육에서 발육
- 성충 감염 시 : 복통, 설사, 식욕 이상, 오심, 구토, 두통, 현기증, 신경증상, 중독증상, 복막염

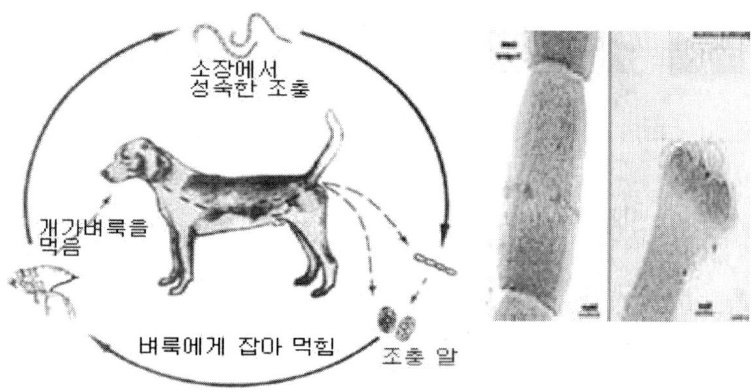

그림 7-48. 개의 조충 생활사

④ **포충증(Echinococcosis, hydatid disaese)**

㉠ 병원체 : *Echinococcus glanulosus*

㉡ 동물감염 : 종숙주 : 개와 여우

㉢ 인체감염 : 개가 배출하는 충란을 사람과 면양이 먹게 되어 감염

4) 흡충성 질환

디스토마(이구체)로 충체는 나무잎 모양으로 배복면이 편평하며 소화관은 퇴화, 표피를 통하여 영양을 흡수한다. 발육에 있어 두 개 이상의 중간숙주를 필요로 하는데 첫째 중간숙주는 연체동물을 택하고 두 번째의 중간숙주는 민물 어류를 택한다.

흡충류의 발육은 충란 → 미라시디움 → 레디아 → 유미유충(셀카리아) → 피낭유충(메타카리아) → 종숙주에서 성충

① **간질증(Fascioliasis)**

㉠ 병원체

- 간질(*Fasciola hepatica*) : 20~30 mm
- 거대간질(*Fasciola gigantica*) : 25~50 mm

㉡ 동물감염 : 간질은 반추동물에 흔히 기생하며, 국내의 소나 양에 30% 기생한다. 수초, 볏짚에 부착된 피낭유충을 먹고 감염되며, 이소기생 예가 많다. → 출산 전 송아지에 감염

㉢ 인체감염

- 냉이나 미나리에 붙은 피낭유충을 먹어서 간질 충에 감염
- 인체에 감염 → 체내이행 → 조직의 파괴 → 병변 시작
- 증상 : 산통, 황달, 압통, 설사, 발열, 빈혈, 부종
- 만성감염 시 : 복수, 간경변증
- 이소기생 : 뇌, 피하조직, 장 상피조직, 혈관, 복강

② **간흡충증**

㉠ 병원체 : 간흡충(*Clonorchis sinensis*)을 간디스토마라 부름

㉡ 동물감염

- 개, 고양이, 돼지, 족제비, 밍크, 오소리 등에 감염
- 국내 : 한강, 낙동강, 영산강, 만경강, 금강 등의 담수어가 오염

㉢ 인체 감염

- 전국적 감염 : 4.7~9.3%
- 인체감염의 기전 : 민물생선회, 피낭유충이 물에 오염되어 감염
- 간디스토마의 피낭유충 1000개 이상의 감염에서 치명적 영향
- 제1 중간숙주 : 왜우렁(*Parafossarulus manchouricus*)
- 제2 중간숙주 : 담수산어류 → 참붕어와 긴물개

③ **폐디스토마증**

㉠ 병원체 : *Paragoniumus westermanii*

㉡ 동물감염 : 숙주범위가 넓다.

- 생활사 : 충란 → miracidium → sporocyst → redia → cercaria → 성충

* 제1숙주 : 다슬기, 제2숙주 : 참게, 가재(감염형 metacercaria), 종 숙주 : 포유동물

㉢ 형태 : 충란의 난각은 두꺼우며, 난세포를 포장하고, 광절열두조충과 회충의 불수정란과 구별이 필요하다.

㉣ 이소적 기생(ectopic infection) : 고유의 기생 장소로 가지 않고 다른 조직이나 장기에 가서 일정기간 기생하다가 정주성으로 되어 성충으로까지 발육하는 경우이다.

* 폐흡충 : 폐 → 뇌(유충)
* 일본주혈흡충 : 장간막 정맥 → 장기, 척수, 뇌, 폐(충란)

- 폐장에 감염으로 인한 피해는 적다(충낭 형성→결합조직 증식 : 결절형성)
- 뇌나 그 밖의 여러 장기에 기생 : 큰 장애 초래, 특히 고양이에 발생이 많다.
- 사람의 이소기생 : 횡격막, 간장, 장간막, 음낭, 안와, 뇌에 기생 → 뇌의 폐디스토마증 : 간질, 반신불수증, 국소마비, 실어증, 시력장애 등을 병발

5) 피부 기생충

① 개선충(scabies)

㉠ 병원체

개선충은 옴이라고도 불리는 *Sarcoptes scabiei var. canis*이 원인체이며 전염력이 강한 피부 기생충으로서 주로 피부의 안쪽에 굴을 파고 생활하는 기생충이다. 피부 속에서 알을 낳아 약 1주일이면 새끼가 알에서 태어나며 다시 알을 낳을 때까지 피부에 자극을 주면서 생활을 하게 된다. 피부를 자극하면서 심한 가려움증을 유발하는 것이 특징이다.

㉡ 증상

심한 소양감, 탈모, 발적, 가피 등이 대표적인 증상이다. 일반적으로 병원 검사실에 들어온 개는 긴장해 있기 때문에 웬만한 소양감이 있어도 잘 긁지 않으나 개선충증에 걸린 개는 심지어 검사실에서 까지도 계속해서 긁는다. 피부병변은 일반적으로 털이 적은 부위에서 시작하며 귀의 변연부, 복부, 뒷다리꿈치, 앞다리꿈치 등에 많이 형성된다. 항생제 및 Steroid계 약물에 치료되지 않는다. Pinnal-pedal reflex를 보인다. 그러나 Pinnal-pedal reflex는 지루성 귀질환과 같은 타 원인에서도 관찰되기 때문에 특징적 진단법은 아니다. 전염성이 매우 강해 동거하는 개들 모두가 감염된다. 애견샵에서 털을 손질한 후, 혹은 동물병원에 내원한 후에 많이 감염된다. 강아지에서는 성견에서처럼 심한 가려움증을 보이지 않는 경우가 많다. 사람도 옮을 수 있으며 팔, 가슴, 혹은 복부에 가려움증과 구진(papular rash)이 형성된다.

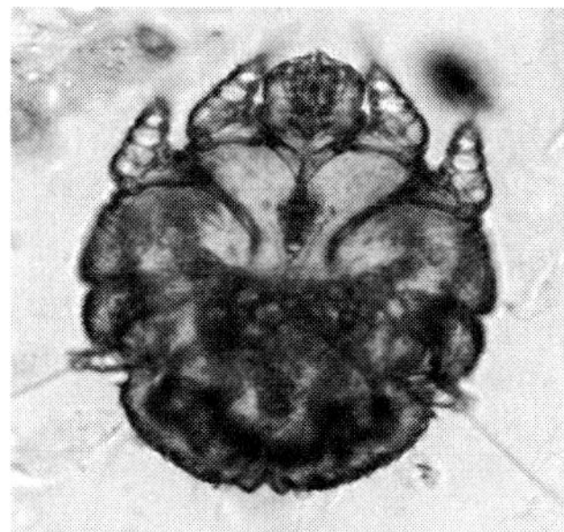

그림 7-49. Sarcoptic mange; 옴진드기

㉢ 발생 부위

다리, 얼굴, 귀끝에 두터운 딱지가 특징적으로 생긴다. 사람에게도 전염이 된다. 치료가 된 후 2차적으로 진균성 피부병이 걸릴 위험이 높다.

㉣ 진단과 치료

- 수의사의 검진에 의하여 피부에서 *Sarcoptes scabiei* 병원체 검사
- 수의사의 치료를 받는다.

② **모낭충(demodex)**

㉠ 원인

주로 생후 2~3개월령에서 5~6개월령에 걸친 발육기에서 *Demodex canis*의 기생에 의해 발생하는 기생성의 피부병으로 개는 다른 동물에 비해 감수성이 높다. 모낭충은 사람을 포함한 각종 동물에 기생하는 고유의 종이 밝혀져 있다. 소는 *D. bovis*, 돼지는 *D. suis*와 *D. phylloides*, 고양이는 *D. cati*로 모낭 및 피지선내에 기생하고 있다. 감염은 직접 또는 간접접촉에 의해 어린 개는 포유시 감염될 수 있고 피모의 발육이 끝난 후에는 환견과 접촉이 있어도 감염이 적은 것으로 알려져 있다. 감염률과 발생은 연령, 품종 및 피모의 장단 등에 따라 달라 어린 개가 감염률이 높고 또한 Dachshund 종과 같은 단모종이 장모종에 비해 감염되기 쉽다.

㉡ 증상

탈모, 홍반, 농포, 발적이 주 증상이며 모낭충증 자체로는 가려움증이 거의 없다. 소양증은 보통 2차 세균감염에 의한 것이거나 전신성일 경우에 국한된다. 전신성일 경우 면역계의 이상으로 인한 것이므로 동거하는 개들 모두가 전신성 모낭충을 나타내지는 않는다. 항생제 및 Steroid계 약물에 치료되지 않는다. 오히려 이들 steroid계 약물 처치를 받고 있는 개에서 면역 억압의 결과로 모낭충증이 임상적으로 발현될 수 있다.

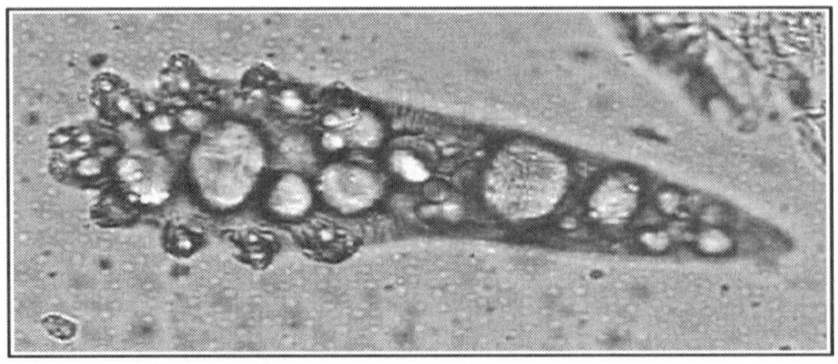

그림 7-50. 모낭충 병원체

- 국소성 모낭충증(localized demodicosis) : 부분적인 탈모와 홍반 및 종창, 주로 안면(특히 안와 및 입주위)과 전지 등에 다발하며 드물게는 몸통과 후지에도 발생한다. 주로 3~6개월령에 다발하며 소양감은 드문 편이다. 감염된 어미개를 통해 새끼에게 전염된다.
- 전신성 모낭충증(generalized demodicosis) : 가장 중요한 피부염의 하나로서, 국소형으로 부터 시작하여 전신으로 퍼진다. 치료하지 않을 경우 2차 감염으로 인해 폐사할 수 있으며 보기가 매우 흉칙하고 치료가 어렵다.
- 모낭충성 족피부염(demodectic pododermatitis) : 병소는 발에 국한되어 나타나며 전신성 모낭충증 치료한 후에도 발 부위만 만성적으로 남아 있게 되는 경우에 해당 2차 세균감염이 거의 항상 수반된다. Old English sheepdogs에 다발하며 치료해도 잘 낫지 않는다.

㉢ 예방 및 치료

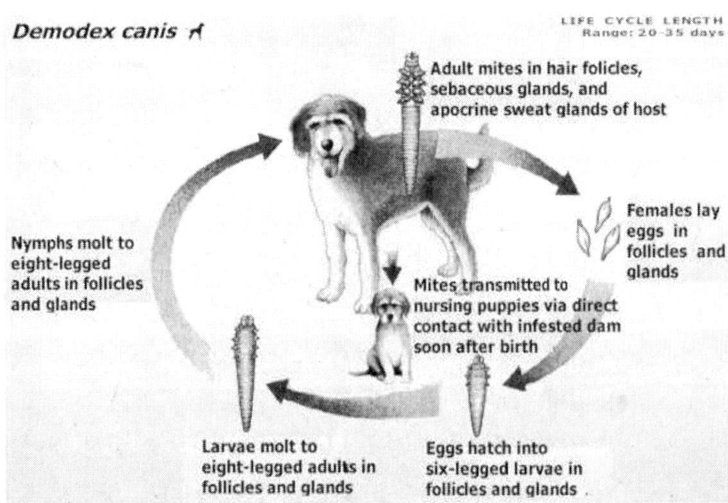

그림 7-51. 모낭충의 감염

국소성 모낭충은 대부분의 경우 자연치유, 일부는 전신성으로 확대된다. 의심되는 개체는 동물병원에 내원하여 진단과 치료를 받도록 한다.

인수공통감염병의 예방을 위한 10계명

1. 탄저병이나 광견병 등의 적절한 예방접종을 하라.
2. 동물을 만진 후나 음식이나 담배를 피우기전에 꼭 손을 씻어라.
3. 야외 활동을 할 때는 긴 옷과 신발을 신어라.
4. 동물을 다루거나, 변이나 오줌 등을 치울 때는 꼭 위생장갑을 사용해라.
5. 안전하고 인도적인 동물 보정 기술을 익히고, 적절한 장비를 사용하라.
6. 동물에게 물리거나 할퀌을 당했을 때 즉시 소독하고, 치료를 받아라.
7. 전염병이 있을 것이라고 의심되는 동물을 다룰 때는 도움을 구하라.
8. 진드기 등의 외부기생충이 있는 지역에 갔을 때는, 당신의 몸과 옷을 점검하고, 외부기생충을 제거하라.
9. 동물에게 물리거나, 상처가 있을 경우 즉시 병원에 가서 적절한 치료를 하라.
10. 동물과 관련된 일을 한다면 당신의 주치의에게 그 사실을 알리고, 정기적으로 검사를 받으라.

표 7-4. 개의 주요 인수공통감염병

병명	병원체	감염경로	사람에서의 증상
광견병	Rabies virus	이환된 개에게 물린 경우	두통, 불안감, 경련, 사망
렙토스피라증	*Leptospira interrogans*	감염동물의 요중으로 나온 병원체가 물과 토양을 오염시키고, 이를 접촉하는 경우 감염된다.	발열, 두통, 근육통, 구토, 출혈, 황달, 신부전
파스튜렐라증	Pasteurella spp.	감염동물에 물리거나, 입맞춤 등에 의해 직접 감염된다.	국소적인 통증, 발적, 종창
브루셀라증	*Brucella canis*	유산태아 등의 접촉	오한, 발열, 두통, 근육통
라임병	*Borrelia burgdorferi*	감염동물을 흡혈한 진드기에 의해 감염된다.	윤곽이 명료한 홍반, 관절염
개회충증	*Toxacara canis*	개의 회충란을 섭취	발열, 근육통, 소아에서는 시력장해가 온다.
분선충증	분선충	오심지역에서 휴지기를 보내는 제3기 유충의 경피 감염	설사, 점액성 혈변
심장사상충증	견사상충	감염동물을 흡혈한 모기에 물린 경우	기침, 발열, 흉통
개조충	개조충	감염 유충을 가지고 있는 벼룩을 섭취하는 경우	통상적으로 무증상이지만 소아에서는 소화기 장해가 보인다.
개선충	진드기	감염동물과 직접접촉	피부 가려움증, 구진
벼룩교상	개벼룩, 고양이 벼룩	오염 환경중의 번데기(번데기 내에 성충이 자라고 있다)	심한 가려움, 발적
피부진균증	Microsporum spp,. Trichophyton spp.	감염동물과의 직접적인 접촉	두부, 팔, 다리, 피부에 원형 홍반, 소수포

표 7-5. 세균성 주요 인수공통감염병

병 명	병인체	소	말	돼지	양	염소	개	고양이	토끼	원숭이	야생설치류	가금·조류
결핵병(tuberculosis)	*Mycobacterium bovis* 등	+	+	+	+	+	+	+	+	+	+	+
살모넬라균증(salmonellosis)	*Salmonella typhimurium* 등	+	+	+	+	+	+	+			+	+
연쇄상구균증(streptococcosis)	*Streptococus agalactiae* 등	+	+	+	+	+	+					
포도상구균증(staphylococcosis)	*Staphylococcus aureus*	+	+	+	+	+	+					
탄저병(anthrax)	*Bacillus anthracis*	+	+	+	+	+	+	+				
돼지단독(swine erysipelas)	*Erysipelothrix insididsa*		+	+								+
브루셀라병(brucellosis)	*Brucella abortus* 등	+	+	+	+	+	+	+				+
렙토스피라병(leptospirosis)	*Leptospira pomona* 등	+	+	+			+	+			+	
파스튜렐라병(pasteurellaosis)	*Pasteurella multocida* 등	+	+	+	+	+	+	+	+		+	+
야토병(tularemia)	*Francisella tularensis*			+	+	+	+	+	+		+	+
비저(glanders)	*Pseudomonas mallei*		+									
리스테리아균증(listeriosis)	*Listeria monocytogenes*	+		+	+	+			+			+
페스트(pest, plague)	*Yersinia pestis*							+			+	
가성결핵병(paratuberculosis) 요네병(Johne's disease)	*Mycobacterium paratuber -culosis(johnei)*	+	+	+	+	+		+			+	+
비브리오균증(vibriosis)	*Campylbacter fetus*	+			+	+						
디프테리아(diphtheria)	*Corynebacterium diphtheriae*	+					+	+				
유행성회귀열(재귀열) (relapsing fever, endemic).	*Borrelia hermsii* 등	+	+								+	+
보튤리즘(botulism)	*Clostridium botuinum*	+										+
파상풍(tetanus)	*Clostridium tetani*		+									
서교열(rat-bite fever)	*Spirillum mirus*						+	+			+	
여시니아병(yersiniosis)	*Yersinia enterocolitica*			+			+					

표 7-6. 바이러스성 주요 인수공통감염병

병 명	병인체	소	밀	돼지	양	염소	개	고양이	토끼	원숭이	야생설치류	가금·조류
광견병(rabies)	Rhabdovirus–Rabies virus	+	+	+	+	+	+	+				
일본뇌염(Japanse encephalitis)	Flavivirus–Jap.encephalitis virus	+	+	+	+	+						+
뉴캐슬병(Newcastle disease)	Paramixovirus–NDvirus	+						+				+
HVJ병(disease of hemaggiutinating virus of Japan)	paramixovirus–parainfluenza type 1 virus			+								
구제역(foot and mouth disease)	Rhinovirus–FMD virus	+		+	+	+						
수포성구내염(vesicular stomatitis)	Rhabdovirus–Vesicular stomatitis virus	+	+	+								+
우두(cowpox)	Orthopoxvirus–cowpox virus	+										
가성우두 (pseudo–cowpox, milker's nodule	Parapoxvirus–milker's nodule virus	+										
전염성농포성구진 (contagious ecthyma)	parapoxvirus–Orf	+			+	+						
리프트계곡열(Rift valley fever)	Phlebovirus–Bunya virus	+			+	+						
임파구성맥락수막염(Lymphocytic choriomeningitis)	Arenavirus–LCM virus			+			+			+	+	
도약병(louping ill)	Flavivirus–Louping ill virus				+	+						
조류인플루엔자(Avian influenza) (가금페스트 fowl plague)	Orthomyxovirus–influenzavirus											+
신증후성출혈열(hemorrhagic fever with Renal Syndrom (HFRS))	Adenovirus–hantanvirus										+	
말뇌척수막염(equine encephalo–myelitis)	Arbovirus–Encephalomyelitis		+								+	+

표 7-7. 리켓치아, 클라미디아성 인수공통감염병

병 명	병인체	소	말	돼지	양	염소	개	고양이	토끼	원숭이	야생설치류	가금·조류
발진티푸스 (epidemic typhus)	*Rickettsia prowazekii*							+			+	
쓰쓰가무시병 (Tsutsugamushi disease)	*Rickettsia tsutsugamushi*									+	+	
큐열(Q fever)	*Coxiella burnetii*	+			+	+						
클라미디아병 (chlamydial disease) -앵무병 (psittacosis, Ornithosis) -뇌막폐렴, -고양이폐렴 -조류앵무병	*Chlamydia psittaci*							+				+

표 7-8. 곰팡이 진균성 인수공통감염병

병 명	병인체	소	말	돼지	양	염소	개	고양이	야생설치류	가금·조류
방선균증(actinomycosis)	*Actinomycosis bovis*	+	+	+	+	+	+			
아스페르질루스증(aspergillosis)	*Aspergilli spp.*	+	+	+					+	+
크립토코커스(cryptococcosis)	*Cryptococcus neoformans*	+	+	+			+	+	+	+
캔디다증(candidiasis, moniliasis)	*Candida albicans*	+		+			+			+
콕시디오이데스 진균증 (coccidioidomycosis)	*Coccidioides immitis*	+			+		+		+	
스포로트리쿰증(sporotrichosis)	*Sporotrichum schenckii*		+				+		+	+
리노스포리듐증(rhinosporidiosis)	*Rhinosporidium sceberi*	+	+							
윤선(ringworm)	Trichophyton spp.	+	+		+	+	+	+	+	
노카르디아증(nocardiosis)	Nocardia spp.	+								
히스토플라스마증(histoplasmosis)	*Histoplasma capsulatum*						+	+	+	
블라스토마스세스증(blastomycosis)	*Blastomyces dermatitidis*		+							
피부진균증(백선-favus) (황선(tineafavus))	Mycosporum spp. *Richophyton gaiiinae*						+			+

표 7-9. 기생충성 주요 인수공통감염병

병 명	병인체	소	말	돼지	양	염소	개	고양이	토끼	원숭이	야생설치류	가금·조류
원충성 질병												
사르코시스트병(sarcocystyasis)	Sarcocystis spp.	+	+		+	+	+		+	+	+	
트리파노조마병(trypanosomiasis)	*Trypanosoma gambienses* 등	+	+	+	+	+	+	+			+	
아메바증(amebiasis)	*Endamoeba histolytica* 등			+			+	+			+	
발란티디움증(balantidiasis)	*Balantidium coli*			+						+		
라이시마니아증(leishmania spp)	*Leishmania spp*						+	+			+	
톡소플라스마병(toxoplasmosis)	*Toxoplasma gondii*			+			+				+	+
기생충성 질병												
선충증												
포도병(creeping eruption)	*Bunostomum phlefotomum*	+					+	+				
곤질로네마증(gongylonemiasis)	*Gongylonema pulchrum*	+		+						+		
오스테르타지아충증 (ostertagia infection)	Ostertagia spp.	+			+	+						
양위충증 (sheep wireworm infection)	*Haemonchus contortus*	+			+	+						
신가무스충증(syngamosis)	*Syngamus laryngeus*	+				+						
탈선충증(trichostrongylosis)	Trichostrongylus spp.	+			+	+						
선모충증(trichinosis)	*Trichinella spiralis*			+			+	+				+
디로필라리아감염증 (dirofilaria infection)	*Dirofilaria conjuntivae*						+					
사상충증(dracontiasis)	*Dracunculus mednensis*						+					
악구충증(gnathostomiasis)	*Gnathostoma spinigerum*						+	+				
분충증(strongylsidiasis)	*Strongyloides sterocoralis*						+			+		
텔라지아감염증(thelaziasis)	*Therazia callipaeda*						+	+				

병 명	병인체	소	말	돼지	양	염소	개	고양이	토끼	원숭이	야생설치류	가금·조류
촌충증												
소 조충증 (beef tapeworm infection)	*Taenia saginata*	+					+	+				
포충증 (hydatid diseare, echinococcosis)	*Echinococcus granulosa*	+		+	+		+					
돼지 조충증 (pork tapeworm infection)	*Taenia solium*			+								
개 조충증 (dog tapeworm infection)	*Dipylidium caninum*						+	+				
물고기 조충증 (fish tapeworm infection)	*Diphyllobothrium latum*						+	+				
꼬마 조충증 (dwarf tapeworm infection)	*Hymenolepis nana*										+	
오리 조충증 (duck tapeworm infection)	*Drepanodotenia lancelota*											+
흡충증												
간질증(간충증 fascioliasis)	*Fasciola hepatica*		+			+	+					
주혈흡충증(schistosomiasis)	*Schistosoma bovis*	+	+		+		+	+			+	
비대흡충증(fasciolopsiasis)	*Fasciolopsis busky*			+		+						
인위반충증 (gastrodiscoides infection)	*Gastroidiscoides hominis*			+								
폐흡충증(lung fluke disease)	*Paragonimus kellicotti*			+			+	+			+	
오피스토르키스충증 (opisthorchiasis)	*Clonorchis sinensis*			+			+	+				
에키노카스무스충증 (echinochasmus infection)	*Echinochasmus perfoleatus*						+					
이형흡충증(heterophyiasis)	Heterophyes spp.						+	+				+
자구흡충증(Echinostomiasis)	*Echinostoma ilocanum*			+				+	+			+

Chapter 8 반려동물의 위생

1. 개의 질병

1.1 개의 감염성 질병

(1) 바이러스 감염증

1) 광견병(Rabies) : 인수공통감염병

모든 온혈 포유동물에 감염되는 치명적인 법정전염병으로서 사람이나 다른 동물을 물었을 때 타액을 통해 전파되어 사람에게는 공수병을 일으킨다. 국내에서는 철책선 인근의 오소리, 너구리 등 야생동물이 감염되어 이 동물이 개나 소 등의 동물을 물어 광견병을 일으키고 있다. 사람도 감염되면 치명적인 인수공통감염병으로 주의를 요한다.

① 원인 및 침입경로

원인은 레오바이러스(Reo virus)에 속하는 광견병 바이러스(Rabies virus)로 병든 개의 타액 속에 있다가 상처나 공기, 점막감염으로 등으로 침투된 바이러스는 말초신경을 따라 중추신경계로 침범하여 신경증상을 일으킨다. 바이러스가 침입한 부위에 따라 다르나 보통 15-25일 만에 발생하며 경우에 따라서는 1년 후에 발병하는 경우도 보고된다.

② **증상**

광견병에 걸린 개는 불안해하는 전구기 증상이 36시간 정도 진행되며 병견은 멀리 방랑하면서 다른 동물이나 개줄 파이프 등과 같은 무생물을 물어뜯는 등 점차 광폭한 상태가 되고 눈의 충혈과 침을 흘리며 꼬리를 가랑이 사이로 밀어 넣는 등의 광조기 증상을 나타낸다. 그 후 후구부터 마비증상을 보이기 시작하고 나중에는 인후두가 마비되어 쉰 소리를 내거나 먹이를 삼킬 수가 없게 되어 물을 먹을 때 심한 통증이 따르기 때문에 물을 두려워하게 되는 「공수병」에 걸린다. 질병의 말기에 가서는 근육이 마비가 되어 입을 벌린 체 침을 흘리고 휘청거리다가 쓰러져 죽게 되는데 대체적으로 발병일로 부터 1주일이면 죽게 된다.

③ **예방**

동물은 1년에 한 번 이상 광견병 백신을 접종하는 것이 최선의 예방책이다. 사람의 경우 만일 의심이 가는 개에게 물렸을 때에는 물린 부위의 피를 짜내고 즉시 비눗물로 세척한 후 병원이나 보건소에 가서 상담하는 것이 좋다. 사람을 물은 개는 광견병 예방주사를 접종했는지를 반드시 확인한 후 일정한 장소에 10일 동안 입원시켜 광견병 여부를 확인한다. 이는 광견병에 걸린 개가 1주일 이내에 죽게 되는 것이 일반적으로 10일 동안 경과해도 개에게 아무런 이상이 없으면 광견병은 의심을 하지 않아도 된다.

④ **예방백신 사용법**

㉠ 사독백신 : 3~4개월령 1차 접종 후 3-4주 후에 2차 보강접종 하고 매년 동일한 방법으로 추가 접종함

㉡ 생독백신: 3~4 개월령에 근육주사 한 후 매년 1회씩 추가 접종한다(국내에서 생산되는 백신은 모두 생독백신이다.

2) 개 파보 바이러스 감염증(canine parvovirus infection) : 개과 동물 감염증

본 질병은 개와 늑대, 여우와 코요테 등의 개과 동물과 족제비, 밍크, 페렛 등의 족제비과 동물에 전염력과 폐사율이 매우 높은 질병으로 어린 연령의 개일수록, 백신 미접종의 개체일수록 증상이 심하게 나타나며, 심한 구토와 설사가 따르므로 강아지에게는 치명적인 질병이다.

① **원인**

개 파보바이러스가 원인체로 감염된 개의 변을 통해 접촉이나 경구적으로 전염이 이루어지며 주요 증상은 출혈성 장염의 형태로 많이 나타난다. 다행히 사람에 전파되지 않는다.

② **증상**

㉠ 심장형 : 3~8주령의 어린 강아지에서 많이 나타나며 심근 괴사 및 심장마비로 급사하기 때문에 아주 건강하던 개가 별다른 증상 없이 갑자기 침울한 상태로 되어 급격히 폐사되는 것이 특징이다.

㉡ 장염형 : 8~12주령의 강아지에서 다발하며, 구토를 일으키고 악취 하는 회색설사나 혈액성 설사를 하며 급속히 쇠약해지고 식욕이 없어진다. 강아지의 경우 설사에 의한 급속한 탈수로 인해 발병 24~48시간 만에 폐사되는 수가 많다.

③ **예방 및 치료**

개 종합백신 DHPPL 예방접종이 최선의 방법이다. 파보바이러스 감염증도 다른 바이러스성 질병과 마찬가지로 일단 발병되면 치료가 쉽지 않으며 철저한 예방을 해야 하는 질병으로, 강아지에게 심장형으로 왔을 때는 급사하기 때문에 치료가 불가능하며, 장염형으로 나타났을 때는 구토와 설사로 많은 체액이 손실 되어 지속적인 체액공급이 필요하므로 전해질 제제를 투여해주는 것이 좋다. 또 세균에 의한 2차 감염을 막기 위해 항균제를 주사해주는 것이 좋으며 면역증강제를 투여해주는 것도 좋다. 그러나 가장 좋은 것은 사전에 예방을 해주는 것으로 파보백신을 미리 접종해서 강아지에게 면역력을 생기게 해주는 것이다. 그리고 철저한 소독으로 바이러스까지 잡는 소독약을 사용해서 견사 및 동물을 소독해주어서 질병의 전염을 막아야 한다.

그림 8-1. 개 파보바이러스 감염증. [심장형(좌), 장염형(중간), 혈액설사 내 바이러스입자(우)]

3) 개 홍역(canine distemper) : 개과 동물 감염증

본 질병은 개와 늑대, 여우와 코요테 등의 개과 동물과 족제비, 밍크, 페렛 등의 족제비과 동물에 전염성이 강하고 폐사율이 높은 전신감염증으로서 눈곱, 소화기증상, 호흡기증상, 신경증상 등의 임상증상을 보이며 병이 경과하는데 소수의 사례에서는 발바닥이나 코가 딱딱해지고 균열이 생기는 경우도 있다. 일반적으로 개과와 족제비과의 4~5개 월령의 어린 동물 등이 많이 감염되며 임신한 모견이 홍역에 걸리는 경우에는 사산이나 허약한 강아지를 분만하게 된다.

① **원인**

Paramyxovirus 속의 Canine distemper virus가 원인체로서 혈청형은 한가지이며 눈물이나 콧물을 통한 공기 전파와 접촉 및 경구감염이 가능하다. 이 바이러스는 개과의 개, 여우, 이리, 너구리 및 족제비과의 족제비, 밍크, 스컹크, 페렛 등에 공통적으로 감염된다. 다행히 개 홍역은 사람에 전파되지 않으며 사람의 홍역 원인체와는 다르다.

② **증상**

흡입 감염된 canine distemper virus는 임파절을 통하여 혈류로 들어가 약 1주일간 증식하면서 바이러스혈증(viremia)을 일으키는데 약 50% 정도는 10일 이내에 항체가 형성되면서 2~3일간 가벼운 식욕감퇴, 결막 염, 발열 등의 증상을 일으키며 회복되는데 이를 1차 발증이라 한다. 바이러스에 노출된 후 14~18일 정도에 전신적인 증상(발열, 의기소침, 식욕감퇴, 침 흘림)과 호흡기증상(혈액화농성 안루, 비루, 기침), 소화기증상(구토, 설사, 체중감소, 탈수증)을 보이며 폐사에 이른다. 간혹 보이는 두부의 경련 및 마비, 껌 씹는 것처럼 이빨의 부딪침(chewing), 보행실조, 의식을 잃고 누워서 자전거 페달을 밟듯이 허공에 발을 휘젓는 증상(pedaling) 등의 신경증상은 바이러스가 뇌에 침입한 경우에 나타나는 증상으로서 이러한 증상을 보이는 것은 예후가 좋지 않아 안락사를 시키는 것이 좋다. 다른 감염병과 다른 특이 사항으로 홍역은 사람의 간질과 같이 발작하는 신경증상 시기를 제외하고는 식욕이나 다른 활동이 정상적으로 보여 치료시기를 놓치는 경우가 많이 발생한다.

③ **예방적인 사양관리**

개 종합백신 DHPPL 예방접종이 최선의 방법이다. 완전하지는 않지만 유일한 예방법은 소독과 정상적인 예방백신을 사용하는 것뿐이다. 다만 평상시에 항병력을 높게 유지하기 위하여 풍부한 단백질과 비타민, 미네랄 결핍이 없도록 사양관리를 하면 큰 도움이 될 것이다.

④ **개 홍역 감염 시의 대책**

㉠ 동물 몸에 직접 분무가 가능한 소독제 희석액을 견사, 주위 토양, 동물 자체에 1일 1회 이상 충분히 살포하며 면역증강제를 주사한다.

㉡ 증상에 맞는 진통제, 해열제, 대사촉진제, 소화제, 2차 감염을 예방하는 항

균제 와 손실된 체액을 보충해주는 아미노산+전해질 제제 등을 적절하게 사용하면서 에너지원을 지속적으로 보충해주는 방법을 택하면 좋은 결과를 유도 할 수도 있다.

4) 개 전염성 간염(canine infectious hepatitis) : 개과 동물 감염증

본 질병은 개와 늑대, 여우와 코요테 등의 개과 동물과 족제비, 밍크, 페렛 등의 족제비과 동물에 감염되며 개의 홍역(canine distemper)과 유사한 증상을 나타내는 질병으로서 강아지 때 급사되는 경우를 제외하고는 사망률이 10% 정도로 가볍게 내과 하는 경우가 대부분이며 국내에서 판매되는 백신에 의하여 비교적 잘 방어가 되는 질병이다.

① 원인

Canine adenovirus에 속하는 개 전염성 간염 바이러스(infectious canine hepatitis virus) 감염이 원인이다. 병든 개의 오줌을 통해 배출된 바이러스에 접촉하거나 바이러스의 경구감염으로 전파된다. 다행히 이 바이러스는 사람에 전파되지 않고 사람의 감염 바이러스와는 종류가 다르다.

② 증상

잠복기는 5일 정도 되며, 발병되면 고열이 나고 눈 점막의 충혈, 편도선의 부종, 그리고 구토나 설사가 발생될 수도 있다. 정도에 따라 황달이 나타나며 7일 정도 지나면 회복기에 들어가는데 이때 눈의 각막이 희게 또는 자주 빛으로 흐려지는 경우가 많으나 2차 감염이 없는 한 회복되면 자연히 맑아진다.

③ 예방 및 치료

개 종합백신 DHPPL 예방접종이 최선의 방법이다. 병성이 약한 질병이기 때문에 치료가 대체로 쉬우며 개의 체력보강과 소화 · 식욕촉진을 위해 대사촉진제의 사용과 소화제, 면역촉진제 등을 주사해 주면 도움이 된다. 그리고 2차 세균 감염 방지를 위해 광범위 항균제를 병행하는 것이 현명한 방법이다. 예방 및 치료시에는 동물 몸에 직접 뿌릴 수 있는 전문 소독약제를 희석하여 동물과 견사 주위에 살포하면 방역에 큰 도움이 된다. 물론 최대의 예방법은 DHPPL 종합백신을 정확한 시기에 접종하는 것이 중요하다.

5) 개 코로나 바이러스 장염(Canine coronavirus infection) : 개과 동물 감염증

본 질병은 개와 늑대, 여우와 코요테 등의 개과 동물과 족제비, 밍크, 페렛 등의 족제비과 동물에서 전염성이 강하고 구토와 설사를 주 증상으로 한다. 개 파보 바이러스 감염증과 유사하여 개 파보 바이러스와 감별 진단이 필요하다. 다행히 사람에 감염되지 않는다.

① **원인**

1970년 초 독일에서 처음 개 코로나 바이러스(canine corona virus: CCV)를 분리하였으며 개과에 속하는 모든 동물에 감수성이 높고 실온에서 병든 개의 분변 내에 있는 병원체는 6개월 이상 감염력을 가진다. 그러므로 오염된 먹이나 분변을 섭취할 수 있는 불결한 장소에서는 소화기 감염이 쉽게 일어날 수 있다.

② **증상**

모체이행항체의 역가가 방어능력이하로 떨어지는 4~16주에 주로 발병하는데 뚜렷한 임상증상이 나타나기 전의 초기증상은 무기력, 발열, 식욕결핍이 나타나고 임상증상이 나타나는 시기(바이러스가 혈액 내에 나타나는)에는 장점막 섬모의 괴사와 탈락으로 분비성 설사와 구토증상을 보인다. 파보바이러스에 비하여 열이나 혈액변의 발생은 약하게 나타나고 때로는 복부 내 가스가 차서 통증을 보일 때도 있다.

③ **예방**

개 코로나 바이러스 예방접종을 실시하는 것이 최선의 방법이다. 다른 바이러스 질병과 마찬가지로 철저한 예방이 우선이므로 대규모 사육이나 지저분한 시설에서는 소독을 철저히 하는 것이 최우선의 예방책이라고 할 수 있다.

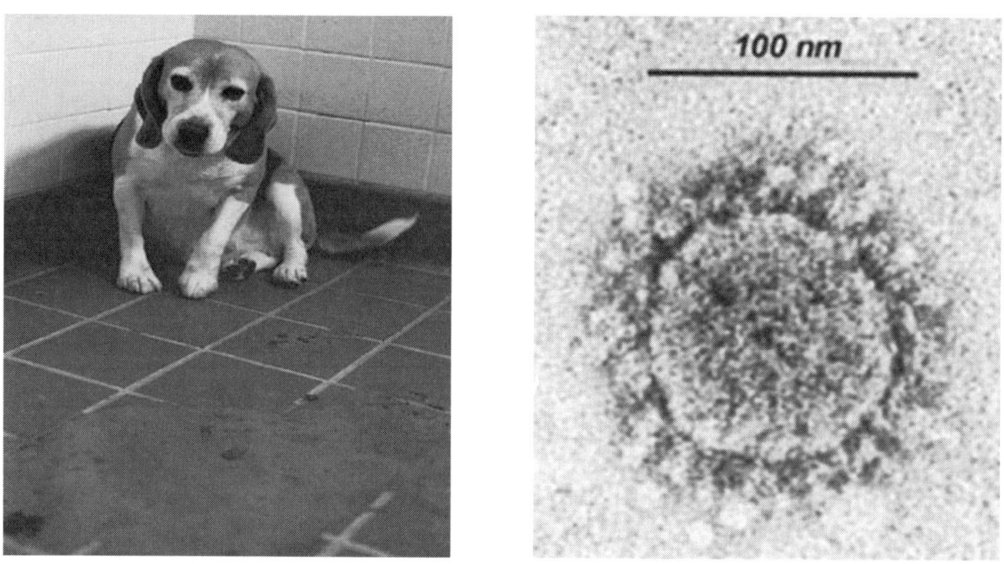

그림 8-2. 개 코로나바이러스 감염증. 설사(좌), 설사 분변 내 코로나바이러스(우)

또한 탈수에 대한 대책으로 전해질 제제를 투여하며, 세균의 2차 감염을 막기 위해 항균제를 투여하고, 면역증강제를 같이 투여하는 것이 좋다.

6) 개 감기(canine parainfluenza virus infection) : 개과 동물 감염증

본 질병은 개와 늑대, 여우와 코요테 등의 개과 동물과 족제비, 밍크, 페렛 등의 족제비과 동물에 감염되는 개의 감기로서 켄넬코프와 증상이 유사하지만 병원체가 다르다. 개의 감기는 개 파라인프루엔자 바이러스 감염에 의하며 다행히 사람에 감염되지 않는다. 그럼에도 불구하고 개가 감기에 걸리면 주인도 감기가 걸린 경우가 많은데 이는 집안 환경이 감기에 걸리기 쉬운 환경에 노출되어 있어 개와 주인 모두 감기가 걸린 것뿐이고 병원체는 다르다. 따라서 개에서 사람이 감기가 옮지는 않는다.

① **원인**

Canine parainfluenza 바이러스 감염이 원인이다. 호흡기 전파로 바이러스가 공기 중에 떠다니며 코로 들어온 바이러스에 의하여 감기가 유발된다. 다행히 이 바이러스는 사람에 전파되지 않고 사람의 감염 바이러스와는 종류가 다르다.

② **증상**

발병되면 열이 나고 눈 점막의 충혈, 콧물, 재채기 등의 증상을 보인다. 정도에 따라 진행되어 폐렴에 이를 수 있다.

③ **예방 및 치료**

개 종합백신 DHPPL 예방접종이 최선의 방법이다.

7) 개 허피스바이러스(canine herpesvirus infection) : 개과 동물 감염증

본 질병은 개와 늑대, 여우와 코요테 등의 개과 동물과 족제비, 밍크, 페렛 등의 족제비과 동물에 감염된다. 개에서 한 번 감염되면 어린 연령에 치명적인 허피스바이러스 감염증으로 유사산의 원인이 된다. 다행히 사람에 감염되지 않는다.

① **원인**

개 허피스 바이러스(canine herpes virus) 감염에 의하여 발병된다. 개 허피스 바이러스는 감염된 개체에 치유 없이 평생 감염이 유발되며 추운 겨울과 같은 스트레스 상황에 노출된 감염된 개는 체내에서 바이러스 증식이 일어나 체외 배출로 전파가 유발된다. 한국에서는 1992년 겨울 경기도 오산에서 진돗개에서 출산된 한 배 새끼가 출생 후 일주일 만에 폐사하여 부검 의뢰된 케이스를 서울대학교 수의학과에서 개 허피스바이러스 감염증으로 진단하고 바이러스를 국내 최초로 분리하 하였다(당시 개 허피스 바이러스 확인을 담당한 김옥진 박사는 현재 원광대학교 교수로 재직)

② **증상**

2주령 이하의 어린 강아지는 개 허피스바이러스의 전신 감염증으로 전신 장기 출혈과 괴사에 의하여 수포 형성, 고통스런 울부짖음 등의 증상을 보이다가 사망에 이른다. 나이든 개체는 감염 후 특이 증상 없이 평생 감염이 이루어져 전파를 유발하는 감염원이 된다.

③ **예방**

현재 예방접종이 개발되어 있지 않아 감염된 개체와의 접촉 차단이 최선의 예방이다. 또한 추운 겨울에 출산하는 개체들은 따뜻한 보온에 주의하여야 한다.

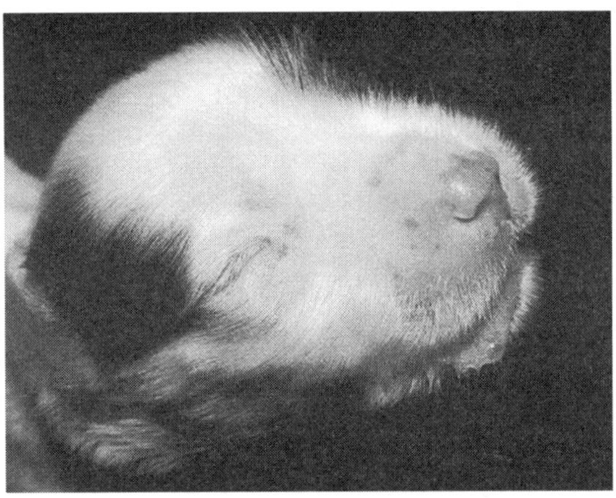

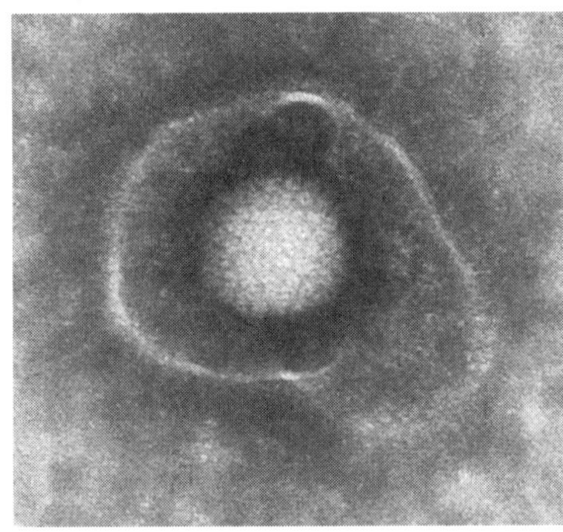

그림 8-3. 개 허피스바이러스 감염증. 피부 수포 형성(좌), 허피스바이러스 입자(우)

(2) 세균성 감염증

1) 렙토스피라증(leptospirosis) : 인수공통감염병

1898년 이래 유럽 등지에서 많이 발생한 질병으로 갑작스런 고열, 오한, 황달 그리고 유산을 일으키는 등의 증상을 보이며, 사람에게도 전파되어 비슷한 증상을 보이는 인수공통전염병으로서 렙토스피라 세균에 감염된 들쥐에 의하여 전파되는 질병이다.

① **원인**

Leptospira 세균인 「렙토스피라 케니콜라」 및 「렙토스피라 익테로헤모레지」라는 세균 감염에 의하여 발생되며 주요 감염 경로는 렙토스파이라 세균에 감염된 쥐의 오줌에 의해 전파되며 이 세균에 감염된 개나 소, 돼지와의 접촉도 원인이 된다. 또한 토양에 오염된 렙토스파이라 세균에 노출된 경우에 피부 상처 부위를 통하여 감염이 유발될 수 있다. 특히 주의해야 할 것은 사람에게도 감염되는 인수공통감염병으로 두통, 결막염, 황달, 유산 등을 일으키므로 철저하게 예방을 하여야 할 것이다.

② **증상**

개의 경우에는 렙토스피라증의 주요증상은 출혈형과 황달형으로 나눌 수 있으며 출혈형의 경우 41℃ 이상의 발열과 심한 구토가 있으며 뒷다리의 통증으로 다리를 절뚝거리기도 한다. 병이 진행되면 구강점막에 궤양이 형성되고 출혈성 설사를 일으키면서 저 체온이 되어 수일 내에 폐사에 이른다. 황달형의 경우도 비슷한 증상을 보이나 간의 손상에 의해 황달증상을 보이는 것이 특징적이다.

③ **예방 및 치료**

개 종합백신 DHPPL 예방접종이 최선의 방법이다. 과거에는 치료가 어려운 병으로 알려졌으나 최근에 와서는 강력한 광범위 항균제가 개발되면서 치료가 용이하게 되었다. 의심되는 증상을 보이는 경우는 동물병원에 내원하여 치료를 받도록 한다.

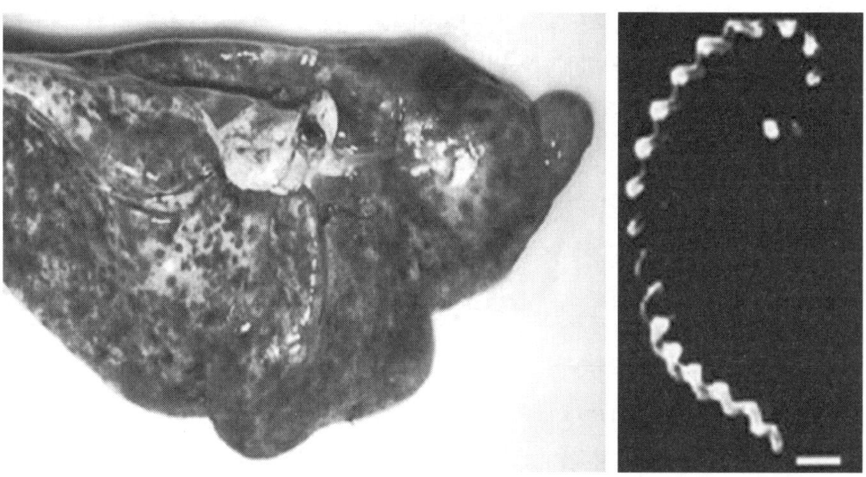

그림 8-4. 렙토스파이라 세균 감염에 의한 폐장 출혈(좌)과 렙토스피라 세균(우)

2) 켄넬코프(kennel cough): 개과 동물 감염증

본 질병은 개와 늑대, 여우와 코요테 등의 개과 동물과 족제비, 밍크, 페렛 등의 족제비과 동물에 감염된다.

① 원인

보데텔라 브롱키셉티카(*Bordetella bronchiseptica*) 세균이 관여해서 일어나는 급성호흡기 질병으로 Parainfluenza virus의 복합감염이 일어나 증상이 발생하는 것으로 알려져 있다. 번식장(kennel)과 같이 집단 사육하고 환기가 잘 안 되는 불결한 사육환경에서 키우는 개들의 경우에 집단적으로 발생한다.

② 증상

어린 강아지에게서 심한 증상을 나타내며 나이든 개에도 감염이 된다. 수양성 비루와 폭발적인 건성기침이 특징적이며 연속적인 기침 후에 구토가 뒤따른다. 목에 가시가 걸린 것처럼 캑캑 거리며 심한 경우에 토하기도 하여 목에 가시가 걸린 것으로 잘못 판단하기도 한다.

초기에는 발열증상이 보이지 않다가 세균이 2차 감염이 이루어지면서 체온이 39~40℃까지 급속히 올라갔다가 정상화되며 세균에 의한 폐렴이 유발되기도 한다.

③ 예방 및 치료

Kennel cough 예방접종이 최선의 방법이다. 의심되는 증상을 보이는 경우는 동물병원에 내원하여 치료를 받도록 한다.

3) 개 브루셀라병(canine brucellosis) : 인수공통감염병

유산을 제외한 특별한 임상증상을 나타내지 않고, 진단상 어려움이 많고, 항상 보균동물로 존재함으로써 집단적으로 사육하고 있는 번식장에서는 매우 중요한 전염병이다. 사람에도 감염될 수 있는 인수공통감염병으로 발생시 신고의 의무가 있는 법정전염병이다.

① 원인체

*Brucella canis*에 의해서 야기되지만 이 균 외에 *B. abortus, B. suis, B. melitensis*에 의한 감염도 보고된 바 있다.

*Brucella canis*는 Brucella속의 0.5~0.7×0.6~1.5 um 크기의 그람 음성의 비운동성인 작은 간균으로 숙주 세포내 기생하는 세균이다. Brucella배지, 혈액배지, Tryptic soy agar에서 3~5일간 호기성 및 CO_2 배양시 모두 발육한다. 직경

1~1.5 mm의 반투명 소집락을 형성하며 Mucoid 상으로 된다.

② **감염경로**

이 질병의 전파방법은 주로 유산 후 유산태아나 유산물질, 질 분비물로 부터 부루셀라균의 흡식이나 섭식에 의해서 이루어진다. 또한 감염 후 3~11주 사이의 정액에는 많은 수의 균이 있으므로 좋은 감염원이 될 수 있다.

③ **증상**

*B. canis*는 암캐의 경우 임신된 자궁에만 감염되어 태반의 상피세포에 국소화(colonizing)하여 태아조산 및 유산을 일으킨다. 암캐는 때때로 임신 전 기간에 그리고 한배 새끼의 모든 생존태아나 죽은 태자에게 모두 전파함으로써 생존태아의 경우라도 대개 수 시간 또는 수 일안에 죽는다. 임신하지 않는 암캐는 대개 임상증상을 나타내지 않지만 자궁분비물 또는 오줌을 통해서 계속해서 원인균을 배설한다.

④ **예방 및 치료**

유사산을 보이는 경우 브루셀라 감염 의심으로 진단을 시도하는 것이 좋으며 브루셀라 의심 동물과 접촉을 피하는 것이 좋다. 번식장의 경우에 철저한 견사 소독이 요구된다. 브루셀라 세균은 세포내 기생하기 때문에 치료가 어렵다. 또한 법정전염병이기 때문에 진단되면 신고를 하여야 한다.

4) 개 라임병(canine Lyme Disease, canine Borreliosis) : 인수공통감염병

진드기에 의하여 전파되는 질병으로 사람에 감염이 일어나는 인수공통감염병이다. 다행히 한국에서 보고되지 않은 질병으로 미국에서는 많은 발생이 일어나고 있다.

① **원인체**

Borrelia burgdorferi 세균에 의하여 감염이 일어난다. 나선모양의 스파이로헤트 세균이며 그람 음성의 세균으로 야생 쥐, 다람쥐와 같은 야생 설치류 및 사슴에 존재하는 세균으로 알려져 있다.

② **감염경로**

개와 사람에 전파는 진드기 일종인 deer tick(Ixodid)에 의한다.

③ **증상**

감염된 개는 열과 식욕부진, 임파절 종창, 관절염 및 보행 장애 등의 증상을 보인다. 심한 경우 콩팥의 손상으로 사망에 이른다. 사람의 경우에도 발열과 관절 통증 및 종창 등의 증상이 보고되어 있다.

④ **예방 및 치료**

진드기 예방을 하고 유행 시기에는 진드기 접촉 위험이 있는 산행을 줄이는 방법으로 예방을 한다. 의심되는 증상을 보이는 경우는 동물병원에 내원하여 치료를 받도록 한다.

(3) 기생충 감염증

대부분의 기생충 감염은 개와 사람에 모두 감염될 수 있는 인수공통감염병이다. 따라서 개의 기생충에 대한 구충과 예방은 공중보건학적으로 매우 중요하다고 할 수 있다.

1) 심장사상충(Heartworm)

심장사상충(Heartworm, *Dirofilaria immitis*)은 현재 가장 광범위하게 퍼져있는 기생충으로 사람에게는 중간 숙주인 모기를 통해 전염된다. 사람의 사상충증은 유충이 죽어 폐 내에 전색을 형성하는 것으로 알려져 있는데 이러한 경우는 드물게 발생되며 대개 무증상이다. 그러나 폐전색이 형성되면 방사선 사진에서 결절로 나타나며 정확한 진단을 위해서는 외과적으로 생체검사와 조직학적인 평가를 받아야 하는 문제를 일으킨다. 사람의 사상충증 예방은 개의 심장사상충을 줄여나가는 것이므로 모든 심장사상충을 치료하는 것이 바람직하다. 또한 심장사상충의 예방은 사람의 사상충증 발현률을 현격히 줄일 것이다.

① **원인충**

심장사상충(*Dirofilaria immitis*)은 온대지방의 개의 우심실과 폐동맥에 기생하는 사상충(絲狀蟲)으로 길이는 암컷 25~30 cm, 수컷 12~16 cm이다.

② **생활사(life cycle)**

암수 성충의 교미에 의하여 산출(産出)된 마이크로필라리아 (microfilaria)는 비 감염기 마이크로필라리아로서 감염견의 혈액 속에서 2년간 생존케 되며 모기의 흡혈에 의하여 모기체내(말피기관)로 이동한 후 2회의 탈피과정을 거쳐 감염기 자충(제3기)으로 성장하게 되며 이 감염기 자충이 모기의 흡혈로 다시 개의 피부에 침투→ 피하 조직에서 67~80일간 생존하면서 2회 탈피과정을 거쳐 제 5기 유충으로 변한다. 제5기 유충은 정맥벽을 통하여 천공 → 혈관 → 폐동맥 정착 단계를 거치게 된다. 체내의 암컷 성충은 약 7년간 생존하면서 마이크로필라리아를 산출하여 지속적인 전염원이 된다.

③ **증상**

3가지 유형의 증상을 보이는데 다수의 성충이 일시에 죽어서 폐동맥을 막아 생기는 증상으로서 호흡곤란, 운동기피, 발작성 실신, 객혈 등의 증상이 관찰되며 말기에는 복수, 하복부의 피하부종, 흉수 등을 볼 수 있는 유형의 폐성심증과 돌발적인 쇠약, 식욕감퇴, 혈색소뇨증, 호흡곤란, 복수 등의 증상을 보인 후 수일이내에 폐사하는 간 기능부전증후군증이 있고 기침 객혈, 숨을 거푸 쉬는 소리를 내는 알레르기성 증상으로 구분된다. 폐성심증과 간기능 부전증후군증은 청진시 심내 잡음, 제2심음 분열음이 있다.

④ **예방**

중간 매개체인 모기의 활동기 동안 감염이 우려될 시에는 매월 1회씩 심장사상충 구충제 이보멕틴 제제를 투여 한다.

⑤ **태반감염**

감염견의 혈액 속에 있는 마이크로필라리아는 태반을 통하여 이행이 되나 비감염 기에 해당되어 발병하지 않으나 출생 후 모기의 흡혈에 의하여 감염을 받을 수 있다.

⑥ **치료 방법**

의심되는 증상을 보이는 경우는 동물병원에 내원하여 치료를 받도록 한다.

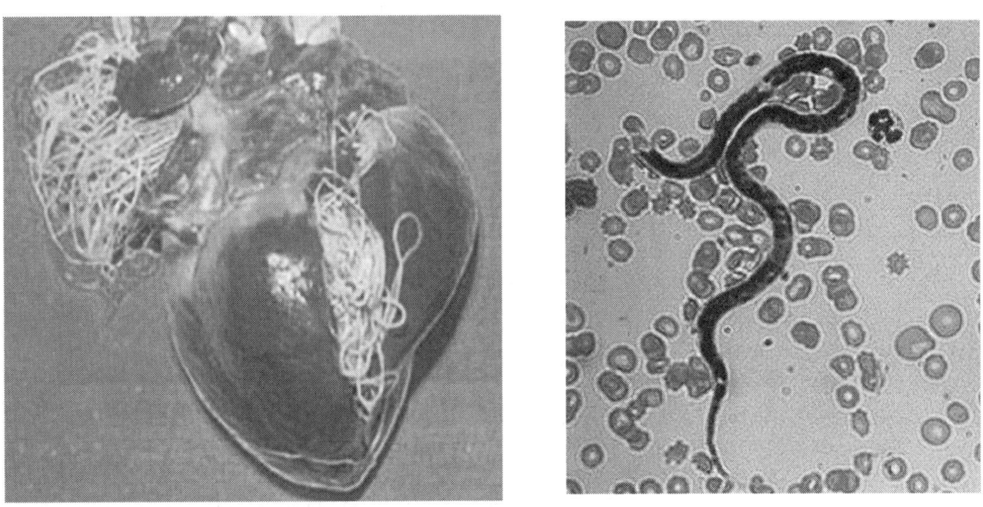

그림 8-5. 심장사상충 심장 내 성충(좌), 혈액 내 유충(우)

2) 원충감염(protozoa infection)

① 지알디아증(Giardia infection)

㉠ 주원인은 *Giardia canis*이며 2 개의 핵과 편모를 가진 이자형의 원충으로서 개의 상부소장에 기생하면 돌발적으로 악취가 나는 수양성 설사와 식욕감퇴를 주 증상으로 하는 급성형과 만성적으로 흡수장애를 일으키는 만성형으로 구분된다.

㉡ 지알디아 람블리아(*Giardia lamblia*)는 인간 및 다른 포유동물의 소장에 기생하며 전세계적으로 존재하는 원충이며 풍토성 또는 전염성 장관질환과 설사를 유발한다.

㉢ 감염은 섭취한 포낭의 소장에서 영양체로 부화되어 일어나며 혈관을 타고 퍼지지는 않고 장관 상피에 붙어 있다. 개나 고양이의 지알디아(giardia)가 사람에 감염된다는 명확한 결론이 내려진 것은 아니지만 예방적으로 관리하는 것이 좋다.

㉣ 분변으로 배출되는 포낭은 열이나 건조한 상태에서는 견디지 못하나 신선한 물에서는 수개월간 생존 가능하다. 염소 소독 수돗물에서 저항한다.

㉤ 지알디아 감염증은 선진국이나 개도국이나 모두 흔하다.

㉥ 사람 사이의 전파는 개인위생이 나쁜 공공장소나 동성연애자 사이에서 일어날 수 있다. 음식을 익혀 먹고 물을 끓이거나 정수함으로 예방할 수 있다.

㉦ 의심되는 증상을 보이는 경우는 동물병원에 내원하여 치료를 받도록 한다.

② 트리코모나스증

㉠ 비위생적인 견사에서 사육되는 자견에 *Trichomonas* spp. 편모를 가지며 운동성이 있는 원충이 감염되어 발생하는 질병으로서 수양성 설사를 유발하는 원인이 된다.

㉡ 의심되는 증상을 보이는 경우는 동물병원에 내원하여 치료를 받도록 한다.

③ 크립토스포리디아증(Cryptosporidium infection)

㉠ 콕시디아 속 원충인 크립토스포리디움(Cryptosporidium)의 중요한 보균가축은 소이지만 개와 고양이의 분변에서도 검출되며 이 원충은 많은 동물을 감염시키고 감염된 동물의 대변으로 나온 낭포체는 전염성 가지고 있다.

㉡ 낭포체는 꽤 단단하며 소독약제중 염소 소독제제에는 저항성을 가지고 있다고 보고되고 있다. 사람이나 동물의 분변 내에 전염성 낭포체와의 접촉을 최소화하는 것이 전염을 예방하는 최선의 길이다. 사람이 경구적으로 낭포체(oocysts)를 섭취하면 부화하여 포자소체 (sporozoite)가 되고 이 포자소

체는 장관상피 세포로 가서 감염을 일으킨다.

ⓒ 사람에서는 무증상이나 자연 치유되는 경향을 보이기도 하지만 심한 경우 위험할 수도 있으며 일단 감염되면 가족 구성원간의 접촉, 동물의 분변에 의한 오염, 의료인 간의 접촉 등으로 전파된다 한다.

ⓓ 최근에 정상인이나 AIDS 환자 등의 면역결핍증 환자에서 설사를 유발하는 것으로 보고되고 있다.

④ **톡소플라즈마증(Toxoplasma infection)**

톡소플라즈마증은 편성 세포내 원충인 톡소플라스마 곤디(*Toxoplasma gondii*)의 감염에 의해 발생하며 대부분의 조류 및 포유동물에서는 불현성감염을 일으키지만 간혹 설사를 유발하거나 유산, 폐염, 건염, 안증상, 중추신경증상 등을 일으켜 디스템퍼와 혼돈될 수 있는 질병이다. 사람에 감염되면 인체의 면역능력에 따라 무증상에서 뇌염, 폐렴 등의 증상을 나타낼 수 있으면 급성형으로 나타나거나 만성화 할 수 있다.

㉠ 생활사(life cycle)

이 원충은 비고양이 생활사와 고양이 생활사로 구분되며 비고양이 생활사는 쥐 양, 돼지 등의 중간 숙주 내에서 일어나는 무성의 타키조이트(tachyzoite) 형태로서 온혈동물에 기생하지만 고양이가 종숙주이다. 톡소플라스마 곤디(*T. gondii*)는 침투는 하지만 분열하지 못하는 적혈구를 제외하고는 모두 포유류의 세포 내에서 성장 가능하다. 이 기생충의 주 생활사는 고양이와 그 먹에서 이루어진다. 인체의 감염은 트로포조이트(trophozoites)에 감염된 음식을 섭취하거나 고양이의 분변으로부터 나온 낭포체 (oocyst)를 먹게 되어 발생한다.

㉡ 병원성

사람이 임신기간 중에 감염된다면 태아의 1/3 정도가 태반 감염될 수 있다고 보고되고 있다. 태반감염이 되면 사산되거나 신생아의 안구 질환을 야기시킬 수 있다. 고양이 또한 trophozites의 섭취에 의한 경구감염으로서 감염후 1~2일부터 oocyste를 분변 내로 배설하며 급성 감염기 동안 고양이는 하루에 1억 개의 기생충을 배출한다. 바로 이러한 이유 때문에 임신한 산모는 고양이의 분변에 접촉하지 않아야 할뿐더러 고양이 분변통은 하루에 한 번씩 철저하게 세정해야 하는데 산모를 시켜서는 안 된다.

㉢ 치료

의심되는 증상을 보이는 경우는 동물병원에 내원하여 치료를 받도록 한다.

⑤ **아메바증(Entamoeba infection)**

㉠ 아베마란 무성생식으로 기생하는 원충류로서 크기가 10~60μ정도인 이질아메바(*Entamoeba histolytica*)가 개, 고양이, 쥐, 돼지 등에 감염되어 대부분 무증상으로 경과되지만 급성으로 진행되는 경우 소화기관내에서 궤양을 일으키며 점액성 설사를 유발하기도 한다.

㉡ 세계인구의 약 10% 정도가 *E. histoltica*에 감염되어 있는 것으로 보고되고 있으며 전파는 오염된 물, 음식 혹은 손에 살아있는 포낭을 섭취함으로 감염되는 것으로 알려져 있다.

⑥ **바베시아증(Babesia infection)**

㉠ 진드기 매개성 주혈원충증(住血原蟲症)으로서 *Babesia canis, Babesia gibsoni* 등의 원충이 문제가 되며 주 증상으로는 발열, 빈혈증상, 혈색소뇨, 황달이 특정인 증상을 보이며 종대된 간이나 비장 등이 촉진된다. 인간이 감염되면 초기에는 비특이적인 발열질환으로 나타난다. 바베시아는 적혈구 안으로 들어가 말라리아와 형태적으로 유사하게 보인다. 야생동물과 가축에서의 바베시아 감염은 전 세계적으로 발생한다.

㉡ 의심되는 증상을 보이는 경우는 동물병원에 내원하여 치료를 받도록 한다.

3) 외부 기생충

① **개 선충(scabies)**

㉠ 주원인은 개 선충(*Sarcoptes scabies*)의 감염으로 옴이라고도 불리는 증상을 유발한다. 개 선충에 감염된 개는 가려움에 피부를 긁고 긁는 상처에 감염된 세균에 의하여 피부에 염증이 유발된다. 인수공통감염병으로 사람도 감염되며 감염된 피부에 오돌도돌한 빨간 돌기들이 생기고 가려움증을 느끼게 된다.

㉡ 개 선충의 예방은 정기적인 피부 위생 관리가 필요하며 개 선충 오염 빗이나 클리퍼의 사용에 주의하고 감염된 개와의 접촉을 피하여야 한다.

㉢ 피부를 긁으면 동물병원에 내원하여 진단 후 치료를 요한다.

② **개 모낭충(demodex)**

㉠ 주원인은 개 모낭충(*Demodex canis*)의 감염으로 모낭충에 감염된 개는 모낭 안에 기생충 감염에 의한 염증으로 털이 빠지고 가려워 긁은 피부에 2차 세균감염으로 염증이 유발된다.

㉡ 모낭충은 개선충에 비교하여 보다 치료가 어려워 장기 치료가 요구되며 흔

히 재발이 유발되기 때문에 관리에 주의를 요한다.

③ **귀이(Ear mite)**

주원인은 ear mite의 감염으로 증상이 유발된다. 귀 속에 귀지와 염증을 유발하며 가려워 긁기 때문에 귀에 2차 세균 감염이 일어난다. 정기적인 귀 청소와 위생적 관리로 예방할 수 있다.

④ **이(lice) 및 벼룩(flea)**

주원인은 이와 벼룩으로 이와 벼룩의 감염은 위생적 관리로 예방할 수 있다. 외부 기생충을 예방하는 약제들이 다양하게 개발되어 있어 편리하게 이용할 수 있다.

4) 내부 기생충 감염증

개는 태반을 통하여 기생충에 감염되어 생후 20~25일 정도면 벌써 성충이 되어 충란을 배출시키는가 하면 신체의 면역 능력을 저하시켜 백신에 의한 항체가 형성에도 지장을 초래한다. 감염기 유충은 각 장기를 뚫고 다녀 통과한 부분에 염증을 유발하고 간이나 뇌에도 영향을 끼치게 되는 등 소모성 질환의 근본 원인으로서 작용한다. 개의 기생충은 일반적으로 충란에서 성충이 되는데 3주일 정도가 소요되어 개가 종숙주인 기생충은 장내에서 증식이 되면서 생활사를 갖게 된다. 일반적으로 기생충의 종류를 류형(類形)으로 분류하면 다음과 같이 분류 할 수 있다.

① **선충류**(線蟲類)

선 형태의 모양을 한 견회충(*Toxocara canis*), 견소회충(*Toxocara leonina*), 개편충(*Trichuris vulpis*) 등이 있으며 구충류(鉤蟲類)는 갈고리가 있는 형태를 갖춘 견십이지장충(*Ancylostoma caninum*), 비경구충(*Uncinaria stenocephais*)이 있다.

② **조충류**(絛蟲類)

납작한 선모양의 형태를 한 기생충으로서 긴촌충(*Diphyllobothrium latum*), 촌충(*Echinococcus spp.*), 일반조충(*Taenia spp.*), 두상조충(*Taenia pisifomis*), 고양이 조충(*Taeniataenia formis*), 다두조충(*Multiceps spp.*) 등이 있다.

③ **흡충류**(吸蟲類)

창형흡충(*D. lanceolatum*), 묘흡충(*O. tenuicollis*), 간흡충(*Fasciola hepatica*), 폐디스토마(*P. westermanii*) 등이 있다.

㉠ 회충증

㉮ 개에 있어서 가장 많이 감염된 선충류로서 모견의 체조직에 잠재하던 3기 자충이 임신말기(42일경)에 태반을 통과 태아에 감염되거나 아니면 분만 후 약 30일 정도 모견의 유즙을 통하여 배설되어 포유 자견이 감염됨으로 생후 20일이면 대부분의 자견이 회충에 감염된 것으로 보아야 한다.

㉯ 회충이나 개 편충같은 선충류가 감염되어 있으면 강아지에서는 빈혈이 심하게 나타나고 등은 야위나 복부는 팽팽하게 커진다. 생후 2~3주령의 강아지는 반드시 기생충 구제를 10일~15일 간격으로 최소 3회 이상 반복 투여하도록 하고 모견은 포유 중에는 자견과 동시에 구충제를 투약한다.

㉰ 선충류의 감염이 심하면 영양탈취 및 유충의 채내이행으로 인한 기계적 자극에 의해 쇠약, 설사, 빈혈, 기침 등의 증상을 나타내며 피부병, 간장장애, 복막염 등을 일으키기도 한다. 어린이들이 흙을 먹는 습관과 위생관념의 미흡 때문이겠지만 1~5세정도의 어린이들에게 자주 발견되는 개회충증은 충란을 입으로 섭취하여 유발되는 것으로서 섭취된 충란이 유충이 되면 인체의 장관 벽을 뚫고 지나가며 여러 조직을 이행하고 다닌다.

㉱ 이들은 인체 내에서 정상적인 생활사를 갖출 수 없기 때문에 인체 면역계에 의해 파괴되지만 그전까지는 장관 내 이행이 지속된다. 대부분은 무증상으로 진행되지만 중추 신경계와 심근에 호산성 육아종성 반응을 일으키기도 한다.

㉲ 드물게는 발열, 체중감소, 기침, 폐, 발진 등과 더불어 전안구염, 포도막염, 맥락막염 등을 일으키고 실명하게 된다는 보고서도 있다.

㉳ 이러한 이유로 공공장소에서는 분변 처리에 관심을 기울여야 할 것이며 보호자에게 개회충의 생활사를 알려주고 인체 감염성을 교육하여 분변 등에 오염되지 않도록 주의시킬 필요가 있다.

㉡ 구충증 : 견십이장충 등의 충란이 외부에서 부화한 감염기 자충이 경피감염(피부를 통하여 감염), 또는 경구감염을 통하여 증상을 일으키며 주요 임상증상으로는 흑변, 심혈성 빈혈, 피부소양증 등이 있다

㉢ 조충증

㉮ 촌충(Tapeworm) 또는 충충류(Cestode)인 편절 기생충으로서 개 조충(*Diylidium canium*)은 개에서 아주 흔하며 중간숙주는 벼룩이다. 사람의 경우 우연히 이 유충을 지닌 벼룩을 섭식하여 발생하는 것으로 보고

되고 있다.

㉯ 조충이 기생할 때에도 선충의 기생시와 비슷한 증상을 나타내며, 특히 이러한 조충은 사람 특히 어린아이에 감염되는 경우가 많지만 대개 무증상으로 경과하고 소수의 경우에만 심한 복통, 소화장애, 오심, 구토증상을 일으키며 경우에 따라서는 신경증상을 일으키기 때문에 철저히 구제를 해야 한다.

㉰ 조충이 있을 때에는 대변이나 항문주위의 털에 쌀알 크기만한 촌충의 편절들을 볼 수 있으며, 특징적인 증상으로는 장염이 심하게 나타나며 항문이 심하게 가려워 엉덩이를 땅에 끄는 행동을 하기도 한다.

㉣ 포낭충증

㉮ 국내에서는 문제가 되지 않는 질병으로서 주로 양을 방목하는 목야지에서 사육되는 개들이 감염원이 될 수 있다.

㉯ 단방조충, 다방조충(*E. granulosus, multilocularis*) 등의 충란을 섭식하여 감염된다. 인체에 섭식된 충란은 문맥순환을 거쳐 간, 폐 등 여러 장기에 포낭을 형성한다.

㉰ 포낭충낭(echinococcal cyst)은 천천히 자라나는데, 공간점유 효과가 나타나기 전까지는 무증상이지만 포낭이 터지면서 황달, 발열, 소양감, 두드러기, 호산구 증가증, 과민반응으로 급사하거나 흉통, 각혈 등의 증세를 보인다.

㉱ 사람은 이 포낭을 수술로 제거해야 하며 전 세계적으로 분포하는 것으로 알려져 있으며, 양이 중간숙주 역할을 한다.

㉲ 개는 종숙주이며 개의 분변으로 나온 충란은 바로 감염을 갖는다.

㉳ 양과 개가 같이 있는 곳에서는 단방조충과 다방조충의 역학과 공중보건학적 관리에 관심을 갖고 주기적으로 변 검사를 통해 충란의 확인을 받아야하고 감염된 개는 반드시 치료한다.

5) 장기 유주증(visceral larva migrans)

① 기생충은 알에서 부화하여 애벌레를 거쳐 기다란 성충으로 자라는데, 애벌레인 유충이 몸속에서 간이나 콩팥 등 장기로 옮겨 다니는 수가 있다. 이것을 장기 유주증이라고 부른다.

② 단순한 기생충 감염보다 위험해서 유충이 유주해간 장기를 손상시키기도 한다. 대부분 선충류인 개회충(*Toxocara canis*, roundworm)의 알을 먹게 되면 감염되는데, 학교에 다니기 전의 어린 아이들(1~5세 령)에게 쉽게 감염된다.

③ 개의 개회충 알이 사람의 입속에 들어가면 인체에서 알이 부화하여 유충이 되고 몸속의 장관벽을 뚫고 지나가며 여러 조직으로 돌아다니게 된다.

④ 개회충은 사람의 몸속에서는 정상적인 생활사를 가지지 못하고 인체 면역에 의해 죽게 되지만 그전까지는 장기들 속을 돌아다니게 된다. 대부분은 증상이 없지만 때에 따라 유충이 뇌나 심장 까지 침범해서 위험한 경우도 있다. 증상은 몸에 열이 나고 체중이 빠지고, 기침을 하거나 피부 발진이 있을 수 있고 눈에 통증을 일으킬 수도 있다. 유충이 눈에 들어간 경우에는 실명하게 된다.

⑤ 기생충에 감염된 강아지는 감염된 강아지 생후 21일 째부터 충란을 분변으로 배설하게 된다. 개회충은 대부분 태반감염을 통해 강아지에게 감염되므로 생후 2~3주령의 강아지와 어미 개는 반드시 기생충 치료해야 한다.

6) 피부 유주증(cutaneous larva migrans)

십이지장충(Hookworm)으로 알려진, 개 구충(*Ancylostoma caninum*), 브라질구충(*A. braziliense*) 등의 유충은 장기 유주증으로 사람의 피부로 파고드는 경우가 있다. 이들 기생충의 유충은 특정한 효소를 분비하며 피부나 점막을 녹이고 뚫고 들어가게 된다. 강아지 역시 경피감염, 경구감염, 경유방감염 등으로 감염되기 때문에 어미개의 젖을 통해 쉽게 유충을 섭취하게 된다.

(4) 곰팡이 감염증

피부 곰팡이 감염증은 진균에 의하여 유발되며 인수공통감염병으로 사람 피부에도 감염이 유발된다. 다양한 곰팡이에 의하여 피부 병변이 유발되며 세균과 외부 기생충 감염증과 감별 진단이 필요하다. 우드 램프에 의하여 피부에 자외선을 쬐어 형광을 발하는 것을 확인하여 피부 곰팡이 감염증을 진단할 수 있다. 피부를 긁어 도말하여 현미경으로 관찰하여 곰팡이 포자를 관찰하는 것으로 진단하기도 한다. 곰팡이는 치료가 어렵고 흔히 재발하기 때문에 주의를 요한다.

1.2 병원체의 예방

(1) 기생충의 예방 및 치료

자연환경에 널리 분포되어 있어 다양한 전파방법으로 감염되는 기생충의 감염예방을 단순한 구충제로만으로는 어려움이 있어 기생충의 기초적인 생활사를 평소에 알아두어야 할 필요가 있으며 다음과 같은 요령으로 관리하면 구충은 물론 건강한 개의 상태를 유지 할 수 있을 것이다.

① 조속한 분변 청소 및 위생적 처리
② 동물 자체 및 주변 정기적인 소독
③ 청결하고 영양이 풍부한 먹이급여
④ 이, 벼룩, 모기 등의 해충 구제
⑤ 쥐의 구제
⑥ 선충류 및 조충류, 흡충류 구충이 가능한 종합구충제

일반적인 구충프로그램으로 신생 자견 15일, 25일, 40일령 쯤 구충을 실시한 후 집 안에서 키우는 개는 2개월마다 야외에서 키우는 개는 월 1회씩 연속 구충하는 것이 현명하다.

(2) 예방접종

1) 생독과 사독백신

임상적인 감염증을 일으키는 바이러스나 세균의 균종을 분리하여 면역형성을 위한 백신을 제조하는데 그 제조과정에서 살아있는 상태로 계대(繼代)한 후 약독화(弱毒禍)하여 제조한 백신 중 바이러스 백신은 생독백신, 균 백신은 생균백신이라 말하며 이와는 반대로 이들을 포르말린 등의 화학적 처리를 하여 사멸시킨 후 그 세포를 이용하여 제조한 백신을 사독 혹은 사균백신 또는 불활화백신이라 칭한다. 두 가지 제조방법에 의하여 만들어진 백신은 각각의 장단점이 있어 그 목적에 따라 제조 방법은 선택된다. 일반적으로 생독백신의 경우 접종 후 3주정도 되면 최고도의 면역을 획득케 되며 사독(사균) 백신은 10일에서 21일 간격으로 보강 접종을 한다. 현제 시판되는 백신은 대부분 안전하여 권장량의 2-3배의 백신을 접종하여도 큰 부작용이 발생되지 않을 뿐 아니라 생독 백신의 경우에도 1/2 정도의 백신으로도 모체이행 항체의 소실 시기를 잘 맞추면 면역 형성이 되니 접종 시에 좀 흘렸다고 다시 재접종 할 필요는 없을 것이다.

① 생독(생균) 백신 장점

㉠ 모체이행항체의 소멸 시기에 접종하면 1회 접종으로 면역력이 생성된다.
㉡ 제조비용이 사독에 비하여 상대적으로 적어 값이 저렴하다.
㉢ 면역이 형성된 경우 사독에 비하여 면역 지속기간이 길다.
㉣ 생독 백신은 적은 바이러스량으로 감염방어능력을 형성한다.

② **사독(사균) 백신 장점**

㉠ 안정성이 높고 겔 또는 오일로 제조되어 사용이 용이하다.
㉡ 생독백신에 비하여 냉장보관이 용이하다.
㉢ 개발하는데 오래 걸리지 않는다.
㉣ 보강접종으로 면역증강효과가 크다.
㉤ 유효 항원만 정제 추출함으로써 부작용 경감과 면역원성 향상된다.
(사독 백신은 반드시 2~3주의 간격을 맞추어주어야 효과가 있다.)

2) 개 종합백신(DHPPL)

일반적으로 비교적 간섭 현상이 덜하고 표적장기(target organ)가 다른 백신을 사용자가 쓰기 편하게 몇 개씩 묶어 DHP, DHPP, DHPPL, DHPPLL, DHPPCL로 명하는 혼합백신이 생산되고 있다. 국내에 주로 사용되는 종합백신은 DHPPL로서 개 홍역, 개 간염, 개 감기, 개 파보장염, 렙토스피라 감염증과 같은 5종 병원체에 대하여 예방할 수 있다.

그러나 우리는 사랑하는 개를 위하여 가능한 최소한 혼합되어있는 백신을 사용하는 것이 현명하다는 것을 인식하여야 할 필요가 있다. 특히 표적장기(target organ)가 같은 백신은 반드시 별도로 백신을 하는 것이 유리하며 파보백신처럼 생독과 사독백신이 각각 개발되어있는 경우에는 반드시 최소 15일 정도의 간격을 두고 사용하는 것이 현명하다.

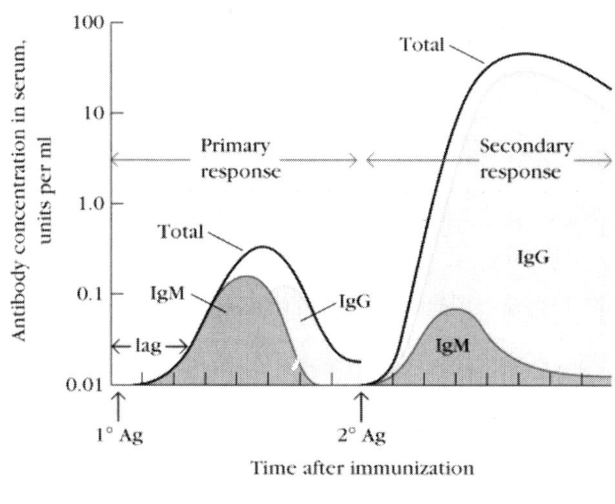

그림 8-6. 반복 접종에 의한 방어 항체 양의 혈중 내 증가

3) 모체이행항체(母體移行抗體)

개는 분만 직후 일반 비유기 젖보다 더 진한 형질의 젖을 분비하는데 이를 가리켜 「초유」라고 하고 그 초유에는 모견이 살아오면서 체험한 질병에 대한 면역물질과 백신 접종에 의하여 형성된 면역물질이 함유되어있어 이를 모체이행항체라고 부르며 그 항체의 수준을 계수화 시켜 놓은 것을 항체가(抗體價)라고 한다. 모체이행항체에 의한 항체 획득은 자신의 노력이 아닌 젖을 통한 항체 획득이라는 의미로 「수동면역」이라 하고 그 반면에 백신에 의한 항체 형성은 바이러스의 체내 증식에 의하여 형성된 항체라고 하여 「능동면역」이라고 한다. 모체이행항체는 질병 별로 항체가 수준이 달라 반감기에 의하여 어떤 질병은 방어 항체가 수준 이상으로 남아있는데 비하여 어떤 질병은 이미 방어 항체가 수준 이하로 저하되어 바이러스에 노출되면 감염이 된다. 일반적으로 충분한 항체를 소유한 모견의 초유를 충분히 먹은 자견의 경우라 하더라도 생후 주령이 늘어나면서 모체이행 항체가 소실되어 12주령이 넘어가면 완전 소실로 면역공백이 생기게 된다. 대부분 방어항체가 수준 이하로 모체이행항체가 소실되기 전에 백신을 접종하는 것이 좋다. 개체에 따라 모체이행 항체 소실 시기가 다르지만 일반적으로 젖을 뗴는 6주 이후부터 예방접종을 시작하도록 권장하고 있다. 1회 접종으로 병원체를 막아낼 수 있는 충분한 방어항체가 체내에 생성되지 않기 때문에 2~4주 간격으로 3~5회 정도의 기본 백신 접종 프로그램이 요구되고 있다.

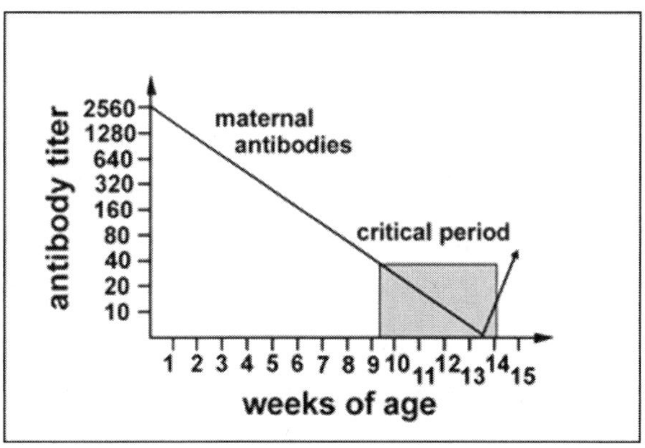

그림 8-7. 출생된 강아지 혈액내 개 파보바이러스에 대한 모체 이행 항체의 소실

4) 예방접종의 종류와 접종 프로그램

모체이행항체가 소실되기 이전인 생후 6주령부터 예방접종을 실시하여 방어항체 수준을 끌어올리기 위해서 표 8-1과 같은 백신을 프로그램에 따라 반복 접종을 한다.

표 8-1. 개 예방접종의 종류와 접종 프로그램

백신 종류	예방 목적 질병	접종 프로그램
종합백신 (DHPPL)	개 홍역, 개 간염, 개 감기, 개 파보장염, 렙토스피라	생후 6주부터 2~4주 간격으로 5회 접종 이 후 매 년 1회 보강접종
코로나 장염	Canine corona virus	생후 6주부터 2~4주 간격으로 2~3회 접종 이 후 매 년 1회 보강접종
켄넬코프	*Boardetella brochiceptica* Parainfluenza virus	생후 8주부터 2~4주 간격으로 2~3회 접종 이 후 매 년 1회 보강접종
광견병	Rabies virus	생후 3~4개월령 1회 접종 이 후 6개월 마다 보강접종

2. 고양이 질병

2.1 고양이의 전염성 질병

(1) 고양이 바이러스 전염병

1) 광견병(Rabies): 인수공통감염병

광견병 바이러스 감염에 의하여 유발되며 광견병에 걸린 야생동물 또는 다른 동물에 의해 물릴 때 생긴 상처로 체내에 들어온 바이러스가 신경세포를 타고 뇌로 들어가 뇌세포를 손상시켜 신경마비와 광폭증상을 보이다 치명적으로 사망한다.

2) 고양이 범백혈구감소증(Feline panleukopenia, FPV) : 고양이과 동물의 감염증

고양이과 동물들에만 감염이 이루어진다. 고양이 홍역(distemper) 또는 고양이 전염성 장염이라고 불리기도 하는 바이러스 질환으로 고양이 파보바이러스 감염에 의한다. 혈액속에 모든 백혈구가 감소하는 것으로, 심한 장염을 일으키는 것이 특징 이다. 초기에는 발열과 식욕부진이 나타나고 물도 먹지 않으며 구토나 탈수를 일으키고 계속해서 설사를 하는 경우가 있다. 적절한 치료를 받으면 거의 한 주간 이내에 식욕이 회복되지만 새끼의 경우나 합병증을 가지고 있는 경우에는 사망률이 높다. 원인이 되는 파보바이러스는 저항력이 강하고, 통상적인 소독으로는 효과를 기대할 수 없다.

3) 고양이 백혈병바이러스 감염증(Feline leukemia virus, FeLV)
: 고양이과 동물의 감염증

고양이과 동물들에만 감염이 이루어진다. 레트로바이러스에 속하는 고양이 백혈병 바이러스 감염에 의해 유발된다. 백혈구에 암이 유발되는 것으로 이 병에 걸린 고양이의 타액에는 대량의 바이러스가 존재하므로 같은 식기로 먹던가, 몸을 서로 핥는 것으로 감염된다. 2마리 이상 기르는 경우는 정기적으로 검사를 하고, 이 바이러스를 가지고 있는 것을 알게 되면 고양이의 사인에 크게 연관된 병으로, 감염되면 임파 B종이나 백혈병을 일으킬 수 있다. 또, 증상이 나타나지 않은 채 전적으로 쇠약해져 여러 가지 증세를 나타내는 소위 후천성 면역부전 상태가 되며 다른 병을 합병하는 경우도 있다.

4) 고양이 바이러스성 호흡기 질환

2개의 바이러스(비기관염바이러스, 칼리시바이러스)에 의해 발생하는 경우가 많다.

① **고양이 비기관염(Feline rhinotracheitis): 고양이과 동물의 감염증**
고양이과 동물들에만 감염이 이루어진다. 고양이 허피스 바이러스(Feline herpesvirus)감염에 의한다.

② **고양이 칼리시바이러스(Feline calicivirus): 고양이과 동물의 감염증**
고양이과 동물들에만 감염이 이루어진다. 고양이 칼리시 바이러스(Feline calicivirus)감염에 의한다. 이것들은 공통된 증상이 많으며, 반드시 구별된다고는 할 수 없다. 재채기, 결막염, 콧물, 기침, 침 흘림, 구내염 등이 나타나며 발열을 하며 식욕이 없어진다. 한번 걸려도 면역이 있는 기간이 짧고, 재감염되는 병이다. 전염력이 강한 병으로 증상이 가라앉아도 바이러스를 장시간 체내에 가지고 있다거나 가벼운 증상으로 감염이 지속되거나 또 만성축농증으로 변하는 경우도 있다.

5) 고양이 전염성 복막염(Feline infectious peritonitis, FIP)
: 고양이과 동물의 감염증

고양이과 동물들에만 감염이 이루어진다. 고양이 코로나바이러스가 원인으로 생기는 병으로 전신의 장기를 침입한다. 복막염으로 인해 복수가 차거나, 가슴에 물이 차는 경우가 있다. 또 복수나 물이 가슴에 차지 않는 경우도 있으며, 눈이나 뇌에 이상이 생기는 경우도 있다. 병이 진행해도 비교적 식욕이 있는 경우가 많으며, 증상 이 나타난 고양이는 서서히 소약해지고 회복의 기미가 없어져 버린다.

6) 고양이 면역결핍증 바이러스(Feline immunodeficiency virus, FIV) : 고양이과 동물의 감염증

고양이과 동물들에만 감염이 이루어진다. 고양이 면역결핍바이러스가 원인으로 생기는 병으로 면역 저하로 만성 구내염, 치은염, 기도염, 임파절 부종, 설사와 빈혈 증상을 보인다.

(2) 클라미디아 : 인수공통감염병

Chlamydia Psittasi 감염에 의한다. 사람에서 결막염이 유발된다.

(3) 기생충

대부분의 고양이 기생충은 인수공통감염병이다.

1) 톡소플라즈마

원충에 의한 전염병으로 사람과 고양이에 공통된 인수공통감염병이다. 원충은 고양이 몸 어딘가를 침입, 발열, 폐렴, 설사, 간장애(황달) 등의 여러 가지 증세를 일으킨다.

① **생활사와 형태**

반달형 모양의 원충으로 원충의 동물계와 식물계의 중간 단계에 해당하는 생물이다.

② **인체감염경로**

㉠ 후천성 감염 : 식육(食肉) 중에서 외계에 분산하여 흙이나 식품 중에서 경구섭취. 잘 익혀지지 않은 상태의 돼지고기. 고양이 분변에서 유래한 것

㉡ 선천성 감염 : 톡소플라즈마 원충에 감염된 임산부에서 태반을 통하여 태아에 감염

③ **병원성**

모체로부터 감염된 신생아에서는 뇌수종, 뇌염 등의 치명적인 증상을 일으킨다. 임산부의 경우에 유산, 사산 등의 치명적인 결과를 얻을 수 있어 고양이를 사육하는 가정에서는 임산부가 있는 경우에 톡소플라즈마 구충에 각별한 주의가 요망된다.

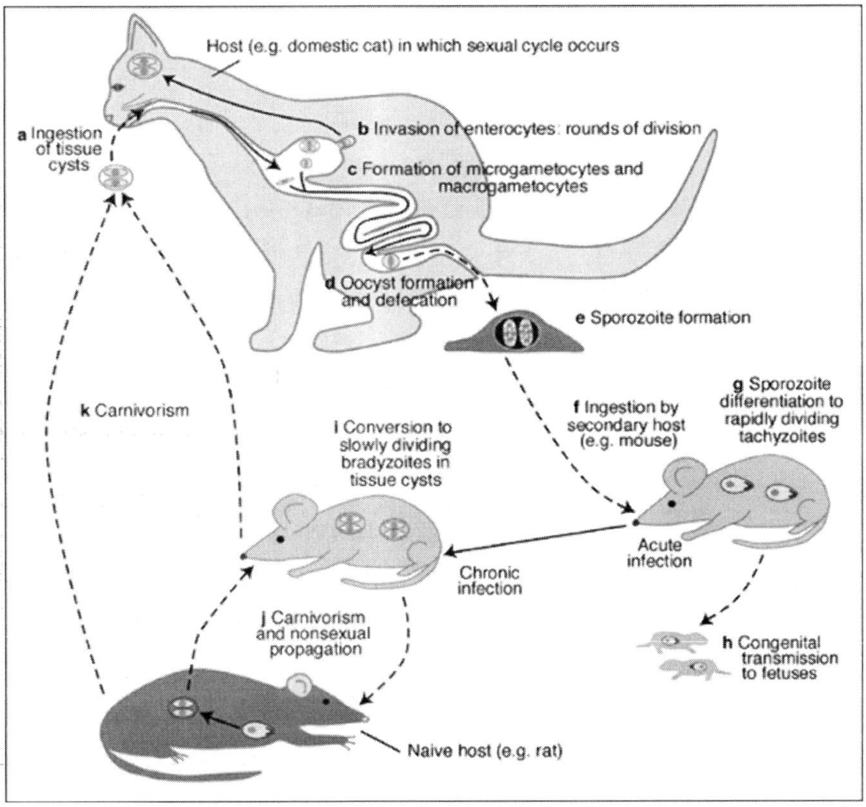

그림 8-8. 톡소플라즈마 기생충의 life cycle

2) 회충

① 생활사와 형태

고양이 회충은 고양이가 회충 충란에 오염된 음식물이 등의 섭취를 통하여 전염된다. 섭취 후 회충의 알(egg)은 부화하여 자충이 되어 소장을 뚫고 복강으로 나와 다시 간장이나 피하로 파고들어 간다. 그리고 다시 폐를 거쳐 기관지를 지나 다시 소장에 들어가서 회충으로 성장한다. 이렇게 회충의 자충은 고양이의 몸을 돌아다니면서 성장해 가기 때문에 내부장기는 치명적인 손상을 입게 된다. 또한 고양이회충은 어미의 태반을 거쳐서 자궁에 있는 태아에 감염될 수 있다. 드물지만 고양이의 몸을 돌고 있는 중에 뇌로 이행되어 자라는 경우도 있다.

② 예방 및 치료

회충감염은 어린 고양이에게 특히 피해가 크기 때문에 어린 고양이는 동물병원을 방문하여 건강진단과 분변검사를 받아 보아야 한다. 생후 4~6주경에 구충한 후 생후 4개월이 되면 3주 간격으로 구충제를 투여한다.

3) 조충

① 고양이조충은 길이가 15~40 cm로 체절을 가지고 있으며 고양이의 소장에 기생한다. 오이씨 모양의 편절 또는 조충 자신이 신축운동을 하면서 항문을 통해 기어 나온다.

② 배설된 알(egg)을 쥐(또는 토끼)의 입을 통해 쥐의 몸 안으로 들어간다. 그 쥐를 고양이가 잡아먹게 되면 소장벽에 기생하여 성충이 된다.

③ 쥐나 토끼가 중간 숙주로 전염의 매개가 된다. 또한 조충의 전염은 벼룩이나 이와 관련이 있는데, 조충의 알은 벼룩에게 잡아 먹혀 그 안에서 발육한 뒤 벼룩이 성숙하여 흡혈을 할 때 감염능력을 가지게 된다.

④ 고양이가 자기의 몸을 핥을 때 감염된 벼룩이 입으로 들어가 감염을 일으키게 된다.

4) 콕시디움 감염증

① 몸이 약한 고양이가 감염되면 증상이 특히 심하며 장에 많은 병변을 일으킨다. 감염 후 3~5일 정도의 잠복기를 거친 뒤 수양성(watery) 설사가 시작되고 식욕 저하 또는 아무것도 먹지 않고 심한 점액성 혈변을 배출한 후 결국 사망하게 된다 .

② 고양이 변을 통해 배출이 되므로 변은 바로 치워야 하며, 고양이 식기나 용품은 뜨거운 물로 열탕 소독을 하여 다른 고양이가 감염되지 않도록 주의를 해야 한다.

5) 벼룩 감염증

① 만약 많은 수의 벼룩이 고양이 몸에 기생하여 장기간에 걸쳐 다량의 피를 흡혈하면 빈혈이 생길 수도 있다. 또한 벼룩에 흡혈했던 부분은 빨갛게 일어나며 알러지를 일으켜 고양이가 가려워 할 수도 있다 .

② 벼룩 알러지는 벼룩의 수에는 관계가 없이 한 마리의 벼룩이라도 흡혈을 하면, 벼룩의 타액 때문에 전신적인 알러지 반응을 일으킬 수 있다 . 또한 벼룩은 조충(유충) 감염을 일으키기도 한다 .

6) 외이염과 귀진드기 감염증

① **원인**

귀 안에 작은 개선충이라고 하는 일종의 진드기가 기생하여 일어나는 병이다. 귀속에서 암갈색의 귀지가 보이며 매우 진염력이 강하여 다른 고양이에게 옮기고, 심하게 긁으면 머리나 귀에 상처가 생길 수 있으며 이혈종으로 진행될 수도 있다.

② **증상**

고양이의 귀가 세균, 귀진드기, 진균(곰팡이) 등에 감염이 되면 심하게 머리를 흔들거나 몹시 가려워한다. 심한 악취가 나며 지저분한 더러운 귀지가 쌓여 있다. 치료가 되지 않으면 중이염, 내이염으로 진행될 수도 있다.

(3) 진균(곰팡이) 감염증

1) 곰팡이성 피부병

① **원인과 증상**

주로 털 관리가 제대로 되지 않아 곰팡이에 감염되어서 발생하는 피부병이다. 증상은 털이 많이 빠지고 가려움증을 동반하며 몸 전체로 번진다. 또한 피부에서 하얀 비듬이 많이 떨어진다.

② **예방**

고양이의 털은 섬세하고 촘촘하기 때문에 털에 남아 있는 습기는 곰팡이성 피부병을 일으킬 수 있다. 털의 청결과 건조가 무엇보다 중요하다. 그러므로 평소에 햇볕을 많이 받도록 해야 하고, 고양이 주변 환경이 통풍이 잘 되게 해 준다. 털이 빠져 있는 곳만을 부분적으로 치료를 하면 재발할 수 있다. 전신치료가 원칙이다. 먹는 약, 약용 샴푸와 연고를 함께 치료를 해야 빠른 효과를 볼 수 있다.

2.2 전염병의 예방접종

(1) 고양이 예방접종 종류

고양이 종합백신 국내에서 3종백신이 주로 사용되며, 4종백신 또한 일부 이용되고 있다.

① **3종 종합백신**

고양이 범백혈구감소증(Feline panleukopenia virus, FPV)과 바이러스성 호흡기질환으로 고양이 바이러스성 비기관염(Feline viral rhinotracheitis, FVR), 고양이 칼리시 바이러스 (Feline Calici virus, FCV)의 3개 병원체에 대한 예방

② **4종 종합백신**

3종 종합백신 병원체 + 고양이 백혈병 바이러스(Feline leukemia virus)의 4개 병원체에 대한 예방

③ **단독백신**

㉠ 고양이 전염성 복막염 (Feline infectious peritonitis, FIP)
㉡ 고양이 광견병 : Rabies virus 예방
㉢ 클라미디아 : Chlamydia psittasi 병원체 예방
㉣ 고양이 면역결핍 바이러스 (Feline immunodeficiency virus, FIV)
: lentivius 일종

2) 고양이 예방접종 스케쥴

① 고양이 백신은 생후 8주령부터 접종하는데, 종합백신은 흔히 3종 백신으로 「백혈구감소증(FPV)+바이러스성 호흡기질환(FVR, FCV)」의 3개 병원체에 대한 백신이 혼합되어 있는 제재를 많이 사용하며, 생후 8주부터 접종을 시작하여 3~4주 간격으로 3회를 실시한다.

② 이후 매 1년에 한번이상 추가접종을 해주며 종합백신 추가접종 시에는 고양이 백혈병 바이러스 검사를 필수적으로 해주어야 한다.

③ 12주령에 고양이 백혈병 바이러스 백신 1차 접종, 16주령에 2차, 이후 1년에 1회 추가 접종한다.

④ 고양이 전염성복막염과 고양이 광견병 예방주사는 생후 16주령에 1차 접종한 후 매년 추가 접종을 한다.

⑤ 고양이의 기생충 감염은 때로 사람에게도 옮겨 질 수 있기 때문에 기생충 검사 후 건강상태에 따라 구충제를 먹여야 한다.

표 8-2. 고양이 예방접종의 종류와 접종 프로그램

연 령	백 신 종 류
6~8주령	1차: 3종 종합백신「백혈구감소증(FPV) + 바이러스성 호흡기질환(FVR, FCV)」
12주령	2차: 3종 종합백신「백혈구감소증(FPV)+바이러스성 호흡기질환(FVR, FCV)」 1차: 백혈병 (FeLV)
16주령	1차: 전염성복막염 (FIP), 광견병 (rabies) 2차: 백혈병 (FeLV) 3차: 3종 종합백신「백혈구감소증(FPV)+바이러스성 호흡기질환(FVR, FCV)」
매년	3종 종합백신「백혈구감소증(FPV)+바이러스성 호흡기질환(FVR, FCV)」, 백혈병, 광견병

* FPV: 고양이 백혈구감소증, FVR: 고양이 바이러스성 비기관염, FCV: 고양이 칼리시바이러스, FeLV: 고양이 백혈병, FIP: 고양이 전염성복막염

찾 아 보 기

(A)

(B)

(C)

(D)

(E)

(F)

(G)

(H)

(I)

(L)

(ㅇ)

(ㅈ)

(ㅊ)

(ㅋ)

(ㅌ)

(ㅍ)

(ㅎ)

(기타)

참 고 문 헌

1. Concepts in Dental Public Health. Jill Masson. 2004. Lippincott Williams & Wilkins.

2. Infection : Microbiology and Management. Barbara Bannister, Stephen Gillespie, Jane Jones. 2006. Blackwell Publishing Ltd.

3. Companion Animals in Human Health. Cindy C. Wilson. 1998. Sage Publication.

4. Public Health Microbiology : Methods and Protocols (Methods in Molecular Biology). J. F. T. Spencer 2004. Humana Press.

5. The Emergence of Zoonotic Diseases : Understanding the Impact on Animal and Human Health : Workshop Summary. Tom Burroughs. 2002. National Academic Press.

6. Zoonosis. Krauss, Hartmut (EDT). 2003. ASM Press

7. Handbook of Zoonoses. Identification and Prevention by Joann Colville DVM and David Berryhill PhD (Paperback – May 23, 2007)

8. Zoonoses and Communicable Diseases Common to Man and Animals, 3rd edition. Vol. I Bacterioses and Mycoses (Scientific and Technical Publication) by Boris Szyfres and Pedro N. Acha (Paperback – April 15, 2001)

9. Prevention & Control of Transboundary Animal Diseases (Fao Animal Production and Health Paper,) by Bernan–unipub. 1997. Food & Agriculture Organization of the UN

10. Infectious Disease Management in Animal Shelters by Lila Miller and Kate Hurley. 2009. Wiley–Blackwell

11. The Domestic Animal/Wildlife Interface: Issues for Disease Control, Conservation, Sustainable Food Production, and Emerging Diseases (Annals of the New York Academy of Sciences) by E. Paul J. Gibbs and Bob H. Bokma. 2003. New York Academy of Sciences

12. Infectious Diseases of Wild Mammals by Elizabeth S. Williams and Ian K. Barker. 2000. Wiley–Blackwell; 3rd edition

13. Rabies, Lyme Disease, Hanta Virus: And Other Animal–Borne Human Diseases in the United States and Canada by E. Lendell Cockrum. 1997. Da Capo; 1 edition

14. Communicable Disease Control Handbook by Jeremy Hawker, Norman Begg, Iain Blair, and Ralf Reintjes. 2005. Wiley–Blackwell; 2 edition

15. Hagan and Bruner's Microbiology and Infectious Diseases of Domestic Animals by John Timoney, James H. Gillespie, Fredric W. Scott, and Jeffrey E. Barlough. 1988. Cornell University Press; 8 Sub edition

16. Animal Health. David Sainsbury. 1998. Wiley

17. Introduction to Animal Parasitology by J. D. Smyth, 1995. Cambridge University Press

18. Food Hygiene Microbiology and HACCP by P.R. Hayes and S.J. Forsythe. 1999. Springer; 3rd edition

19. Microbial Food Safety in Animal Agriculture: Current Topics by Mary E. Torrence and Richard E. Isaacson. 2003. Wiley-Blackwell; 1 edition

20. 수의공중보건학. 한국수의공중보건학회편. 2004. 문운당

21. 수의전염병학. 김순재 외. 1994. 경북대학교출판부.

22. 면역학. Peter Pharm. 2006. 라이프사이언스.

23. 최신면역학입문. Abbas Richuman 2005. 범문사.

24. 병원미생물학. Stephen H. Gillespie. 2009. E Public

25. 위생미생물학. 김종오. 2008. 형설출판사

26. 최신 가축위생학. 이택주 외. 1997. 선진문화사.

27. 동물공중위생학. 강재선 외. 2004. 고문사

28. 애완동물 사육. 안재국. 2005. 부민문화사

29. 소독 및 전염병학 전연숙 외. 2004. 훈민사

30. 소독법과 전염병학 강성심 외. 2003. 정문각

31. 소독과 전염병학 박지영 외. 2003.

32. 소독 및 전염병학 김근수 외. 2001. 성화

33. 소독 및 전염병학 장태수 외. 2000. 고문사

34. 소독멸균학(이론과 실제) 김용호 외. 1995. 고려의학

35. 공중보건학 김동석 외. 2006. 고문사

36. 공중보건학 김종오 외. 2006. 청구문화사

37. 공중보건학 남철현 외. 2005. 청구문화사

38. 공중보건학 강공언 외. 2005. 고려의학

39. 공중보건학 문성기 외. 2006. 고려의학

40. 공중보건학. 문성기 외. 2002. 고문사

41. 공중보건학의 이해. 김병환 외. 2005. 신광출판사

42. 공중보건학. 김병환 외. 2005. 청구문화사

43. 공중보건학(21세기). 양희태 외. 2005. 효일

44. 공중보건학. 강성례 외. 2004. 보문각

45. 공중보건학. 서광석 외. 2004. 대학서림

46. 21세기 식품위생학. 금종화 외. 2004. 효일

47. 식품위생학. 강근옥 외. 2009. 보문각

48. 식품위생과 안전성. 강호조. 2004. 범문사

49. 식품위생관리학. 민경찬. 2006. 광문각

50. 식품위생과 HACCO실무. 주난영 외. 2008. 파워북

51. 환경보건학. 하재남. 2009. 크라운출판사

52. 위생해충학. 김관천 외. 2002. 신광문화사

53. 식품의약품안전청 http://www.kfda.go.kr/intro.html

54. 질병관리본부 http : //www.cdc.go.kr/webcdc/index.jsp

55. 국립보건연구원 http://www.nih.go.kr/

56. 해외여행질병정보센터 http://travelinfo.cdc.go.kr/main

57. 농림수산식품부 http://www.mifaff.go.kr/main.tdf

58. 국립수의과학검역원 http : //www.nvrqs.go.kr/index.asp

59. 가축위생방역지원본부 http://www.lhca.or.kr/

60. 국립축산과학원 http://www.nias.go.kr/

61. National Institute of Health (NIH) http : //www.nih.gov/

62. Centers for Disease Control and prevention (CDC) http : //www.cdc.gov/

63. World Health Organization (WHO) http : //www.who.int/en/

64. United States Department of Agriculture(USDA) http://www.usda.gov/

65. Zoonotic Health Topics http : //www.dshs.state.tx.us/idcu/health/zoonosis/default.asp

저 자 약 력

김 옥 진

- 서울대학교 수의과대학 · 대학원 졸업 · 수의학박사
- 前 미국 농무부 동물질병연구소 연구과학자 (해외포닥)
- 前 서울대학교 의과대학 연구교수
- 前 일본 게이오 의과대학 객원교수
- 現 원광대학교 동물자원개발연구센터 센터장
- 現 원광대학교 교수

황 인 수

- 전북대학교 수의과대학 · 대학원 졸업 · 수의학 박사
- 現 한국동물간호사 자격위원회 위원장
- 現 서울호서전문학교 애완동물학부 교수

김 병 수

- 전북대학교 수의과대학 · 대학원 졸업 · 수의학 박사
- 前 서해대학교 임상병리학과 교수
- 前 서해대학교 애완동물관리과 교수
- 現 공주대학교 특수동물학과 교수

조 기 래

- 충북대학교 수의과대학 · 대학원 졸업 · 수의학 박사
- 前 충북대학교 BK21 연구원
- 現 서정대학 애완동물과 교수

하 윤 철

- 서울대학교 수의과대학 · 대학원 졸업 · 수의학박사
- 現 천안연암대학 동물보호계열 교수
- 現 천안연암대학 질병전담교수
- 現 천안연암대학 동물보호계열 학과장

이 형 석

- 충남대학교 동물자원대학・대학원졸업・농학박사
- 한국동물복지학회 이사 및 자격분과위원
- 한국초지학회 이사
- 現 우송정보대학 애완동물계열 교수

정 태 호

- 서울대학교 수의과대학・대학원 졸업・수의학박사
- 前 서울대학교 수의과대학 부속동물병원 내과3팀장
- 前 한국한의학연구원 신약개발그룹 선임연구원
- 前 뉴저지 주립 의과대학 연구교수
- 現 중부대학교 애완동물자원학과 교수

김 현 주

- 경상대학교 수의과대학/서울대학교 수의과대학 대학원 졸업/수의학 박사
- 前 (주)동화약품 중앙연구소 연구원
- 前 서울호서전문학교 애완동물학부 교수
- 現 한국동물매개심리치료학회 부위원장
- 現 서정대학교 애완동물과 교수

최 윤 동

- 북경대학교 생물공학과・서울대학교 수의과 대학원 졸업
- 前 가천대학교 이길여 암・당뇨연구소 연구원
- 前 서울대학교 수의과학연구소 연구원
- 現 서울호서전문학교 애완동물학부 교수

홍 선 화

- 원광대학교 생명자원과학대학・대학원 졸업・농학박사
- 前 원광대학교 동물자원개발연구센터 연구교수
- 現 원광대학교 생명환경학부 동물매개치료학 전공 교수

동물공중보건학

발　　행 / 2023년 8월 1일

•

저　　자 / 김옥진, 황인수, 김병수, 조기래
하윤철, 이형석, 정태호, 김현주
최윤동, 홍선화

펴 낸 이 / 정 창 희

펴 낸 곳 / 동일출판사

주　　소 / 서울시 강서구 곰달래로31길7 (2층)

전　　화 / (02) 2608-8250

팩　　스 / (02) 2608-8265

등록번호 / 109-90-92166

•

ISBN 978-89-381-0973-6 93510

값 / 22,000원